21세기를
여행하는
수렵채집인을
위한
안내서

일러두기

− 본문의 각주는 옮긴이의 보충 설명입니다.

− 본문 중 숫자 첨자는 저자의 주를 표시한 것입니다. 자세한 내용은 부록에서 확인할 수 있습
니다.

− 인명, 지명 등의 외래어 및 전문용어는 국립국어원의 외래어표기법을 따랐으나 해당되지 않
는 경우 실제 발음에 가깝게 표기했습니다.

A Hunter-Gatherer's Guide to the 21st Century

**지나치게 새롭고
지나치게 불안한**

헤더 헤잉
브렛 웨인스타인

김한영 옮김
이정모 감수

21세기를
여행하는
수렵채집인을
위한
안내서

A HUNTER–GATHERER'S
GUIDE TO THE
21ST CENTURY

와이즈베리
WISEBERRY

"브렛 웨인스타인과 헤더 헤잉은 진화생물학 분야에서 오랫동안 함께 수확해온 방대한 지식을 펼쳐 우리를 괴롭히는 문제들의 근원을 깊이 파헤친다. 폭넓은 주제와 명료한 사례들로 집약된《21세기를 여행하는 수렵채집인을 위한 안내서》는 흥미롭고 새로우며 심오한 눈으로 인간의 본성을 여과 없이 드러내 보인다."

　_조던 B. 피터슨(토론토대학교 심리학과 교수.《질서 너머》,《12가지 인생의 법칙》의 저자)

"아름다운 언어와 감동적인 은유를 품고 새롭게 탄생한 인류사. 두 저자는 진정한 의미의 교수로서 위대한 교양 교육을 통해서만 얻을 수 있는 지적 겸손, 섬세한 사고, 배움에 대한 사랑을 몸소 보여준다. 이 책은 아이를 키우거나 가르치는 사람 그리고 사회를 바꾸고자 하는 사람이 반드시 가장 먼저 읽어야 한다."

　_조너선 하이트(사회심리학자.《바른 마음》,《나쁜 교육》의 저자)

"우리 내면에 숨겨진 당혹스러운 문제를 이토록 대담하고 충실하며 간결하게 밝힌 책은 정말 처음이다! 역사상 가장 안락한 사회―우리 사회―가 어떻게 해서 우울, 불안, 병약함에 물들어가는지 의아해하는 모든 이에게 이 책은 충분한 설명을 제시한다."

_시배스천 영거(저널리스트.《트라이브, 각자도생을 거부하라》의 저자)

"헤잉과 웨인스타인은 모든 학생이 배우기를 열망하는 훌륭한 스승이다. 그들 손에서는 복잡하고 전문적인 개념들이 누구나 쉬이 다가갈 수 있고 마음을 흥분시키는 개념으로 바뀐다. 이 책 또한 진지한 과학에 토대를 두고 있지만 책장을 넘길 때는 모험담을 듣는 것처럼 빠르게 흘러간다."

_크리스티나 호프 소머스(철학자.〈팩추얼 페미니스트〉의 진행자)

"《21세기를 여행하는 수렵채집인을 위한 안내서》는 중요한 진화적 개념을 적어도 다섯 가지 일깨워주었고, 그 다섯 가지가 세계를 바라보는 내 눈의 초점이 됐다."

_제이미 윌(플로우게놈프로젝트 이사.《불을 훔친 사람들》의 저자)

"브렛과 헤더는 학계에서 인정받는 진화생물학자이자 명쾌한 사상가이며 놀라운 커뮤니케이터다. 그들은 정치적 올바름보다는 과학적 진리를 먼저 생각하는 학자다."

_로버트 새폴스키(스탠퍼드대학교 생물학과 교수.《스트레스》의 저자)

구석기인들은 하루에 몇 시간이나 일해야 했을까? 기껏해야 세 시간 정도 일하면 당장 하루 이틀 먹을 것을 마련할 수 있었을 것이다. 더 일해 봐야 소용이 없었다. 수렵한 고기는 금세 썩고 채집한 과일 역시 며칠 보관하기 힘들었을 테니 말이다. 식량을 저장할 수 없는 상황에서는 재산이 쌓이지 않는다. 재산이 없으니 빈부차이도 없고 계급도 없다. 구석기인들은 계급이 없는 사회에서 적게 노동하면서 즐기며 살았다. 그야말로 자연적으로 행복하게 살았다.

구석기인의 행복한 삶은 신석기시대 농사를 지으면서 끝나고 말았다. 신석기인들은 농사를 짓기 위해 하루 종일 일해야 했다. 뿐만 아니라 농토를 확보하기 위해 쉬지 않고 숲을 개간하고 물을 대는 관개사업을 해야 했다. 고된 게 전부가 아니었다. 저장할 수 있는 곡식은 재산이 되었고, 결국 빈부차이와 계급이 탄생했다.

그렇다면 구석기인들은 왜 행복한 수렵채집 생활을 포기하고 힘들고 괴로운 농사를 시작했을까? 바로 기후 변화 때문이다. 1만 년 사이에 지구 평균 기온이 4~5도가 오르면서 인구가 폭증하고 삶의 터전이 바뀌고 동식물의 생태도 바뀌었기 때문이다. 농사 혁명은 환경 변화에 따른 어쩔 수 없는 선택이었다. 농사 덕분에 인구도 서서히 늘어났다. 하지만 겨우 10억 명에 불과했다.

그런데 인류의 뇌는 새로운 혁명을 이뤄냈다. 바로 산업혁명이다. 석탄과 석유라고 하는 말도 안 되게 싸고 강력한 화석연료를 마음껏 쓰게 되었다. 덕분에 지구에는 80억 명에 가까운 인구가 풍요롭게 살면서 장수하고 있다. 기계가 근육을 대신하고 전기가 세포 속 ATP(Adenosine Tri-Phosphate의 약자로, 생명체 내에 존재하는 유기화합물)를 대신하고 있다. 근력을 쓰는 일이 구석기인보다도 적어졌다. 그런데도 우리는 여전히 행복하지 않다. 어이할꼬?

진화생물학자인 헤더 헤잉과 브렛 웨인스타인은 21세기를 살고 있는 우리에게 수렵채집인의 지혜를 배우라고 조언한다. 막연한 잠언을 던지는 게 아니다. 철저하게 과학적이다. 제한적이고 분열을 조장하는 정치의 렌즈가 아닌 '진화라는 차별 없는 렌즈'를 통해서 이 시대의 광범위한 문제를 보여준다. 진화를 이해함으로써 우리 자신과 문화 그리고 호모 사피엔스라고 하는 동물 종을 폭넓게 바라보는 관점을 제시했다.

《21세기를 여행하는 수렵채집인을 위한 안내서》는 진화와 관련한 거의 모든 분야의 최신 이론을 소개한 책이다. 진화 입문서로도 매우 훌륭하다. 하지만 이 책의 목적은 그게 아니다. 우리 삶을 바꾸는 방법을 안내하는 것이다.

진화는 양자역학만큼이나 분명하면서도 혼란스럽다. 두 저자는 독자들에게 오메가 법칙이라고 하는 단순한 기준을 제시하여 그 혼란을 피하게 해준다. 오메가 법칙이란 '비용이 들지만 인류사에 오래 지속되고 있는 문화적 특성은 적응적인 것이며, 문화의 적응 요소는 유전자로부터 독립적이지 않다'는 것이다. 책이 안내하는 의학, 음식, 수면, 성과 젠더, 짝짓기 문제와 관련한 구체적인 삶의 지침은 오메가 법칙에 바탕을 둔 것들이다. 도덕적인 지침이 아니라 보편적이며 생물학적인 지침이다.

《21세기를 여행하는 수렵채집인을 위한 안내서》는 우리가 비록 21세기에 살고 있지만 구석기시대의 수렵채집인의 자세로 살면서 행복을 추구하라고 강권하는 책이다. 물론 책이 제시하는 삶의 지침을 온전히 수용하기는 쉽지 않을 수 있다. 꾸준한 노력이 필요하다. 행복은 결코 저절로 얻어지는 게 아니다.

이정모 국립과천과학관장

머리말

1994년, 대학원 과정을 밟기 시작한 우리 부부는 첫 번째 여름을 코스타리카 사라피키 지역의 작은 현장 캠프에서 보냈다. 나 헤더는 독화살개구리를 연구하고 있었고, 남편 브렛은 천막박쥐에 몰두하고 있었다. 매일 아침 우리는 열대우림 현장에서 연구를 했다. 푸르고 무성하고 어둑한 그곳에서.

우리는 7월의 어느 날 오후를 기억한다. 마코앵무새 한 쌍이 하늘에 검은 실루엣을 그리며 머리 위로 날아갔다. 강물은 차고 맑았으며, 난초를 가득 품은 나무들이 강둑을 메우고 있었다. 하루의 땀과 더위를 씻어버릴 완벽한 기회였다. 이처럼 화창한 오후에 우리는 수도까지 이어진 포장도로를 걷다가 그보다 좁은 비포장길로 접어들어 사라피키강 위에 놓인 강교鋼橋를 건넌 뒤 다리 아래에 펼쳐진 모래밭으로 내려가 헤엄을 치곤 했다.

우리는 다리 위에 잠시 멈춰 서서 경치에 감탄했다. 성벽을 이룬 듯한 숲을 열어젖히고 강물이 유유히 흐르고 있었다. 나무 사이로 큰부리새가 날아다니고, 멀리서 원숭이가 짖어대는 울음소리가 들렸다. 그때 처음 보는 현지인이 다가와 우리에게 말을 건넸다.

"수영하시려고요?" 우리가 가려고 하는 모래밭을 가리키면서 그가 물었다.

"네."

"오늘 산에 비가 왔어요." 그가 남쪽을 가리키며 말했다. 강의 발원지는 저 너머 산악지대였다. 우리는 고개를 끄덕였다. 오전에 현장 캠프에서 산 위로 먹구름이 몰려다니는 걸 보긴 했다.

"오늘 산에 비가 왔다고요." 그가 다시 말했다.

"여긴 비가 안 오잖아요." 우리 중 하나가 가볍게 웃으며 말했다. 우리는 잘 모르는 언어로 가볍게 대화하는 법을 몰랐고, 그저 물에 들어가고 싶어 안달이 나 있었다.

"오늘 산에 비가 왔다니까요." 남자가 또다시, 이번에는 단호하게 말했다. 우리는 서로를 바라보았다. 이제 잘 가시라 인사하고 강으로 내려가 물에 뛰어들 때가 되지 않았나? 태양이 바로 위에서 이글거리고 있었다. 참을 수 없이 뜨거웠다.

"네, 알았어요. 안녕히 가세요." 우리는 손을 들어 인사하고 걸음을 옮겼다. 물까지 거리가 15미터도 되지 않았다.

"하지만 강물이." 남자의 목소리에서 절박함이 느껴졌다.

"네?" 우리는 어리둥절해서 물었다.

"강물을 봐요." 우리는 남자가 가리키는 대로 강물을 바라보았다. 여느 때와 달라 보이지 않았다. 빠르고 투명하고 잔잔하게 흐르는….

"잠깐." 브렛이 말했다. "저거 소용돌이 같은데? 조금 전엔 없었어." 우리는 의문에 가득 찬 눈으로 남자를 바라보았다. 그가 다시 남쪽을 가리켰다.

"오늘 산에 비가 많이 왔어요." 그의 손가락이 다시 강으로 향했다.

"강물을 다시 잘 봐요."

잠깐 눈을 돌린 사이, 강물은 눈에 띄게 불어나 있었다. 잔잔했던 강이 거칠게 요동치고 있었다. 물빛도 달라져 있었다. 짙고 평온했던 색이 모래진흙을 머금어 뿌옇게 변해 있었다. 그리고 금세 흙탕물로 변했다.

우리 세 사람은 그 자리에서 얼음이 됐다. 강물이 몇 분 만에 급격히 차올랐다. 백사장은 거대하고 세찬 물길 아래로 사라졌다. 거기 있는 사람은 누구라도 휩쓸려갔을 것이다. 새로 생긴 소용돌이에 부딪힌 것들이 순식간에 밑으로 사라졌다가 다리 반대편으로 솟구쳐 올라왔다.

남자가 방향을 돌려 왔던 길을 되돌아가기 시작했다. 그는 농부였다. 하지만 그가 어디에서 왔는지, 우리가 다리 위에서 우릴 한입에 삼켜버릴 수도 있는 위험한 곳으로 내려가려 한다는 걸 어떻게 알았는지 전혀 알 수 없었다.

"잠깐만요." 브렛이 그를 불러 세웠다. 하지만 순간 우린 그에게 감사의 표시로 줄 만한 게 전혀 없다는 걸 깨달았다. 말 그대로 몸에 걸친 옷 말고는 아무것도 없었다. "감사합니다." 우리가 말했다. "정말 감사합니다."

갑자기 브렛이 자기 셔츠를 벗어 남자에게 주었다. 브렛이 셔츠를 내밀자 남자가 물었다. "진심이오?"

"네, 진심입니다." 브렛이 힘주어 말했다.

"고맙소." 남자가 셔츠를 받으며 말했다. "부디 행운이 있기를. 그리고 산지에 비가 오면 어떻게 되는지 꼭 기억하시길." 이 말을 남기고 남자는 발길을 돌렸다.

한 달 전부터 강가에 살며, 거의 매일, 가끔은 주민들과 함께 헤엄치곤 했던 우리는 갑자기 이방인이 되었다. 이 강에서 고작 몇 번 헤엄쳤을 뿐인데 이곳을 충분히 안다고 착각한 것이다. 어찌 그리 어리석을 수 있었을까?

역사상 어느 곳에 '현지인'으로 살면서 그곳에서 어떤 일이 일어났을 때 자신의 안전을 지킬 수 없을 정도로 (해당 지역에 대한) 지식을 갖추지 못했던 사람은 없었다. 하지만 현대인은 그렇지 않다. 우선 첫째로, 우리는 더 이상 최근까지 모든 인간이 그랬던 것처럼 긴밀한 공동체나 현지 지형에 대한 풍부한 지식에 기대지 않는다. 한곳에서 다른 곳으로 이동하기가 너무나 쉬운 탓에 사람들은 한 장소에 오래 머물지 않게 되었다.

개인주의적 생활방식과 과도기적 질서가 우리에게 전혀 이상하게 느껴지지 않는 것은, 우리가 현재 살아가는 세계의 대안이 될 수 있는 다른 세계를 목격하거나 마음으로 그려본 적이 없기 때문이다. 풍요와 선택권이 도처에 존재하고, 너무 복잡해서 온전히 이해할 순 없지만 우리 삶이 지구적 체계에 의존하며, 모든 사람이 안전하다고 느끼며 사는 세계를.

그런 세계가 올 때까지는.

사실, 안전이 겉치레에 불과한 경우는 너무 빈번하다. 슈퍼마켓에 진열된 상품이 알고 보니 인체에 유해하고, 의료 체계를 진단해보니 외형과 이윤한 집중한 나머지 어처구니없이 구조가 취약하고, 경기가 침체할 때마다 사회 안전망이 위태로워지고, 부정행위를 막기 위한 정당한 규제가 폭력과 무정부 상태의 변명이 되고, 국민의 지도자가 해결책보다는 유치한 속임수를 제안한다.

오늘날 우리가 직면하는 문제들은 전문가들이 묘사하는 것보다 복잡한 동시에 단순하다. 누구에게 묻느냐에 따라 우리가 지금 인류 역사상 가장 행복하고 풍요로운 시대에 살고 있다거나 가장 불행하고 위험한 시대에 살고 있다는 말을 들을 것이다. 어떤 말을 믿어야 할지 알 수가 없다. 우리가 아는 것은 이 세계를 따라잡을 수 없다는 것뿐이다.

지난 몇 세기 동안 과학기술, 의학, 교육을 비롯한 거의 모든 분야가 발전하는 것에 따라 우리를 둘러싼 환경—지리와 사회, 인간관계—도 점점 더 빠르게 변해왔다. 어떤 변화는 대체로 긍정적이지만 완벽하지 않고, 어떤 변화는 긍정적인 듯 보이지만 결과가 너무 파괴적이어서 개념으로 정립하기조차 어렵다. 이 모든 요인이 탈공업과 첨단기술, 진보를 지향하는 지금과 같은 문화를 부추겨왔다. 하지만 이러한 문화는 정치적 불안부터 허약한 건강 상태와 무너진 사회 체계에 이르기까지 우리가 집단으로 겪고 있는 문제들과 깊이 연관돼 있다.

우리가 사는 세계를 가장 포괄적으로, 가장 정확하게 지적하는 표현은 **'지나치게 새롭다**hyper-novel'다. 이 책으로 입증하겠지만, 인간은 변화에 적응하는 탁월한 능력과 기술을 갖추고 있다. 하지만 이제 변화의 속도가 너무 빠른 나머지 우리의 뇌와 몸, 사회 체계가 영구적으로 어긋나버리게 됐다. 수백만 년 동안 우리는 친구와 대가족에 둘러싸여 살았지만, 오늘날 많은 사람이 이웃의 이름조차 모르고 산다.

가장 기본적인 진실—예를 들어 인류가 남성과 여성으로 이뤄져 있다는 사실—마저 갈수록 거짓으로 취급되고 있다. 수용하기 힘들 정도로 빠르게 변화하는 사회에서 우리는 '인지 부조화'라는 부산물로 인해 자기 자신조차 방어하지 못하는 존재가 되고 있다.

요컨대, 인지 부조화가 우릴 죽이고 있는 것이다.

이 책은 이러한 메시지를 삶의 모든 측면으로 일반화하려는 노력이다. 산에 비가 오면 강에 들어가지 말아야 하는 것처럼 말이다.

많은 사람이 우리가 마주한 문화적 붕괴를 설명하려 하지만, 대부분은 우리의 현재를 살피면서 과거 ─인류의 모든 과거─를 되돌아보고 미래를 내다보는 총체적인 설명을 내놓지 못하고 있다. 우리 두 사람은 진화생물학자로서 '성선택sexual selection(동물이 짝을 선택할 때 적당한 형질만이 후대에 남아 진화에 관여한다는 찰스 다윈의 학설)'과 사회성 진화를 경험적으로 연구하고, 맞거래와 노화, 도덕성의 진화를 이론적으로 연구해왔다. 또한 부부로서 가정을 이루고 서로의 곁을 지키면서 세계 여러 곳을 탐험했다.

우리가 이 책을 구상하기 시작한 것은 10여 년 전 대학에서 학생들을 가르칠 때였다. 우리는 거인의 어깨 ─우리의 스승과 선배 교수들 그리고 만나 보지 못한 지적 선조들의 어깨─ 위에서 세계를 보고 있었지만,* 또한 과거의 어떤 것과도 다른 커리큘럼을 만들고 있었다. 우리는 새로운 길을 내면서 낡은 패턴과 새로운 패턴을 새롭게 설명했다. 아울러 대학원에서 학생들이 우리의 커리큘럼에 참여하는 동안 모든 영역에 걸쳐 질문을 던져주었다. 나는 무엇을 먹어야 할까요? 데이트는 왜 그리 어려울까요? 더 정의롭고 자유로운 사회를 창조하려면 어떻게 해야 할까요? 강의실과 실험실, 정글과 모닥불 주변에서 주고받은 이러한 대화를 관통하는 뼈대는 논리와 진화 그리고 과학이었다.

과학은 귀납과 연역을 진자처럼 오가는 방법을 통해 패턴을 관찰하고 설명을 제시한다. 그리고 그것들을 테스트함으로써 우리가 아직 모르는 것을 얼마나 잘 예측하는지를 살핀다. 그렇게 해서 만들어진 세계의 모형

＊
아이작 뉴턴이 왕립과학아카데미 선배인 로버트 보일에 대해 존경을 표한 말이다.

은 과학을 정확히 수행하는 한에서 세 가지 임무를 달성한다.

이전보다 **더 많이 예측**할 것, **더 적게 추정**할 것, **서로 부합**하며 끊김 없이 매끄러운 전체로 융합할 것.

궁극적으로 이 책에서 추구하는 것은, 틈새가 없고 신앙에 기대지 않으며 모든 차원의 패턴을 엄밀하게 묘사하는, '관찰 가능한 세계'에 대한 단 하나의 일관된 설명이다. 이 목표에 우리가 도달할 수 없다고 해도, 여기에 접근할 수 있다는 증거는 차고 넘친다. 현대라는 유리한 위치에서 이 종착점이 흘끗 보일 수 있겠지만, 우리가 알 수 있는 것의 한계에 도달하려면 아직 멀었다.

몇몇 분야는 그 목표에 한층 가까이 접근했다. 물리학에서는 '모든 것에 대한 이론'[1]이 손에 잡힐 듯한데, 이는 가장 단순하고 가장 근본적인 차원에서 모형이 모든 것을 설명한다는 뜻이다. 여기서 더 복잡한 차원으로 올라갈수록 예측이 힘들어진다. 정점 부근에는 생물이 있다. 가장 단순한 세포라고 해도 그 안에서 이뤄지는 과정을 완전히 이해하는 것은 꿈 같은 일이다. 세포들이 협력해 자기 역할을 수행하고 다양한 조직들로 발달해가며 유기체를 이루기 시작하면 신비함은 더욱 배가된다.

동물에 이르러서는 예측 불가능성이 크게 뛰어오른다. 동물은 정교한 신경학적 피드백을 통해 세계를 탐지하고 예측하는 존재기 때문이다. 이어서 사회적 동물이 출현해서 지식을 모으고 노동을 분담하기 시작하면 신비함은 또다시 증폭된다. 하지만 우리 자신을 이해해야 하는 것보다 우리의 발목을 더 자주 붙잡는 것도 없다. **호모 사피엔스** Homo sapiens 는 난해한 수수께끼로 가득하다. 우리를 둘러싼 수많은 역설이 다른 생물군과의 차이에서 발생하기 때문이다.

왜 우리는 웃거나 울거나 꿈을 꿀까? 왜 죽은 사람을 애도할까? 왜 세상에 없는 허구의 인물로 이야기를 지어낼까? 왜 노래를 부를까? 왜 사랑에 빠질까? 왜 전쟁을 할까? 삶이 오로지 번식을 위한 것이라면 왜 번식하기까지 그리 오랜 시간이 걸릴까? 왜 번식할 짝을 그토록 까다롭게 고를까? 왜 다른 사람들의 번식 행위에 마음이 끌릴까(포르노그래피)? 왜 이따끔 자기 자신의 인지력을 망가뜨리고 혼란에 빠질까? 인간의 수수께끼를 열거하자면 끝이 없다.

이 책은 많은 질문에 답할 것이다. 그와 동시에 많은 질문을 우회할 것이다. 질문에 기계적으로 대답하는 것은 이 책의 주된 목표가 아니다. 우리 자신을 이해할 수 있는 든든한 과학적 체계를 제공하는 것에 있다. 그 체계는 우리가 수십 년 동안 연구하고 가르치면서 발전시켜왔다. 다른 곳에서는 찾아볼 수 없으며 될 수 있는 한 '제1원리'로 토대를 구축했다.

제1원리란 다른 어떤 가정에서도 추론할 수 없는 것을 말한다. 제1원리는 기본적이며(예를 들어 수학에서의 공리), 따라서 제1원리에 의거한 생각은 진실을 추론하는 강력한 도구이자 허구가 아닌 사실에 관심이 있는 한에서 가치 있는 목표가 된다.

제1원리에 기반한 사고의 여러 가지 이점 중 하나는 자연주의적 오류 naturalist fallacy에 빠지는 것을 피할 수 있다는 것이다.[2] 자연에 '존재하는 것'은 응당 '존재해야 한다'는 생각이 자연주의적 오류다. 우리가 이 책에서 특별한 체계를 제시하는 것은 그런 종류의 함정에 빠지지 않기 위해서다. 우리의 의도는 인간으로서 우리를 보호하는 데 있다.

이 책에서 우리는 제한적이고 분열을 조장하는 정치의 렌즈가 아닌, 진화라는 차별 없는 렌즈를 통해서 이 시대의 가장 광범위한 문제들을 확인하고자 한다. 우리 두 사람은 독자 여러분이 이 책을 길잡이로 삼아 현대 세계의 소음들을 정확히 꿰뚫어 보고 문제를 보다 잘 헤쳐나가길 희망한다.

현생 인류는 35억 년에 걸친 적응 진화의 산물로 대략 20만 년 전에 출현했다. 우리는 여러모로 보아 단일 속屬이다. 인간을 따로 떼어놓고 보면 놀랍고 신기하지만, 우리의 형태와 생리는 가장 가까운 친척들에 비해 그리 특별하지 않다. 하지만 오직 인간만이 지구의 형태를 바꾸고 삶의 유일한 터전인 지구를 위협한다.

이 책의 제목은 '21세기 탈공업인의 안내서'가 될 수도 있었다. 또는 농경인의 안내서, 원숭이의 안내서, 포유류의 안내서, 물고기의 안내서가 되었을지도 모르겠다. 각각의 제목은 우리가 적응하면서 딛고 올라선 진화사의 단계를 나타낸다. 그 단계마다 우리는 진화의 짐을 짊어져야 했다.

그 모든 과정을 '진화적 적응 환경Environment of Evolutionary Adaptedness'이라 한다. 이 책에서 말하는 진화적 적응 환경은 우리 조상이 오랫동안 수렵채집인으로 살았던 아프리카의 초원, 삼림, 해안뿐만이 아니라 우리가 적응해온 모든 진화적 적응 환경을 가리킨다.

우리가 처음 땅 위로 올라왔을 때는 초기 사지동물이었다. 점차 젖을 짜고 털을 가진 포유류가 됐다. 그런 뒤에는 뛰어난 시력에 손과 머리를 잘 쓰는 원숭이가 됐고, 더욱 성장해서는 스스로 식량을 심고 수확하는 농경인이 됐다. 지금은 모여 사는 이름 없는 수백만 개인의 탈공업인이 됐다.

우리가 이 책의 제목에 **'hunter-gatherer(수렵채집인)'**를 넣은 것은 우리와 가까운 조상이 수백만 년 동안 그 '생태적 지위ecological niche(생태계 내에서 한 종이 삶을 영위하는 방식과 역할)'에 적응하며 살았기 때문이다. 많은 사람이 인류의 진화사 가운데 이 특수한 단계를 낭만적으로 묘사한다. 하지만 포유류의 생활방식이나 농사짓는 방식이 한 가지가 아닌 것처럼 수렵채집인의 생활방식 또한 그렇다. 아울러 우리가 수렵채집 생활에만 적응한 것도 아니다. 우리는 오래전에 물속 생활에도 적응했고, 영장류의 생활에도 적응했다. 가장 최근에는 탈공업인의 생활에도 적응했다. 이 모두가 우리의 진화사에 포함된다.

우리 시대의 가장 큰 문제를 이해하려면 이 같은 광범위한 시각이 필수적이다. 오늘날 인류의 변화 속도는 우리의 적응 능력을 앞지르고 있다. 우리는 점점 빠른 속도로 새로운 문제들을 양산해내고 있으며, 그로 인해 신체적·심리적·사회적·환경적으로 병들고 있다. '새로움의 가속화'라는 문제를 해결할 방법을 찾지 못한다면 인류는 스스로 희생자가 되어 소멸할 것이다.

이 책은 단지 인류가 세계를 어떻게 파괴할 수 있는지를 이야기하지 않는다. 인간이 발견하고 창조해온 아름다움에 대한 이야기, 더 나아가 그것을 어떻게 지켜낼 수 있는가에 관한 이야기를 담았다. 이 책을 떠받치는 기반에는 거부할 수 없는 진화적 진실이 있다. 인간은 변화와 미지의 것에 대응하는 능력이 탁월하다는 점이다. 우리는 탐험과 혁신에 적합하도록 설계된 존재로, 현대의 고질적인 조건을 창조한 바로 그 원동력이 이 난제를 해결할 유일한 희망이기도 하다.

아주 일찍, 아주 많은 것을, 아주 분명하게 본

더글러스 W. 헤잉과 해리 루빈에게

차례

인간의 생태적 지위

A HUNTER-GATHERER'S
GUIDE TO THE
21ST CENTURY

최고의 시절이자 최악의 시절, 지혜의 시절이자 어리석음의 시대였다. 믿음의 세기이자 의심의 세기였으며, 빛의 계절이자 어둠의 계절이었다. 희망의 봄이면서 곧 절망의 겨울이었다. 우리 앞에는 무엇이든 있었지만, 한편으로는 아무것도 없었다.

_찰스 디킨스의 《두 도시 이야기》 첫머리. 이 소설은 찰스 다윈의 《종의 기원》과 같은 해인 1859년에 발표됐다.

베링기아(베링 육교)는 기회의 땅, 광활하게 펼쳐진 초원이었다. 동쪽으로는 알래스카, 서쪽으로는 러시아와 연결돼 있으며 크기가 캘리포니아의 네 배에 달하는 베링기아는 단지 일시적인 육교가 아니라 아시아와 아메리카 대륙을 잇는 통로였다. 사람들이 물에 발을 담그고 종종걸음을 하며 건너는 곳도, 생명이 없는 평원도 아니었다. 삶을 꾸려가기란 확실히 힘들었지만, 수천 년 동안 베링기아는 그곳에 거주하는 사람들에게 소중한 터전이었다.[1]

베링기아에 온 사람들은 유전적으로나 신체적으로나 한치의 부족함 없는 현생 인류였다. 그들은 서쪽인 아시아에서 들어왔는데, 베링기아의 동쪽 가장자리는 오랫동안 얼음장벽으로 막혀 있었다. 사람들은 그 땅에

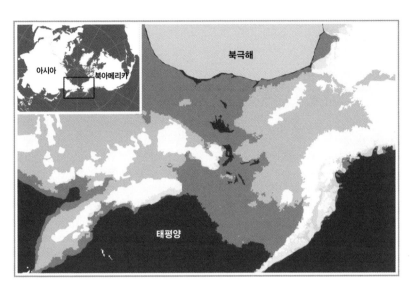

Bond, J. D., 2019. Paleodrainage map of Beringia(물이 빠지고 드러난 고대 베링기아 지도)에 기초해서 화가가 그린 베링기아.

정착해 여러 세대를 이어갔다. 하지만 기후가 온화해짐에 따라 얼음이 녹기 시작하고 해수면이 상승했다. 해안선이 밀고 들어와 그들의 고향을 침범하고, 베링기아 자체가 사라지기 시작했다. 이제 어디로 가야 할까.

의심할 여지 없이 일부 베링인은 다시 서쪽으로, 조상들의 고향인 아시아로, 신화와 집단 기억 속에 살아 있는 땅으로 돌아갔다. 그 사이에 아시아에서도 새로운 사람들이 들어와 서쪽에 있는 고향이 어떤 곳인지 업데이트된 이야기를 들려주었을 것이다.

베링기아의 일부 주민은 아무도 살지 않는 동쪽 땅으로 이주했다. 이들이 최초의 아메리칸이었다. 베링인은 배를 타고 아메리카 서부 해안의 북쪽 지역을 건넜다.[2] 대륙은 여전히 얼음에 덮여 있었지만, 해안을 따라 군데군데 얼음이 없는 '레퓨지아refugia(빙하기와 같은 기후 변화기에 비교적 기후 변화가 적어 다른 곳에서는 멸종된 것이 살아 있는 지역)'가 있어서 살아남은 동물들에겐 피난처가 되고 최초의 아메리칸에겐 징검다리가 됐을 것이다.[3]

현시점에서 가장 믿을 만한 추정치는 이때가 적어도 1만 5000년 전이었다는 것인데,[4] 어쩌면 훨씬 더 거슬러 올라가야 할지도 모른다. 빙원의 상태에 따라 조금 달라질 수도 있지만, 사람들은 현재 워싱턴주 올림피아시가 있는 곳에 이르러서야 영구적으로 뭍을 밟았을 것이다. 빙하가 끝나는 곳이 거기였다. 올림피아의 남쪽과 동쪽으로는 상상할 수 없으리만치 광활하고 다양한 대지가 펼쳐져 있었고, 드넓은 대지 위를 싱그럽고 아름다운 경치와 통통하고 카리스마 있는 동물이 가득 메우고 있었다. 없는 것은 인간뿐이어서 그 모든 것이 인류 최초의 탐험을 기다리고 있었다.

이주는 모험이었다. 모든 과정이 믿을 수 없이 위험했다. 어떤 선택도 괜찮아 보이지 않았다. 다시 서쪽으로, 이방인을 보고 이러니저러니 평가할 것이 빤한 사람들 곁으로 돌아가야 할까? 동쪽으로, 아무도 어디에 무엇이 있는지 모르는 땅으로 나아가야 할까? 아니면 베링기아에 머물다가 바닷속으로 사라져야 할까?

세 번째 안을 선택한 사람은 누구도 살아남지 못했다. 그렇다면 익히 알고 있는 땅, 조상들이 둘러보고 포기한 불모지, 경쟁자가 득실댄다고 알려진 땅으로 돌아갈 것인가… 또는 완전히 새로운 미지의 땅을 탐험할 것인가. 둘 다 적절한 선택이고, 둘 다 위험과 장단점이 분명했다. 그건 우리가 사는 현대 세계도 마찬가지다.

베링인의 후손들은 완전히 고립돼 있던 남북아메리카 대륙을 구세계 사람들로만 채워나가기 시작했다. 그들은 지구상에 문자나 농업이 출현하기 이전에 도착했다. 그리고 구세계 친척들에게 아무런 도움을 받지 못한 채 밑바닥에서부터 그 모든 것을 혁신해나갔다. 그들 부족은 수백 가지에 달하는 인간적 면모를 발견했고, 결국에는 5,000만에서 1억으로 추정되는 인구로 성장했다. 수천 년이 흘러 스페인 정복자가 구세계 인구와 신세계 인구를 폭력적으로 합쳐놓을 때까지.

우리는 신세계로의 여정이 어떠했는지 정확히 알지 못한다. 어쩌면 최초의 아메리칸은 훨씬 더 오래됐으며, 베링기아에 영구적으로 정착한 것이 아니라 배를 타고 시계 방향으로 태평양을 일주하며 살았는지도 모른다.[5] 확실한 것은, 신세계는 최초의 아메리칸에게 지금껏 본 적 없는 도전 과제를 던져주었다는 점이다. 이 베링기아 이야기는 단지 비유 차원에서만 옳을지 모르지만, 인간이 어떤 존재인지 가르쳐준다.

이 이야기는 오늘날 우리가 처한 상황을 불완전하지만 적절하게 비유한다. 우리도 역시 시들어가는 땅에 살고 있다. 우리 역시 자신을 구하기 위해 새로운 기회를 찾아야 한다. 우리 역시 탐험의 결과가 어떻게 될지 알지 못한다.

초기 아메리칸은 알 수 없는 위험과 기회가 도사리고 있는 광대한 풍경으로 걸어 들어갔다. 조상으로부터 물려받은 지식은 길잡이로서 대단히 부적합했기에 이 낯선 세계에서 길을 찾는 일은 엄청난 도전이었을 것이다. 하지만 그들은 멋지게 성공했다. 우리가 궁금해하는 질문, 현 상황에서 우리에게 가장 의미 있는 질문은 '과연 어떻게?'다. 이에 대한 답변은 인간이 어떤 존재인지 이해하는 과정에서 꽤 많이 찾을 수 있다.

몇 세대가 지나 초기 아메리칸 무리가 모닥불 주위에 둘러앉아 출출한 배를 달래고 있었다. 산딸기 철이 정점을 지나고 사슴이 귀해지기 시작했다. 그들 중 한 명(벰Bem이라 부르자)이 곰이 물고기를 잡아먹고 사는 것을 관찰했을지 모른다. 그렇다면 우리는 왜 그렇게 하지 못할까?[26]

벰은 물고기에 대해 잘 알지 못했지만, 수Soo는 날마다 강가에서 물고기를 지켜본 덕분에 물고기가 어떻게 행동하는지를 간파하고 있었다. 지금까지 물고기에 대한 통찰은 그녀만 아는 것이었고, 남들에게 말할 만한 가치가 있을 것 같지도 않았다. 수에겐 타고난 공학적 기술이 없는 반면 골Gol에겐 그런 기술이 있었고, 골에겐 밧줄을 만드는 실험적 재능이 없는 반면 록Lok에게는 그런 재능이 있었다. 각기 다른 재능과 통찰을 가진 사람들이 모닥불 주위로 모여들어 공동의 문제를 논의하자 혁신의 불꽃이 빠르게 번져나갔다.

인류가 생각해낸 최고의 아이디어, 가장 중요하고 강력한 아이디어는 대부분 각기 다르지만 하나로 통합할 수 있는 재능과 상상력을 가진 사람들, 사각지대가 없는 전반적인 관점, 새로움을 허락하는 정치 구조로부터 탄생했다. 인간이 처음 마주한 두 대륙의 문턱, 해가 지고 모닥불이 지펴지면 통찰력 있는 관찰자와 기술자, 도구 제작자와 정보 통합 전문가들이 불가에 둘러앉아 어떻게 해야 강에서 연어를 잡을 수 있는지, 어떤 구근이 먹어도 안전한지, 어떻게 하면 나무를 은신처로 바꿀 수 있는지를 서로 학습하거나 복습했다.

이들 집단에서는 횃불을 지키는 사람, 즉 전설을 기억하는 사람도 있었을 것이다. 이들은 후에 그 지역에서 연어가 더 이상 잡히지 않아 이주를 해야 하거나 독창적인 혁신가들이 전부 사라졌을 때 사람들에게 그 이야기를 들려주었을 것이다.

벰, 수, 골, 록은 그때 정확히 무엇을 하고 있었을까? 그들은 부족의 일부로서 부족을 대신해 혁신을 일으키고 있었다. 가설을 테스트하고, 이야기를 창조하고, 물질적·문화적 전통을 쌓아 올리고 있었다. 한마디로 인간이 되고 있었다.

⁞⁞⁞ 인간의 역설

21세기 사람들이 직면한 기회와 딜레마는 최초의 신세계 주민이 직면했던 것과 비슷하다. 과학과 기술의 혁신에 힘입어 우리는 상상하지 못했던 새로운 영토에 진입했다. 하지만 베링인과는 달리 우리는 돌아갈 수 있는 조상의 땅이 없다. 우리의 행동이 지구 전체에 영향을 미치기 때문이다. 우리는 지구 곳곳에서 각자의 방식대로 사냥하고, 수집하고, 경작하고, 가공해왔다. 그 과정에서 풍경(지형)을 제멋대로 바꾸고 수많은 생태계를 붕괴 직전으로 몰아넣었다.

어떤 이들은 인류의 성공, 특히 베링인이 이룬 성공을 되돌아보면서 우리가 자연을 정복할 수 있다고, 자연을 통제할 수 있다고 여긴다. 하지만 우리는 그럴 수 없고, 앞으로도 그러지 못할 것이다.[7] 바로 이 잘못된 추정의 결과가 오늘날 우리가 겪는 많은 문제를 설명해준다. **궤도를 수정하는 유일한 방법**은 우리 인간의 진정한 본성과 새로운 가능성을 알고, 어떻게 하면 이 지혜를 유익하게 활용할 수 있는지 이해하는 것이다.

인간은 두 발로 걷는 슬기롭고 사회적이며 수다스러운 동물이다. 인간은 도구를 만들고, 땅을 일구고, 신화와 마법을 지어낸다. 아울러 서식지를 하나하나 지배하는 법을 배워가면서 시공간을 건너뛰어 우리 자신을 재창조해낸다.

생물 '종'을 규정하는 기준은 형태와 기능, 유전자의 발달, 다른 종과의 관계 등 여러 가지다. 하지만 더 중요한 것은 생물 종이 점한 생태적 지위, 즉 어떻게 자신을 둘러싼 환경과 상호작용하고 그 속에서 살아가는 방법을 찾아내느냐다.

우리의 경험과 지리적 폭을 고려할 때 인간의 생태적 지위는 정확히 무엇일까?

인류가 진화함에 따라 우리는 자연의 기본 법칙, 즉 무엇이든 잘하는 '만능 재주꾼은 특별히 잘하는 것이 없다'는 법칙에서 벗어난 것처럼 보인다. 생물 종이 어느 한 지위를 점하기 위해서는 폭넓음과 일반성generality을 포기하고 특수한 능력에 집중해야 한다. 만능 재주꾼의 발목을 잡는 것이 바로 이 전문화의 필요성이다. 이 원칙은 대단히 보편적이어서 활자로 남겨진 지 400년이 넘도록 인용되어왔다(최초의 사례 중 하나가 배우에서 극작가가 된 윌리엄 셰익스피어에 대한 1592년의 비난이었다).[8]

"무엇이든 잘하는 사람은 특별히 잘하는 것이 없다."

이는 공학부터 스포츠와 생태과학에 이르기까지 광범위하게 적용된다. 이런 면에 있어서 생물 종은 도구와도 같다. 하는 일이 많을수록 더 조잡해지기 때문이다.

그럼에도 우리는 상상 가능한 거의 모든 일을 하는 만능 재주꾼이자 지구상 거의 전 서식지의 지배자다. 우리의 생태적 지위는 대부분 무한하고, 한계에 맞닥뜨렸다 싶으면 그 즉시 한계를 테스트하기 시작한다. 마치 최후의 개척지는 없다고 믿는 것처럼.

호모 사피엔스는 그냥 특출한 종이 아니다. 우리는 더할 나위 없이 뛰어나다.[9] 타의 추종을 불허하는 적응력, 창의성, 착취력을 바탕으로 수십만 년 동안 전 분야의 전문가, 즉 '스페셜리스트specialist'로 군림해왔다. 우리는 범위가 좁아지는 대가를 치르지 않고서도 전문가로서 경쟁의 이점을 누린다.

이것이 인간의 생태적 지위의 역설이다.[10]

과학에서 역설은 보물 지도 위에 표시된 X표와 같다. 어디를 파야 하는지 알려주는 것이다. 누구도 따라올 수 없는 폭넓은 전문화. 이 역설은 부가 아닌 도구가 묻힌 곳을 말해준다. 인간의 역설을 풀어헤칠 때 우리는, 자신을 이해하고 의도와 기술을 통해 삶의 길을 찾아나가게 하는 이론의 틀을 밝혀낼 수 있다. 이 책은 인간의 역설을 풀어헤치고 발견한 도구들을 설명하는 동시에 그걸 적용하는 훈련 과정이기도 하다.

✤✤✤ 모닥불 주변에서 피어난 것

최초의 아메리칸을 이야기할 때 우리는 그 보물 구덩이에서 도구 하나를 목격했다. 바로 '모닥불'이다.

아주 오랫동안 인간은 불을 사용해왔다. 어둠을 밝히고 온기를 유지하기 위해서, 음식의 영양가를 높이기 위해서, 포식자를 막기 위해서였다. 우리는 불을 이용해 통나무 속을 파서 카누를 만들고, 새로운 목적에 맞게 지형을 바꾸고, 쇠를 무르게도 하고 강화시키기도 했다. 하지만 인간이 불을 사용한 데는 훨씬 더 중요한 목적이 있었다. 모닥불은 '아이디어의 용광로'였다.

모닥불 주변은 산딸기, 강, 물고기에 대한 의견을 교환하는 장소였다. 서로의 경험을 공유하고, 이야기를 하고, 웃고 울며, 어려운 문제를 같이 심사숙고하고, 성공을 나누는 곳이었다. 이 용광로에서 만들어진 위대한 아이디어 덕분에 인간은 진정한 슈퍼 종이 될 수 있었다. 우주의 법칙을 가르며 서핑하고, 포말처럼 부서지는 역설을 딛고 날아오를 수 있게 되었다.

수천 년 동안 모닥불 주변에서 이뤄진 아이디어 교환은 결코 단순한 소통이 아니었다. 그곳은 각기 다른 경험, 재능, 통찰을 가진 개인들이 모인 구심점이었다. **생각의 연결은 인류의 성공 비결이다.** 개인이 얼마나 영리한지, 얼마나 많이 알고 있는지는 중요하지 않다. 대개의 경우 생각을 합치면 개인의 총합보다 더 큰 전체가 나온다.

인간이 직면하는 문제—어떤 구근이 먹어도 안전한가, 어떻게 하면 토끼를 잡을 수 있을까, 어떻게 해야 기회를 평등하게 주면서도 위협으로부터 안전한 세계를 창조할 수 있을까—를 해결하고자 할 때는 개개인이 단독으로 처리하는 것보다 더 큰 과정이 필요하다. 우리가 미래에도 생존하려면 다수의 머리를 서로 연결해서 정보를 병렬로 처리해야 한다. 생각을 합칠 때 인간의 문제 해결력은 기하급수로 커진다.

다른 어떤 동물도 넘지 못할 생태적 지위의 경계를 무너뜨린 것처럼, 인간은 다른 어떤 종도 깨지 못할 개별 사이의 경계를 완전히 허물었다. 생태적 지위에 관해서라면 인간은 종종 전문성을 가진 개인들로 구성된 만능 재주꾼, 즉 '제너럴리스트generalist'다.

한 명의 고대 아메리칸은 길 찾는 것은 잘하지만 불을 지키는 데는 젬병이었을 것이다. 한 명의 현대인은 바위 타기는 잘하지만 파일 정리 솜씨는 형편없고, 숫자에는 뛰어나지만 빵 굽는 데는 서툴지도 모른다. 하지만 단일 종으로서 우리는 그 모든 일을 기가 막히게 잘 해낸다. 우리가 개인의 한계를 뛰어넘어 각자의 일에 집중하면서도 다른 이들의 특화된 노동 덕분에 살아갈 수 있는 것은 '개인 간 연결성' 덕분이다.

사람 간의 경계에서 우리는 의식적으로 생각을 혁신하고 공유한다. 그런 다음에 지금 순간에 가장 좋고 가장 적절한 생각들을 문화적 형태로 구현한다. 그러한 마법이 수천 년 동안 모닥불 주위에서 일어난 것이다.

의식과 문화―이 주제는 12장에서 보다 자세히 다루겠다―는 서로 긴장 상태에 있지만, 인간에겐 둘 다 필요하다.

의식적인 생각은 타인에게 전달할 수 있다. 따라서 우리는 의식을 '교환할 수 있도록 포장된 인식의 일부분'으로 정의한다. 이 정의는 교묘한 속임수가 아니다. 우리는 다루기 힘든 문제를 단순화하기 위해 이 정의를 채택하지 않았다. 그보다 '의식적인' 생각이 무엇인지를 설명할 때 사람들이 의미하는 핵심에 주목해 이 정의를 채택했다.

의식을 이해할 때 나타나는 하나의 진리가 있다. 개인의식이 먼저 진화했다거나 가장 기본적인 형태의 의식이라고 가정하는 것은 이치에 맞지 않는다는 것이다. 우리의 개인의식은 집단의식과 나란히 진화했고, 인간의 진화 과정 후기에 이르러서야 확실히 이해됐을 것이다. 타인의 마음(생각)에 대한 이해―이른바 마음이론*―는 극히 유용하다. 우리는 이 능력의 기본을 다른 많은 종에서도 볼 수 있으며, 고도의 협력 행동을 보이는 몇몇 동물 종―코끼리, 이빨고래류(돌고래 등), 까마귀, 인간을 제외한 영장류―에서는 대단히 정교해지는 것을 볼 수 있다.

인간은 지구상에 존재하는 모든 종과 비교했을 때 타자의 생각을 월등히 잘 파악하는 종이다. 인간만이, 그렇게 하기로 선택하는 한에서, 인지적 소유물을 놀라우리만치 정밀하고 명료하게 양도할 수 있기 때문이다. 우리는 개인과 개인의 중간에 있는 공기를 진동시키는 간단한 방법으로 한 마음에서 다른 마음으로 복잡한 추상적 개념을 정확하게 전달할 수 있다. 그것은 우리가 자신도 모르게 부리는 일상의 마법이다.

마음이론이 제대로 기능하기 위해서는 머릿속으로 타인을 벤치마킹해서 모방할 필요가 있다. **내가 나**의 생각과 내게 이해된 **당신**의 생각을 비교해서 이익을 얻으려면, 내 안에 나와 당신의 주관적 경험이 모두 있어야 한다. 다시 말해서, 두 생각이 하나의 화폐로 합쳐져야 한다. 공유된 의식은 사람들 사이에 창발적인** 무형의 공간이 되고, 그 속에서 서로의 개념이 자리를 잡고 같이 발전한다. 어떠한 사건을 두고 여러 증인이 각기 다른 관점을 보이듯이 참가자들 역시 각각 다른 관점을 갖고 있지만, 그 공간만큼은 집단의 자산이 된다.

똑같이 영리한 개인들로 이루어진 두 집단을 상상해보자. 첫 번째 집단에서는 개인들이 자신의 생각을 제시할 뿐만 아니라 서로의 생각에 반응하고 수정하며, 이후에는 그 생각에 따라 행동하는 법을 계획하고 조직

---

*

마음이론theory of mind은 어느 학자가 제시한 이론이 아니라 타인의 마음을 추적해서 이해하는 인간(그리고 몇몇 동물)의 인지 능력을 말한다.

**

창발성emergence이란 '남이 모르거나 하지 아니한 것을 처음으로 또는 새롭게 밝혀내거나 이루어내는 성질'을 가리키는 말로 카오스 이론을 통해 널리 확산되었다. 세간의 억측과는 달리 일본에서 온 것이 아니다.

해서 각자의 전문 영역 안에서 집단 전체에 기여한다. 두 번째 집단은 개개의 구성원들에게는 좋은 생각이 많지만 타인의 생각을 머릿속으로 이해하는 능력은 없다. 이 두 집단이 경쟁한다면 결과는 불을 보듯 빤할 것이다.

기본적인 집단의식—예를 들어 한 무리의 늑대들이 협력해서 사냥할 때 공유하는 의식—조차도 엄청난 이득을 가져온다. 사자들도 무리를 이뤘을 땐 자부심이 개체의 총합보다 훨씬 크다. 집단의식이야말로 무엇과도 비교할 수 없는 진화의 획기적 산물이자 인지적 창발성의 원천이다.

문화 대 의식

의식은 문제 해결에는 가치 있지만 실행에는 도움되지 않는다. 체조선수, 연주자, 전사는 모두 의식적으로 발견한 것을 습득하고 자연스레 실행하는 법을 익혔을 때 성공했다고 말할 수 있다.[11] 변화의 힘이 있는 통찰과 생각은 의식의 층에서 나와 그걸 이루는 방법을 아는 부위들로 이동한다. 우리가 '무아지경'일 때도 의식은 존재하지만, 그 흐름이 막히지 않도록 거리를 두고 지켜보는 관객이 된다.

행동은 습관적이고 직관적이 된다. 개인의 경우라면 이를 기술 또는 기량이라고 칭한다. 가족이나 부족의 경우라면 습관은 전통이 되고 다음 세대로 전달돼 계속 유효하게 쓰인다. 이를 더 확장하면 문화가 된다.

따라서 호모 사피엔스는 두 개의 지배 모드, 문화와 의식 사이에서 진자운동을 한다. 과거의 지식으로는 이해하기 힘든 문제에 부딪힐 때 우리는 의식적이 된다. **이 낯설고 새로운 땅에서 어떻게 먹고 살지?** 즉시 공동의 문제 해결 공간에 마음을 접속하고 아는 것을 공유한다. 그런 후에는 병렬 처리―가설 제시, 관찰 결과 도출, 도전 방안 제시―로 새로운 답에 도달한다.

개인이 홀로 해답에 도달하기는 어렵다. 세상에 테스트해보고 결과가 유효하다면, 우리는 그것을 갈고 닦은 뒤 더 자동적이고 덜 계획적인 층으로 보낸다. 이것이 바로 문화다. 적당한 상황에 문화를 적용하는 것은 인구집단의 차원에서 개인이 무아지경에 빠진 것과 같다.

이 모형은 몇 가지 중요한 의미를 내포한다. 시절이 좋으면 사람들은 조상의 지혜―자신들의 문화―에 도전하길 꺼릴 것이다. 다시 말해서, 어느 정도는 보수적이 될 것이다. 반대로 시절이 좋지 않으면 변화에 수반되는 위험을 감내하려 할 것이다. 어느 정도 진보적이 되는 것인데, 원한다면 리버럴(자유주의)이라고 해도 무방하다.

이 부분에서 현대 세계는 논란의 여지가 있다. 현재 상황에 대한 의견이 분분하기 때문이다. '타이타닉호'는 빙산에 부딪히기 전까지 인간이 이룬 업적의 경이로운 증거였다. 하지만 이후로는 오만의 위험을 대표하는 기념비가 됐다. 타이타닉호 사례처럼 사후에 사건을 되돌아보고서야 비로소 문제의 본질을 외면하고 갑판 의자를 재배치한 것이 얼마나 어처구니없었는지 깨닫는 경우가 너무나 많다. 문화보다 의식이 더 두드러져야 할 순간은, 빙산에 부딪히고 나서야 전후가 명확하게 갈린다.

2008년 금융시장 붕괴, 석유시추선 '딥워터호라이즌' 폭발 사고, 후쿠시마 다이치 원전 사고는 모두 문명 수준에서 발생한 무질서의 증상이다. 이를 가리키는 명칭은 아직 없다. 이제부터는 이를 '호구의 어리석음 Sucker's Folly'이라고 하자. 단기적인 이익에만 몰두하느라 장기적인 비용과 위험을 외면하고, 손익 분석이 부정적임에도 무리하게 추진하는 경향을 말한다.[12]

이러한 사건들은 우리가 문화의 월계관에 의존하는 탓에 재난을 향해 가고 있음을 뜻한다. 우리를 둘러싼 풍요에 혹해서 안전하다는 잘못된 인식에 안주하고 집단의식을 멀리하는 것이다. 우리가 이 사실을 빨리 인식할수록 배를 안전한 경로로 돌릴 가능성이 커진다. 이 문제는 이 책의 마지막 장에서 다시 살펴보기로 하자.

그렇다면 앞서 제기한 질문, '인간의 생태적 지위는 무엇일까?'에 대한 답은 이렇다. 용어의 표준적 의미를 적용할 때 인간은 생태적 지위가 없다는 것이다. 우리는 다른 게임을 도입하고, 그 게임의 도사가 되어 패러다임을 벗어났다. 우리는 문화와 의식을 왔다 갔다 하면서 필요할 때마다 우리의 소프트웨어를 교체하는 방법을 알아냈다.

인간의 생태적 지위는 생태적 지위의 전환이다.

인간은 모든 생업의 달인이다. 만일 우리가 기계라면 여러 종류의 소프트웨어 패키지와 호환될 것이다. 이누이트족 사냥꾼은 북극에 대해서는 잘 알지만, 칼라하리나 아마존에서 살아남는 법에 대해서는 거의 모른다.

인간은 적절한 도구와 소프트웨어가 주어지면 대부분의 일을 잘할 수 있다. 인구집단은 노동 분업 덕분에 많은 일을 잘할 수가 있다. 하지만 개인은 자기 자신을 제한하거나 제너럴리스트가 되는 비용을 감당해야 한다.

그런데 우리 세계가 점점 복잡해짐에 따라 제너럴리스트가 돼야 할 필요성은 더욱 커진다. 여러 분야를 아는 사람, 각 분야를 연결할 줄 아는 사람이 필요하다. 생물학자와 물리학자뿐만 아니라 생물물리학자도 필요하다. 이들은 기어를 전환해서 한 분야의 도구를 다음 분야에 적용할 줄 아는 사람들이다.

우리는 제너럴리스트의 출현을 장려해야 한다. 이 책에서 우리는 다음과 같이 주장한다. 제너럴리스트의 출현을 장려하는 방법은, 진화란 무엇인가, 진화는 우리를 어떤 종으로 만들었는가, 우리는 진화의 목표를 어떻게 거스를 수 있는가에 대한 섬세하고도 면밀한 이해를 촉진하는 것이라고.

목표를 위한 첫걸음으로 이 장 후반부에서 진화 이론을 몇 가지 업데이트해서 제시하고자 한다. 우리의 수정된 견해는 진화를 더 깊이 이해함으로써 우리 자신과 우리의 문화, 우리 종을 폭넓게 바라보는 관점에 토대가 되어줄 것이다.

환경 적합도와 계통

생물은 적응 진화를 통해 환경에 대한 '적합성^{fit}'을 높인다. 적응 진화는 확실히 입증된 개념이다. 하지만 진화생물학을 서둘러 경험과학으로 만들 때 생물학자들의 우선 과제는 **적합도**fitness를 쉽게 측정할 수 있는 개념으로 정의하는 것이었다. 생물학자들은 적합도를 **번식**reproduction과 거의 같은 뜻으로 정의했다.

종국에 실패로 끝난 많은 가정과 마찬가지로 적합도와 번식 성공도가 거의 동의어라는 믿음은 처음에는 크게 성공했다. 여러 세대에 걸쳐 생물학자들이 두 용어를 하나로 취급했고, 그로 인해 큰 진전을 이룰 수 있었다. 다른 모든 조건이 동등하다면 환경에 더 잘 맞는 생물이 더 많은 자손을 낳는 경향이 있으며, 그게 사실일 때 생물학자들은 종의 진화 과정을 풀어헤칠 수 있는 훌륭한 개념적 도구를 가지게 된다.

하지만 조건이 동등하지 않다면 어떻게 될까? 자손을 더 많이 낳는 생물이 단기적인 생산력을 추구하느라 문제를 일으킨다면? 조건이 다를 때 생물학자들은 진화의 비밀을 제대로 이해하지 못할 것이다. 만일 적합도를 끌어내리는 피해가 빠르게 나타난다면─어떤 개체가 자손을 많이 낳았지만 겨울에 모두 죽는다면─우리는 그 개체가 진화의 의미에서 실패했다고 받아들일 것이다. 반면 자손이 아주 오랫동안 번성하다가 다음번 가뭄이나 다음번 빙하기에 서서히 죽는다면 보통은 '성공'으로 보겠지만 생물학자는 다르게 분석할 것이다.

적합도는 실제로 번식과 관련 있을 때가 많긴 해도 **항상** 관련된 것은 존속persistence이다. 성공한 개체군이라 할지라도 길게 보면 밀물과 썰물처럼 감소하기도 하고 증가하기도 한다. 성공한 개체군이 할 수 없는 건 멸종이다. 멸종은 실패다. 성공은 존속이며, 존속의 방정식에서 개체의 번식은 하나의 인수에 불과하다.

그런데 존속이란 무슨 뜻일까? 우리는 종의 유지에 주목해야 할까? 종에 속한 각각의 개체군을 별도로 취급해야 할까? 또는 한 개체의 후손에 초점을 맞춰야 할까? 논리적으로 존속은 모든 것이자 그 이상이다.

적응 진화는 개체들이 자원을 놓고 경쟁함에 따라 발생한다. 각각의 개체는 혈통의 후계자이며, 후손들이 존속하는 기간은 혈통의 적합도를 보여주는 좋은 지표다. 만일 빙하기가 돌아왔을 때 뱀의 후손들은 소멸하고 수의 후손들은 다음 간빙기까지 살아남는다면, 시간 차이를 측정할 수 있든 없든 간에 후자가 더 적합하다고 말할 수 있다.

하지만 이 두 개인은 미래에 이어질 혈통의 출발점이기만 한 것이 아니다. 두 사람은 각기 동시에 존재하고 중복되기도 하는 여러 혈통의 구성원이며, 그 혈통들은 결국 하나라고 볼 수 있는 큰 조상 집단으로 거슬러 올라간다. 따라서 적합도가 존속에 관한 것이라면 다음과 같은 질문이 따른다. 무엇의 존속을 말하는가?

여기에서 우리는 측정해야 한다는 의무감을 버려야 한다. 적응 진화—환경에 대한 생물의 '적합성'을 높여주는 과정—는 혈통의 모든 차원과 한꺼번에 관련된 개념이다. 따라서 적응 진화는 부분이 언제나 전체를 닮아가는 프랙탈fractal 방식이며, 이를 내포한 용어가 **계통**lineage이다.

계통은 개인과 개인의 모든 후손으로 이뤄진다. 하나의 생물 종은 최근의 공통 조상에서 나온 후손이다. 포유류, 척추동물, 동물 같은 더 큰 계통군clade도 마찬가지다.[13] 우리 진화생물학자들이 하는 일이 계통이 발생하는 모든 차원에서 적응 진화가 선택과 맞물려 어떻게 작동했는지를 밝히는 것이다.

이 책에서 우리는 다음과 같은 전제를 가지고 논의를 진행할 것이다. 계통들은 서로 경쟁하며, 장기적인 환경에 더 적합한 계통이 '선택'이라는 트로피를 갖게 된다. 이는 인간 본성의 역설을 조명할 때 큰 이점이 있지만, 그것만으로는 충분하지 않다. 우리는 또한 기존의 진화론적 통념과는 달리 유전자가 유전 정보를 전달하는 유일한 형태가 아님을 인정해야 한다.

문화는 진화한다. 게다가 문화는 유전체(한 생물이 가지는 모든 유전 정보, 게놈)와 더불어 진화하기에 같은 목표를 추구한다. 예를 들어, 암컷의 둥지 틀기나 수컷의 허세 같은 성 특이적 행동이 문화적으로 얼마나 전달되고 유전적으로 얼마나 전달되는지 우리가 알 필요는 없다. 전달 방식은 이 패턴들의 의미와 무관하기 때문이다. 문화적으로 전달되든 유전적으로 전달되든 또는 둘의 결합으로 전달되든 간에 조상 대대로 물려받은 성 역할은 진화의 문제를 해결하기 위한 생물학적 방책이다. 요컨대, 성 역할은 미래에도 계통이 존속할 수 있도록 촉진하고 보장하는 생물학적 적응 특성이다.

많은 사람에게 이 개념은 삼키기 힘든 알약이지만, 실제로 문화는 유전자를 위해 존재한다. 오랜 문화적 특성은 눈, 잎, 촉수와 마찬가지로 적응적이다.*

21세기를 사는 거의 모든 사람은 우리의 팔다리와 간, 머리카락과 심장이 진화를 통해 창조됐다는 생각에 동의한다. 하지만 행동이나 문화를 설명할 때도 진화 이론이 적절하느냐는 질문에는 지금도 많은 사람이 고개를 가로젓는다.[14] 심지어 다수의 과학자도 대답이 추할 것 같으면 '어떤

---

*
적응적이다adaptive라는 말은 '적응성 있다', '적응에 도움이 된다'를 뜻한다.

의문은 제기하지 말아야 한다'는 믿음으로 그런 입장을 고수한다. 이 믿음에서 비롯된 것이 사상과 연구 프로그램에 대한 이데올로기적 검열이었으며, 우리가 누구이며 왜 그런 행동을 하는지를 이해해나가는 발걸음을 정체시켰다.

진화의 산물 중 어떤 것은 실제로 추하다. 영아 살해, 강간, 종족 학살은 모두 진화의 산물이다. 동시에 어떤 것은 아름답다. 자식을 위한 어머니의 희생, 오래 지속되는 낭만적 사랑, 모든 시민(어리거나 늙었거나 건강하거나 병약하거나)에 대한 문명사회의 보호가 그렇다. 일부 사람들이 걱정하는 이유는 어떤 것이 '진화적'일 때 그것이 무슨 뜻인지 잘 이해하지 못하기 때문이다.

어떤 것이 **진화적**일 때 그것은 **불변**하리라고 많은 사람이 걱정한다. 진화로 어떤 끔찍한 문제가 출현할 때 우리는 그에 대해 무기력할 테고, 진화의 잔인한 운명에 영원히 고통받아야 한다고 말이다. 다행히 이 두려움은 잘못된 것이다. 진화의 결과 중 어떤 것은 거의 변하지 않는다. 인간은 두 다리, 하나의 심장, 큰 뇌를 가진 종이다. 다만 개인별로 차이가 있고, 이는 진화적이지만 환경과의 상호작용에 크게 의존한다. 다리가 얼마나 긴가, 심장이 얼마나 튼튼한가, 뇌를 구성하는 뉴런이 서로 얼마나 연결돼 있는가 하는 것들이다.

마찬가지로 '평균적으로 여성이 남성보다 더 상냥하고 더 불안을 느낀다'는 진화적 진실은 어떤 특정 개인의 진단 결과로 알게 된 것도, 불변의 운명에 따라 결정된 것도 아니다. 개인(개체)은 인구(개체군)와 같지 않다.[15] 우리는 인구의 개별 구성원이다. 인구—남성과 여성, 베이비부머와 밀레니얼, 미국인과 호주인—는 실제로 심리적 차이를 보이지만, 우리에게는 다른 점보다 비슷한 점이 더 많다. 이러한 차이는 다양한 층위를 이루는 진화적 요인들의 상호작용의 결과다. 인간에게는 서로 연결되고 문화를 바꿀 수 있는 능력이 있다. 좋든 나쁘든 간에 말이다.

문화적·유전적 진화를 둘러싸고 많은 사람이 혼란스러워하는 현실에 대응해 우리는 실제로 작동하고 있는 요인들의 위계성을 한눈에 알아볼 수 있도록 단순한 모형을 개발했다. 그리고 '오메가Omega 원칙'이라 이름 붙였다.

오메가 원칙

진화와 관련해서 '후성적epigenetic'이란 용어가 있다. '유전체 위에'라는 의미로 환경에 의한 변이를 뜻하는데, 그렇다고 해서 유전형이 완전히 변하는 것은 아니다. 우리가 이 용어를 처음 접한 것은 1990년대 초, 대학에서였다. 당시에 진화생물학자들이 가끔 문화에 엄밀한 진화적 맥락을 부여하고자 할 때 이 용어를 사용했다.

문화가 유전체 '위에' 놓여 있다는 말은 문화가 유전체의 발현 방식을 구체화한다는 뜻이다. 유전자는 몸을 구성하는 단백질과 그 합성 과정을 설명한다. 문화—문화가 있는 생물들에게 있어—는 몸이 어디로 가고 무엇을 하는지에 지대한 영향을 끼친다. 이런 식으로 문화는 유전체 발현을 조절한다.

1990년대 이후에 **후성적**이라는 말은 다른 의미로 쓰이기 시작했다. 현재 이 말은 거의 전적으로 유전체 발현을 직접, 분자 차원에서 조절하는 메커니즘을 가리킬 때만 사용된다. 유전체 발현이란 어떤 특성은 발현시키고 어떤 특성은 억제해서 몸에 일관된 형태와 기능을 부여하는 '패턴 생성'을 말한다.

이 조절 메커니즘은 과학자들이 이제 막 이해하기 시작했는데 다세포 생물을 이해하는 열쇠라고 할 수 있다. 이 메커니즘이 없다면 동일한 유전체를 가진 세포는 모두 똑같을 테고, 아무리 큰 세포 집단이라고 해도 그 조직은 구별되지 않는 세포들의 양적 집합에 불과할 것이다. 개성 있는 다세포 조직들이 잘 조율되면서 동물이나 식물 개체를 구성할 수 있는 것은 유전자 발현을 엄격하게 관리하는 '후성적 조절'이 있기 때문이다.

후성적이란 용어는 유전된 행동을 기술하는 것에서 분자 스위치 molecular switch(단백질 변환에 따라 세포 기능을 조절)만을 기술하는 것으로 급격히 변했지만, 후성적 현상의 범주에는 실제로 두 가지 유형의 조절자가 포함된다는 주장을 강하게 제기할 수 있다. 분자 스위치는 좁은 의미인 반면에, **분자 스위치에 유전된 행동을 합치면** 넓은 의미가 된다. 둘 다 후성적이며, 단일한 유전 법칙이 유전자 발현에 대한 분자 및 문화 조절자를 모두 지배한다는 의미가 함축돼 있다.

티베트 목동을 예로 들어보자. 그에겐 전승된 문화가 있고, 이 문화는 그의 행동을 제약한다. 그의 세포들은 물려받은 유전자 발현 패턴에 기초해서 특수한 형태를 취하고 특수한 일을 한다. 그의 유전체에 속한 유전자와 그 발현을 조절하는 조절자가 서로 경쟁한다는 건 말이 되지 않는다. 목동이 건강하다면 세포들은 단일 생명체인 그의 진화적 이익, 즉 적합도를 높여주도록 진화한 그의 유전자 조절에 봉사한다. 목동의 눈은 여러 종류의 세포가 특별한 방식으로 분포돼 있어서 위험과 기회를 본다.

목동이 보는 위험은 그의 진화적 적합도를 위협하는 것들이고, 기회는 적합도를 높일 수 있는 방안에 해당한다.

다시 말해서, 유전자와 그 조절자는 할 일에 대해서 생각이 같고, 그로 인해 긴장 상태에 놓이는 징후는 전혀 보이지 않는다. 그렇다면 유전자와 그 조절자의 임무는 무엇일까? 그건 말하나 마나다. 진화적인 일, 목동이 유전자 사본을 먼 미래로 확실하게 보내는 것이다. 이성적인 사람이라면 누구나 이 주장에 동의할 것이다.

하지만 많은 사람이 다른 면에서는 이성적이면서도 목동의 문화에 눈을 돌릴 때는 이 관계를 보지 못한다. 목동은 자신의 계통을 따라 수천 년이나 거슬러 올라가는 성 역할을 고수하겠지만, 이 문화 패턴은 진화적이지 않고 '단지 문화적'이라는 것─마치 경쟁하는 범주인 것처럼─이 과학계의 일반적인 주장이다.

문제의 근원은 1976년 리처드 도킨스가 그의 저서 《이기적 유전자》에서 최초로 제시한 '밈의 진화'에 있다. 도킨스는 밈을 설명할 때, 문화적 적응에 대한 엄밀한 다윈주의적 연구에 초석을 놓는 과정에서 운명적 실수를 저질렀다. 도킨스는 문화를 유전체의 적합도를 높이기 위해 진화한 유전체의 도구로 보지 않았다. 대신에 그는 인간 문화를 또 다른 원시 수프[16]로 보고, 유전자와 똑같이 문화적 특성도 이 수프에서 퍼져나갔다고 설명했다.

이러한 오해는 제대로 풀리지 않았고, 이로 인해 비롯된 '본성 대 양육'의 혼란이 발전적인 분석과 사회 진보를 지금까지도 가로막고 있다. 문제의 특성이 본성 때문인지 양육 때문인지 묻는 것은, 한쪽에는 본성과 유전자, 진화를 놓고 다른 쪽에는 양육과 환경을 놓는 잘못된 이분법이 깔려 있다. 실은 **그 모든 것이 진화적인데** 말이다.

왜 문화가 마치 분자 조절자처럼 적합도 향상의 도구로서 유전자에 봉사해야 하는지를 이해하는 열쇠는 '맞거래'의 논리에서 찾을 수 있다. 맞거래는 이 책 내내 쭉 다시 살펴볼 개념이다.

유전체의 관점에서 문화는 결코 자유롭지 않다. 사실, 문화보다 더 큰비용이 드는 것도 없다. 문화를 익히는 뇌는 커야 하고, 에너지 면에서 가동 비용이 크다. 게다가 문화를 전달하는 과정은 걸핏하면 오류를 일으키고, 문화의 콘텐츠는 적합도 향상의 기회를 종종 막는다.

쉽게 이해하기 위해 잠시 유전체를 인격화해보자. 문화가 유전체에게 천문학적인 액수를 보상해주지 않는다면, 유전체는 당연히 열받을 것이다. 유전체가 자유롭게 쓸 수 있는 시간과 에너지와 자원을 문화가 낭비하는 것처럼 보일 것이다. 즉 사실상 문화가 유전체에 기생하고 있다는 느낌을 받을 것이다.

하지만 주도권을 쥔 쪽은 유전체다. 조류와 포유류에게서 문화를 형성하는 능력은 거의 보편적이다. 그 능력은 오랜 시간에 걸쳐 유전체가 진화함에 따라 정교해지고 강화되고 확장돼왔다. 가장 극단적인 사례는 가장 널리 분포하고 생태계를 지배하는 종, 인간이다. 이러한 사실들은 우리에게 문화가 어떤 역할을 하든 유전적 적합도에 비용을 치르지 않는다는 것을 말해준다. 오히려 문화는 적합도를 극적으로 높여준다. 문화가 부담을 준다면 문화를 통해 발현되는 유전자는 멸종하거나 참나무처럼 문화에 영향을 받지 않도록 진화할 것이다.

우리는 학생들을 상대로 진화를 가르칠 때 우리가 이해하는 유전적 현상과 후성적 현상의 관계를 이른바 오메가 원칙으로 요약해서 전달했다. 오메가 원칙은 두 가지 요소로 이뤄져 있다.[17]

> **오메가 원칙**
>
> 1. 후성적 조절자(예를 들어 문화)는 유전자보다 더 유연하고 더 빠르게 적응한다는 점에서 유전자보다 우위에 있다
> 2. 후성적 조절자(예를 들어 문화)는 유전체에 도움이 되도록 진화한다

기호 Ω(오메가)를 선택한 이유는 π(파이)를 상기시켜서 관계의 절대적 성격을 나타내기 위함이다. 원의 지름(π)이 원둘레와 무관하지 않은 것처럼, 문화의 적응적 요소는 유전자와 무관하지 않다.

오메가 원칙은 강력한 개념을 도출한다. 값이 비싸고 오래 지속되는 문화적 특성(예를 들어 한 계통 안에서 수천 년간 이어져 내려온 전통)은 적응적이라고 가정해야 한다는 것이다.

이 책 전체에서 우리는 이와 같은 진화의 렌즈를 통해 문화적 특성—추수 감사제부터 피라미드 건설에 이르기까지—을 들여다볼 것이다. 우리는 진실을 추론하는 제1원리들을 이용해 무엇이 인간을 이토록 특별하게 만들었으며, 현대의 새로움이 왜 우리를 심리적·신체적·사회적으로 병약하게 하는지 추정할 것이다. 그 원리를 발견하기 위해서는 단서를 찾아야 한다.

다음 장에서는 우리의 깊은 역사deep history, 즉 인간 종의 먼 과거를 더듬어가면서 우리가 채택한 형식들과 우리 조상들이 도입한 제도와 기능 그리고 모든 사람을 하나로 묶는 '인간의 보편성'을 탐구할 것이다.

+ + +

집단의식이야말로

무엇과도 비교할 수 없는

진화의 획기적 산물이자 인지적 창발성의 원천이다.

인간 계통의 짧은 역사

A HUNTER-GATHERER'S
GUIDE TO THE
21ST CENTURY

인간에게는 몇 가지 보편성이 있다.[1]

모든 인간은 언어를 사용한다. 우리는 **나**와 **남**을 구별하고, 주어로서의 자기 자신(I cooked for her – 나는 그녀를 위해 요리했다)과 목적어로서의 자기 자신(she cooked for me – 그녀는 나를 위해 요리했다)을 구분한다. 아울러 확실한 표정은 물론이고 미묘한 표정까지 사용해서 행복, 슬픔, 분노, 두려움, 놀람, 역겨움, 경멸 같은 감정을 드러낸다. 우리는 도구를 사용하는데, 그냥 사용하는 게 아니라 더 많은 도구를 만들기 위해 사용한다.

우리는 주거지 안이나 아래에서 산다. 보통 가족과 함께 집단을 이뤄 살고, 어른들은 아이들을 사회화할 때 서로의 도움을 기대한다. 아이들은 윗사람을 관찰하고 흉내 낸다. 우리는 또한 시행착오를 통해 학습한다.

우리에겐 지위가 있으며, 지위를 결정하는 규칙은 혈연관계, 나이, 성 등에서 기인한다. 위계를 계승하고 표지하는 규칙도 있다. 우리는 노동 분업을 한다. 호혜가 중요하며, 여기에는 긍정적 의미 ― 이웃끼리 서로 헛간 만들어주기, 선물 교환하기 ― 와 부정적 의미 ― 악행에 대한 보복―가 있다. 그리고 우리는 거래를 한다.

우리는 미래를 예측하고 계획을 세우거나, 최소한 그렇게 하려고 시도한다. 비록 수명이 짧거나 상황에 따라 다를 테지만 우리에겐 지도자와 법이 있다. 의례와 종교 행사도 있고, 정숙함의 기준도 있다. 또한 환대와 관대함을 찬양한다. 아름다움을 알고, 우리의 몸과 머리카락, 환경에 미의식을 적용한다. 우리는 춤추고 음악을 만들고 놀이를 즐긴다.

우리가 지금과 같은 존재가 되기까지는 아주 오랜 시간이 걸렸다. 지구에 출현한 생명의 역사를 깊이 들여다본다면 수억 년에 걸쳐 이 보편성들이 어떻게 출현했는지를 알 수 있다. 그리고 이 점을 이해한다면 변화, 특히 빠른 변화가 항상 좋지만은 않음을 알게 된다.

몇억 년 정도 차이가 있겠지만 대략 35억 년 전 지구상에 작은 생명이 불빛처럼 탄생했다. 그 유기체가 지구의 모든 생명을 아우르는 공통 조상이었다. 현재 우리는 전혀 다른 모습을 하고 있지만, 그 유기체로부터 자유롭지 않다.

최초의 단세포 생물은 핵이 없었다. 성별도 없었다. 현대의 식물처럼 햇빛을 양분으로 전환해서, 암모니아나 이산화탄소 같은 무기질 분자를 양분으로 전환해서 에너지를 얻었을 것이다. 역사의 시계를 되돌려 인류의 조상들이 우리와 더 가까워질수록 그들은 우리와 더 비슷해진다.

20억 년 전, 우리의 복제 물질이 핵에 둘러싸이고부터 DNA는 체계를 갖추기 시작했다. 상자를 조심스럽게 여는 순간 일련의 사건이 펼쳐지게 되는 시스템이다. 사건의 시기와 암호에는 상당한 복잡성이 숨어 있고, 물질이 꾸려진 방식도 마찬가지다. 여행 가방과 선적 컨테이너보다는 짐을 효율적으로 꾸리는 능력이 훨씬 더 중요하기 때문이다. 그 시절 우리는 노동 분업을 위해 다방면으로 진화하고 있었다. 소기관들이 세포 기능을 분담하고, 미세소관(세포질 안의 구조물)과 운동 단백질이 세포 물질을 여기저기로 나르기 시작했다.

우리는 세포 안에 핵을 지니게 되어 진핵생물이 됐지만, 아직은 단세포로서 혼자 생활하고 있었다. 오랜 시간이 흐른 뒤 우리는 세력을 모아 영구적으로 연합하기 시작했고, 그렇게 해서 밀집한 세포 집단이 아닌 다세포 생물이 됐으며,[2] 전문화의 이득이 규모의 이득을 앞지르기 시작했다. 이미 오래전부터 세포 내 소기관은 전문화를 도입해 엽록체는 광합성을, 미토콘드리아는 에너지를 담당하고 있었다. 그럼에도 전문화는 세포의 경계를 넘지 못하고 있었다. 이제 다세포 생물과 함께 생명이 한 단계 업그레이드되고 있었다.

우리의 깊은 역사를 아는 사람이라면 저마다 좋아하는 변형이 하나쯤은 있을 것이다. 하류 쪽에서 어떤 일이 일어날 가능성이 있어 유난히 중요해 보이는 변형들 말이다. 이를 '진화적 변화'라고 한다. 여러분은 혈액이나 뇌 또는 뼈의 발생이 나중에 일어난 혁신의 토대임을 알 것이다. 가장 초기를 제외하고는 모두 이미 생성된 조건에 의존했고, 그렇기에 지금 우리가 알고 있는 형태는 운명적으로 정해진 것이 아니었다.

처음에는 스스로 에너지를 만들어내는 것들이 진화했다. 이것이 다른 것들의 산물을 빼앗는 것들의 진화를 가능하게 했다. 우리와 같은 종속영양생물heteroproph(에너지원을 다른 생물이 만든 유기물에서 얻어야 하는 생물)이 출현해서 식물을 비롯한 광합성을 하는 생물에 기생하게 된 것이다. 우리가 종속영양생물로 진화한 과정, 남의 에너지를 빼앗아 쓰는 생물로 진화한 특수한 방식에 필연성이란 건 없었다.

유기체인 우리는 모두 호흡해야 하고, 영양분을 섭취한 뒤 노폐물을 배설해야 하며, 자손을 낳아야 한다. 유기체가 커질수록 그 밖의 다른 것들도 필요해진다. 체내 곳곳에 물질을 보내는 배관 시스템, 정보를 모으고 해석하고 그에 따라 행동하는 조절 중추 같은 것들이다.

우리가 태양을 이용해 에너지를 만드는 생물에게서 에너지를 훔치는 다세포 생물, 다시 말해서 동물이 된 것은 대략 6억 년 전이다.

우리 계통에서 성이 진화했으며 그대로 유지되었다. 진화의 시간 속에서 몇몇 특성이 켜졌다 꺼졌다 했다. 조류는 비행술을 개발했지만, 몇몇 새는 진로를 되돌려 펭귄, 키위, 타조가 됐다.[3] 뱀은 우리 조상이 수천만 년에 걸쳐 개발한 팔다리를 잃었다. 심지어 인간에게 가장 중요한 감각 기관인 눈도 동굴물고기에서는 사라지고 말았다. 동굴물고기가 사는 물 속은 너무 어두워서 눈은 전혀 도움이 되지 않는 위험 요소일 뿐이다. 멕시코동굴물고기(멕시코테트라) 종은 눈이 없다. 이 물고기들은 수십 개의 개체군을 이루어 동굴 바닥에 사는 반면, 눈을 뜨고 헤엄치는 사촌들은 수면에서 산다.[4]

다른 특성들은 일단 진화하고 나서 영구적으로 고착됐다. 그들의 가치가 거의 보편적이었음을 시사하는 것이다. 체내에 뼈로 된 골격을 진화시킨 유기체는 그 후로 결코 뼈대 없이 사는 방식을 진화시키지 않았다. 뉴런과 심장의 경우도 마찬가지다.

성의 진화, 즉 유성 생식의 진화는 완전히 매끄러운 이야기는 아니지만 거의 그렇다고 볼 수 있다. 지구에서 한때 유성 생식을 했던 진핵생물 중 한 종은 나중에 유성 생식을 잃어버렸다. 그 주인공인 브델로이드 로티퍼 bdelloid rotifer[5]는 몇 가지 면에서 대단히 특이하다. 예를 들어, 극히 건조하고 전리방사선의 양이 높은 조건에서 생존할 수 있다.[6] 하지만 우리가 속한 계통은 지금까지 최소 5억 년 동안 중단하지 않고 꾸준히 유성 생식을 해왔다.[7]

다세포 동물의 역사 초기에 몇몇 계통이 갈라져나와 제자리에서 자신을 보호하는 **고착성**sessile 형태를 취했다. 동시에 다른 몇몇 계통은 **이동성** mobile 형태를 취해 필요한 것을 찾아 유랑하고, 자신을 먹이로 삼고 싶어 하는 것들로부터 도망쳤다.

우리들 대부분은 좌우 대칭이어서 오른쪽과 왼쪽이 있고, 중앙선이 변곡점이며, 한쪽에서 보는 면이 반대쪽에서 보는 면과 거의 거울상이다. 척추동물과 마찬가지로 곤충에게도 좌우가 있지만, 우리는 곤충보다 불가사리에 더 가깝다. 이는 좌우 대칭 같은 특성이 확실히 유용하긴 해도 보편적으로 유용하지는 않음을 말해준다. 다 자란 불가사리는 좌우를 포기하고 방사 대칭을 선호한다.[8]

500만 년 전에 우리는 체내 활동을 체계화하기 시작했다. 하나의 심장과 뇌가 진화했다. 그 이전에는 여러 개의 중추가 혈액을 밀어내고 압력을 가하며 신경 처리를 담당했다. 하나의 뇌가 입력 정보를 체계적으로 처리하자 세계를 지각하는 훨씬 더 많은 방법이 개발되기 시작했다.

곧이어 우리는 지질학적 시간을 들여서 서서히 뇌를 가진 두개동물 craniates이 됐고, 소중한 뇌를 두개골에 담아 보호할 수 있게 되었다. 하지만 뼈와 턱이 아직 진화하지 못한 탓에 수행할 수 있는 것에 한계가 있었다. 이를 설명하기에 알맞은 유기체가 오늘날까지 존속한다. 정말 감사하게도 칠성장어가 여전히 팔팔하게 살아남아 초기 두개동물을 대표하고 있다. 턱과 뼈가 없는 상태에서 칠성장어는 어딘가에 걸쇠를 걸고 기생할

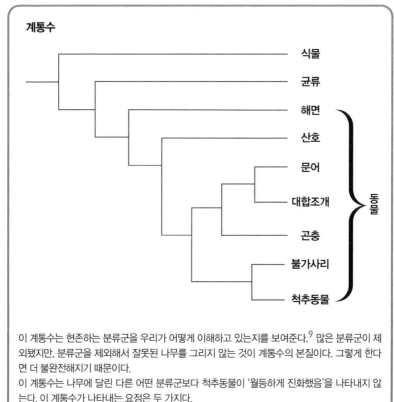

계통수

식물

균류

해면

산호

문어

대합조개

곤충

불가사리

척추동물

동물

이 계통수는 현존하는 분류군을 우리가 어떻게 이해하고 있는지를 보여준다.[9] 많은 분류군이 제외됐지만, 분류군을 제외해서 잘못된 나무를 그리지 않는 것이 계통수의 본질이다. 그렇게 한다면 더 불완전해지기 때문이다.
이 계통수는 나무에 달린 다른 어떤 분류군보다 척추동물이 '월등하게 진화했음'을 나타내지 않는다. 이 계통수가 나타내는 요점은 두 가지다.
○ 척추동물과 불가사리는 나무에 있는 다른 어떤 분류군보다 서로 가까운 관계에 있다.
○ 이 나무에서 대합조개와 문어는 가장 가깝고, 다음으로 곤충이 그들과 가깝다. 동물과 균류는 식물과의 관계보다는 서로에게 더 가깝다.

숙주를 찾기 위해 작은 뇌를 열심히 굴린다.

이빨과 턱은 진화했고, 둘 다 제법 쓸모 있음이 입증됐다. 미엘린myelin도 마찬가지였다. 이 지방성 물질이 신경 세포의 바깥쪽을 감싸준 덕분에 신경 신호가 더 빠르게 전달될 수 있었다. 이에 힘입어 이동하고 느끼고 생각하는 능력이 한층 빨라졌다.

4억 4000만 년 전, 많은 물고기가 몸 바깥에 골편骨片을 두르고 있었음에도 체내에 골격을 갖춘 생물은 아직 지구상에 없었다. 턱과 이빨은 있는데 뼈가 없는 이 물고기의 현대 후손이 상어, 홍어, 가오리다.[10] 많은 사람이 악몽을 꿀 정도로 두려워하는 상어는 체내 골격이 없어도 할 일을 척척 해낸다. 강하고 영리해지는 방법, 성공하는 방법은 여러 가지다.

이빨과 비슷한 분자로 이뤄진 뼈가 처음 발생했을 때는 갑옷이라기보다는 기존의 연골을 대체하는 체내 골격 물질이었다. 이로써 우리는 경골어류, 즉 뼈대 있는 물고기가 되었다. 우리는 또한 여전히 그리고 영원히 진핵생물, 동물, 척추동물, 두개동물이다. 집단 구성 자격은 절대 사라지지 않지만, 만일 특성이 변화한다면 그 유기체는 새로운 신분을 인정받으려 할 것이다. 현재 우리는 핵이 있고, 종속영양을 하며, 척추와 뇌 그리고 뼈가 있는 물고기다. 우리는 물고기다.[11]

약 3억 8000만 년 전 우리 물고기 중 일부는 육지와 가까운 얕은 물에 적응했다. 우리는 사지동물이었다. 우리의 지느러미 중 일부가 지느러미라기보다는 팔다리처럼 보이기 시작했고, 뼈와 근육으로 이뤄진 신전부(관절 부위)는 손과 발이 됐다. 사지동물이 살아가기 위해서는 일이 필요하다. 육지는 일할 수 있는 자들에겐 희망 가득한 미개척지다. 하지만 절충안이 중요하다. 중력에 짓눌리지 않고 몸을 곧추세우는 것부터 빛, 소리, 냄새가 물속이 아닌 공기 중에 전달되는 것을 느끼는 방식에 이르기까지 모든 것이 이 새로운 세계에 맞도록 조정될 필요가 있었다. 거의 모든 체계를 개편해야만 했다.

오랫동안 우리는 물과 밀접한 관계를 유지했다. 주요 호흡 기관인 피부

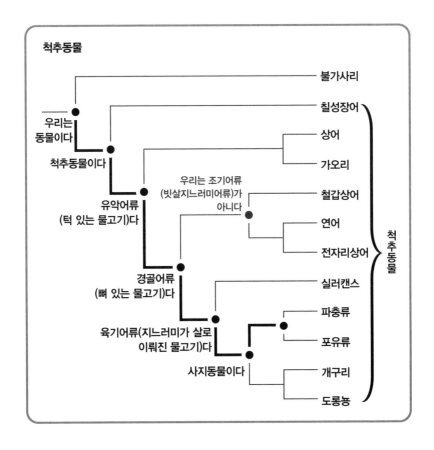

기능을 유지하기 위해 물속에서 빈둥거리고, 번식을 위해 물속으로 돌아 갔다. 많은 개체가 실수, 큰 실수, 치명적인 실수를 저질렀다. 그렇지 않았 다면 완전히 달라질 수도 있었다. 하지만 우리 조상들이 저지른 실수는 결 국 견딜 만했거나 (때로는) 아예 실수가 아니었다. '진화가 다르게 진행되 어' 돌고래나 코끼리나 앵무새, 또는 더 멀리 벗어난 벌이나 문어, 살구버 섯이 그들의 역사를 발견하고 회고하지 않고, 우리가 우리 자신의 역사를 발견하고 기록하게 된 것은 거의 정해진 운명처럼 보인다.

이 초기 사지동물은 예외 없이 물과 뭍을 오가는 양서류였다. 물에서 먼 곳으로 조심스럽게 나간 개체들은 상당한 위험을 감수했고, 당연하게 도 대부분 살아남지 못했다. 모두가 나름대로 탐험가였다. 많은 탐험가가 그렇듯이 대부분 헛되이 위험을 무릅썼다. 하지만 죽지 않은 개체들은 다 른 척추동물이 살지 않으며 먹이가 남아도는 풍경을 발견했다. 덕분에 우 리 양서류 조상은 육지 전체로 퍼져나갔다. 덥고 습한 곳에서 지구 최초 의 숲이 형성되었고, 음습한 구석에서는 거대한 노래기와 전갈들이 허둥 지둥 달리거나 정처 없이 배회했다.

3억 년 전에는 지구의 대륙들이 한데 뭉쳐 판게아Pangaea라는 거대한 땅덩어리를 이루고 있었다. 대륙들은 퍼즐 조각처럼 서로 맞물려 있었다. 그땐 북극과 남극에 얼음도 없었다. 이런 세계에서 새로운 알이 출현했 다. 과거의 알은 정교하지 않고 잘 깨졌다. 연어와 도롱뇽, 개구리와 강도 다리는 지금도 그런 알을 사용한다. 하지만 양막이 있는 이 새로운 알은 보호와 영양분 공급에 더 유리해서 민물로부터 멀리 이동해 살 수 있었 다. 마침내 우리는 다량의 물이 필요하지 않게 되었다. 우리는 초기 파충 류, 양막류였다. 또한 여전히 그리고 영원히 물고기였다.

3억 년 전, 우리는 폐와 새로운 알을 갖추고 뭍에 올라왔다. 양막류는 파충형류—넓게 보아 파충류—로부터 진화했고, 따라서 모두 파충류이 기도 하다. 원래 '계통군clades(공통 조상에서 파생된 동·식물군)'이 그러하 듯 파충류도 나뉘고 갈라졌다. 우리가 양막류 초기일 때 파충류로 변할 계통과 포유류가 될 계통이 갈리는 사건이 발생했다.

어떤 파충류는 이빨을 잃고 껍질을 성장시켰다. 이른바 거북이다. 어떤 파충류는 갈라진 혀와 한 쌍의 음경을 발달시켰다. 이른바 도마뱀이다.

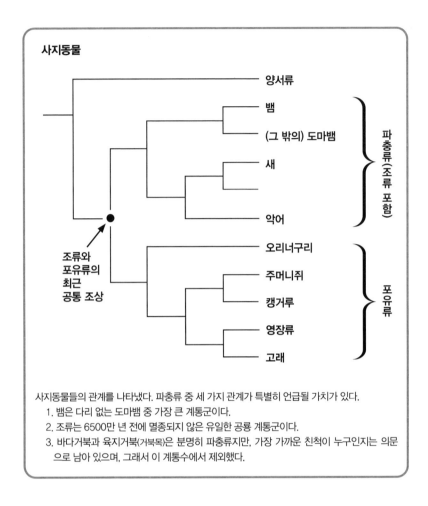

사지동물

양서류

뱀

(그 밖의) 도마뱀

새

악어

파충류(조류 포함)

오리너구리

주머니쥐

캥거루

영장류

고래

포유류

조류와
포유류의
최근
공통 조상

사지동물들의 관계를 나타냈다. 파충류 중 세 가지 관계가 특별히 언급될 가치가 있다.
1. 뱀은 다리 없는 도마뱀 중 가장 큰 계통군이다.
2. 조류는 6500만 년 전에 멸종되지 않은 유일한 공룡 계통군이다.
3. 바다거북과 육지거북(거북목)은 분명히 파충류지만, 가장 가까운 친척이 누구인지는 의문
   으로 남아 있으며, 그래서 이 계통수에서 제외했다.

후에 어떤 도마뱀은 다리를 잃었으며, 이 다리 없는 도마뱀 중 일부가 이
른바 뱀이 됐다. 하지만 다리가 없어도 뱀은 여전히 사지동물이다. 형태
가 변했다는 이유만으로는 그들의 역사가 달라지지 않기 때문이다. 몇몇
파충류는 공룡이 됐고, 몇몇 공룡은 새가 됐다(그러므로 공룡은 멸종되지 않
았으며, 새는 공룡이며 물고기다).

조류와 포유류의 최근 공통 조상은 파충류 나무의 밑동에 있다. 이 조상은 느리고, 지면 가까이 살았으며, 피가 차갑고, 비사교적이었다. 인지력도 별 볼 일 없었다. 조류가 될 계통과 포유류가 될 계통은 모두 독립적으로, 외부의 지원 없이 진화해서 체온을 높이고, 네 발로 서고, 빠르게 이동하고, 초연결적인 큰 뇌를 가진 존재가 됐다. 따뜻한 피와 큰 뇌를 가진 동물은 더 큰 비용을 치르면서 세계를 헤쳐나가야 했다. 조류와 포유류는 이 비용과 그 밖의 문제들을 각기 다른 방식으로 해결했지만, 각각의 방식은 우리에게 상당히 효과적이었다.

조류와 포유류는 우리가 아는 다른 어떤 유기체보다 문화적으로 학습하며 사회적으로 복잡하다. 우리가 걸어온 역사에서 반복적으로 체온을 높이고 빠르게 달리는 것이 문화의 진화에 공헌한 것으로 보인다. 많은 조류 종이 오래 살고, 발달기가 길며, 일부일처의 비율이 높고, 개체들의 유대가 오래 지속되거나 심지어 평생을 간다. 인간의 일부도 마찬가지다.

파충류 나무의 밑동에서 우리 조상이 갈라져나왔고, 포유류는 그 이름에 걸맞은 특성, 바로 유선(젖샘)을 발달시켰다. 포유류의 나무 밑동에 있는 몇몇 특이한 오리너구리와 바늘두더지를 제외하고 우리 포유류는 임신도 하고 출산도 한다.

부모의 보살핌, 최소한 어미의 돌봄은 이제 피할 수 없는 조건이 됐다. 자궁 속 태아와 어미의 소통은 여러 가지 형태로 이뤄지지만 주로 화학적이다. 출산 후 어떤 포유류 어미는 그저 젖만 주는데, 젖은 그 자체로 면역과 발달, 영양의 풍부한 원천이다. 하지만 대부분의 어미는 자식을 보호하고 가르친다. 해부 구조와 생리 작용을 통해 부모 돌봄이 필연적으로 자리를 잡자 더 많은 일이 일어날 수 있었다.

우리가 포유류인 것은 유선이나 털이 있어서 또는 세 개의 중이소골(중이에 있는 세 개의 작은 뼈)이 있어서가 아니다. 우리가 포유류인 것은 거의 2억 년 전 지구를 배회한 최초의 포유동물로부터 수천만 세대를 이어내려온 후손이기 때문이다.[12] 최초의 포유동물에겐 유선과 털, 중이소골이 있었다. 그건 그들의 특징이었다.[13] 그러한 특징 덕에 우리는 포유동물을 포유류라고 식별할 수 있다. 하지만 우리가 포유동물인 것은 우리가 가진 특징들 때문이 아니다. 우리의 진화사, 우리의 가계, 우리가 속한 계통 때문이다.

최초의 포유동물은 작고, 야행성이며, 현대의 포유동물을 기준으로 볼 때 분명 그리 영리하지 않았을 것이다. 털이 있어서 체온을 쉽게 유지했고, 젖을 분비해서 새끼에게 안전하고 쉽게 영양분을 공급했다. 또한 중이소골 덕분에 조상보다 더 잘 들을 수 있었다. 후각도 향상되었을 것이다. 수억 년 동안 후각(냄새)을 담당했던 뇌 부위들이 이제 커지고 서로 병합해서 기억하기, 계획 세우기, 시나리오 구성하기 같은 새로운 기능을 탄생시켰다.

우리 포유류의 뇌는 작고 민첩한 부분들의 모임이며, 작은 부분이 더 큰 구조와 융합하는 동시에 그로부터 관리 감독을 받는다. 대뇌 반구는 지금처럼 항상 나뉘어 있던 것은 아니지만, 뇌의 기능 분화로 우뇌와 좌뇌의 비대칭 활동이 가능해졌고, 두꺼운 신경 섬유 다발─뇌량(뇌들보)─이 포유류의 양 반구를 연결했다. 결국 우리 뇌는 전문화와 부분 간 통합의 긴장을 보여주는 사례다.

최초의 포유동물에겐 또한 네 개의 방으로 나뉜 심장이 있어서, 방금 폐에서 산소를 잔뜩 품고 온 혈액과 온몸을 돌아 산소가 고갈된 혈액을 분리할 수 있었다. 덕분에 우리의 심혈관계는 더 효율적이고 유능해졌다. 포유류는 온혈동물(피가 따뜻하며 외부 요인에 의존하지 않고 체내에서 열을 생성하는 동물)이 되고, 새로운 단열재를 진화시키고, 렘REM 수면을 경험하기 시작했다(그리고 조류도 형태는 달랐지만―예를 들어 털 대신 깃털―이 모든 특성을 독립적으로 진화시켰다).

아울러 초기 포유동물은 뭍에 올라왔을 때부터 우리를 따라다니던 문제 하나를 해결했다. 최초의 사지동물이 땅 위에서 살게 됐을 때는 좌우로 기우뚱거리며 달리는 보행 운동―지금도 도롱뇽과 도마뱀에게 남아 있는 이동 방식―이 폐를 압박하는 바람에 이동과 호흡을 동시에 하는 것이 불가능했다.[14] 이러한 상황에선 이동 속도와 거리가 줄고, 한차례 이동하고 나면 휴식을 취해야 한다. 야생에서 도마뱀을 지켜본 사람은 알겠지만, 도마뱀은 특유의 몸짓으로 빠르게 달린 뒤 한동안 헐떡거리면서 숨을 쉰다. 포유류는 파동의 축을 좌우에서 상하로 전환하는 것으로 이 문제를 해결했다.

오늘날 우리는 달리면서 숨을 쉴 수가 있다. 이는 유용한 기술이다. 포유류는 여기에 또 다른 특징을 추가했다. 횡경막, 즉 호흡을 조절해주는 큰 근육이 폐 아래에 발달했고, 이로써 포유류는 조상들보다 더 빨리 더 멀리 이동하게 됐다. 물론 이 모든 것은 신진대사 비용을 치러야 한다. 크기가 같다면 이동할 때 포유동물이 도마뱀보다 훨씬 더 많은 에너지를 소모한다.

그 어느 때보다 체온이 높고 빨리 달릴 수 있게 되자 우리의 계산 능력도 향상됐다. 처음에 잘 적응한 덕분에 포유류는 혈행, 호흡, 이동, 청각의 효율성을 높일 수 있었다. 우리는 또한 포유류 역사 초기에 음식을 씹고

노폐물을 소변 형태로 처리하는 일도 더 효율적으로 하게 됐다.[15]

인간은 수천만 년 전에 일어난 이 모든 진화적 혁신의 수혜자다. 하지만 고양이와 개, 말도 마찬가지다. 다람쥐와 웜뱃, 울버린도 그렇다.

우리가 지금과 같이 되기까지는 몇 단계가 더 필요했다. 역사를 되돌려 볼 때 의식을 가진 유기체를 위해서는 과연 몇 단계가 필요했을까? 우리가 처음으로 되돌아가서 다시 한번 '지구 생명 Life on Earth'*의 주인공이 된다면 어떻게 될까?

역사를 되돌릴 때 지구에서 가장 의식적인 유기체가 4방형 심장, 다섯 손가락, 안쪽에 자리한 눈을 가질 확률은 높지 않다. 하지만 역사를 되돌리고, 그 역사 속에서 의식적인 존재가 다시 한번 출현한다면, 선택은 틀림없이 자신의 결점을 멋지게 우회하는 방법을 생각해내고, 결국은 미래를 내다볼 수 있는 뇌―구체적인 사양이 무엇이든 간에―를 만들어냈을 것이다.

6500만 년 전에 칙술루브 운석이 유카탄반도(멕시코 남동부에 있는 반도) 근처에 떨어져 지구를 강타했다. 광합성 작용이 서서히 멈췄다. 칙술루브에 의해 가속되었을 지구 반대편에서는 거대한 화산 지형이 지표에 형성되고 있었다. 바로 인도의 데칸용암대지Deccan Traps가 가스를 다량 분출해서 기후를 변화시키고 있었다.[16] 공룡은 수천만 년 동안 아주 잘 살고 있었지만, 기후 변화의 여파로 (조류가 아닌) 모든 공룡을 포함해 많은 생

●
원시부터 현생까지 지구의 다양한 생물을 수집하는 방치형 게임(나무위키).

명이 사라지는 대멸종 시기가 도래했다.

대멸종으로부터 얼마나 후에 포유동물이 다양하게 분화해서 지구상에 현존하는 거의 5,000종의 포유동물이 봇물처럼 쏟아져나왔는지에 대해서는 의견이 분분하다. 그 5,000종의 절반은 설치류이며, 4분의 1은 박쥐, 나머지 4분의 1은 돌고래와 캥거루, 코끼리물범, 영양, 코뿔소, 여우원숭이 등 다양하다.

아직 공룡이 지배하던 시기에 포유류 나무에서 영장류가 출현했다.[17] 현존하는 다른 모든 유기체의 조상처럼 6500만 년 전에 우리 영장류 조상도 어려움을 이기고 대멸종을 극복했다.

칙술루브와 충돌하기 한참 전인 1억 년 전, 모든 인간의 공통 조상은 나무에 거주하는 작은 야행성 영장류였다. 귀여운 외모에 복슬복슬했으며,[18] 작은 가족을 이루고 살았다. 영장류로서 우리는 민첩성, 손재주, 사회성을 키웠다. 영장류는 여전히 진핵생물, 동물, 척추동물, 경골어류, 양막동물, 포유동물이며, 한 칸 넘을 때마다 앞선 집단을 부정하기보다는 덜 포괄적이며 정밀성이 높아진다. 영장류는 마주 잡을 수 있는 엄지손가락과 큰 발가락을 발달시키고, 손가락과 발가락 끝에 살집을 댔으며, 갈고리발톱을 손톱과 발톱으로 교체했다. 손과 발의 모든 것이 소근육 활동에 적합해 능숙해지기 위함이었다.

영장류로서 우리는 시각이 강해지고 후각은 약해졌다. 그에 따라 코는 작아지고 눈이 커졌다. 영장류는 다른 포유동물처럼 화학적 감각—후각과 미각—이 뛰어나지 않다. 우리보다 앞선 포유동물이 조상보다 더 영리해졌듯이, 우리 영장류도 다른 포유동물에 비해 더 영리해졌다. 그와 동시에 임신 기간이 늘어나서 새끼들이 태어나기 전에 어미 배 속에서 더 오래 익어갔다. 한배 새끼(한 어미에게서 한꺼번에 태어난 새끼) 수가 줄었고, 그에 따라 어미가 한 번에 돌볼 새끼도 줄어들었다. 출산 후 아이를 향한 부모의 투자가 이뤄지는 기간은 늘어나고 강화됐으며, 성적 발달은 갈수록 늦춰져 어린 영장류가 느끼고 생각하고 살아가는 법을 학습할 수 있는 시간이 더 많이 주어졌다.

넓은 의미의 원숭이, 즉 우리가 속한 영장류의 하위 집합은 그러한 추세를 계속 이어갔다. 우리는 거의 독보적인 주행성 동물이 돼 시각에 훨씬 더 의존하게 됐다. 두개골에서 코는 더 줄어들고 눈은 한층 더 커졌다.

원숭이는 한배 새끼가 아닌 단생아나 쌍생아를 낳았고, 그에 따라 새끼에게 물릴 필요가 없는 젖꼭지는 모두 사라졌다. 수컷은 예외였지만 말이다. 한 번에 돌볼 새끼가 줄어들자 원숭이 어미—그리고 아주 드물게 원숭이 아비—는 각각의 새끼와 더 많이 놀면서 원숭이가 되는 법을 가르쳤다.

원숭이는 모든 암컷이 가임 상태가 되는 번식기를 버리고 개개의 주기에 따라 번식했다. 인간은 여기에 이야기를 덧씌운다. "우린 마음을 정했을 때 짝짓기를 해." 물론 언제 누구와 짝을 지을지 결정하는 면도 있긴 하지만, 임신이 어느 정도 성공하기 위해서는 기본적인 조건도 충족돼야 하고, 그 조건에는 분명 욕구와 선택이 관련돼 있다. 어떤 조건은 인구집단 차원에서 적용된다. 기근이 들면 거의 아무도 번식하지 않는다. 배 속 아기에게 공급할 영양분과 생리적 자원이 부족하기 때문이다.

하지만 다른 조건들은 개체에게 주어진다. 당신의 몸은 첫 임신을 할 준비가 됐는가? 당신이 과거에 임신을 했었다면 가장 어린 자녀는 몇 살인가? 그 아이는 젖을 뗐는가? 양육을 도와줄 큰아이들이 있는가? 자매

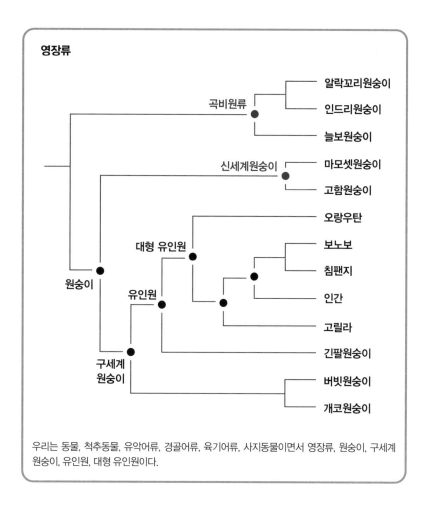

영장류

- 곡비원류
  - 알락꼬리원숭이
  - 인드리원숭이
  - 늘보원숭이
- 신세계원숭이
  - 마모셋원숭이
  - 고함원숭이
- 대형 유인원
  - 오랑우탄
  - 보노보
  - 침팬지
  - 인간
  - 고릴라
- 유인원
  - 긴팔원숭이
- 원숭이
- 구세계
  원숭이
  - 버빗원숭이
  - 개코원숭이

우리는 동물, 척추동물, 유악어류, 경골어류, 육기어류, 사지동물이면서 영장류, 원숭이, 구세계 원숭이, 유인원, 대형 유인원이다.

나 친구는 있는가? 당신이 선호하는 짝은? 번식기가 통례였을 때는 번식 시점이 서로 일치했고, 그래서 이와 같이 물으면 거의 비슷한 대답이 나왔다. 또한 번식기가 존재했을 때는 독신자 수컷이 몇몇 암컷의 번식 노력을 독점하기가 더 쉬웠다. 반대로 개개의 주기에 의존하면 수컷이 암컷의 번식 노력을 독점하기가 어려워진다. 이렇게 해서 암수 개체의 관계―일부일처와 부모 돌봄―가 진화할 토대가 마련된다.

2500만 년에서 3000만 년 전에 원숭이로부터 유인원이 진화했다.[19] 우리가 그들이다. 현존하는 다른 유인원 중에 긴팔원숭이 몇 종이 있는데, 살아 있는 유인원 중 가장 아름답다고 전해진다. 길고 풍성한 털을 가진 암수 한 쌍이 동남아시아 열대우림의 상층부에서 산다. 어떤 종은 동틀 녘과 해 질 녘에 서로 노래를 해서 위치를 알린다. 소리를 통해 정보(**이 나무에 맛있는 열매가 있어**)와 염려(**아이들 거기 있어?**), 의도(**지금 집에 가고 있어, 이따 봐**)를 전달하는 것인지도 모른다.

유인원의 혁신 중 하나는 팔 운동이다. 우리는 그네를 정말 잘 탄다. 팔을 바꿔가며 나무를 타는 만화 속 원숭이는 긴팔원숭이나 침팬지나 심지어 우리의 모습과 아주 흡사하다.

그 밖의 유인원, 이른바 대형 유인원은 덜 아름답지만 훨씬 더 영리하다. 긴팔원숭이처럼 오랑우탄은 인도네시아 열대우림 안이나 그 주변에서 산다. 고릴라, 침팬지, 보노보는 사하라 이남 아프리카에 제한돼 있다.

약 600만 년 전에[20] 우리 조상(사람속Homo)은 우리와 가장 가까운 종인 침팬지와 보노보의 공통 조상(침팬지속Pan)과 갈라졌다. 그로부터 몇백만 년이 흐른 뒤 현생 인류가 진화하고 현생 침팬지와 보노보가 진화한다. 우리의 최근 공통 조상이 어떠했을지 그려보는 것은 흥미로운 일이다. 이 문제에 접근하는 방법으로, 그 조상이 침팬지와 보노보 중 어느 쪽과 더 비슷할지 상상해보자.

인간의 침팬지 같은 과거를 상상하면서도 자기가 그러고 있다는 걸 깨닫지 못한 사람 중에 17세기 철학자 토마스 홉스가 있다. 홉스는 '자연 상태(무정부 상태)'에서 인간의 삶은 "고독하고 가난하고 불결하고 잔인하고 짧다"[21]라는 유명한 주장을 남겼다. 후에는 지그문트 프로이트와 스티븐 핑커에 이르는 권위 있는 지식인들도 이와 비슷하게 인간에게는 비천한 본능으로부터 자신을 구해줄 문명이 필요하다고 생각했다. 실제로 침팬지는 평화보다 전쟁을 선호하고, 종종 영토가 맞닿은 곳에서 싸움을 벌인다.

그에 비해서 보노보는 전쟁보다 평화를 사랑하고, 영토 끝에서 다른 무리와 다투기보다는 음식을 나눠 먹을 때가 많다.

하지만 인간은 전쟁과 평화 양쪽을 선호하는 경우가 나타난다. 낯선 사람이 문 앞에 나타났을 때 무기를 드는지, 자선을 베풀고 안으로 초대해 음식을 나눠 먹는지의 여부는 문화와 맥락에서 매우 다양하다. 우리와 침팬지의 관계 그리고 우리와 보노보의 관계가 정확히 똑같다는 점을 고려할 때, 어느 한쪽을 파고들어 인간을 통찰하겠다는 시도는 별 의미가 없다. 두 종 모두 가치 있는 연구 대상이다.

침팬지와 보노보는 우리의 가장 가까운 친척답게 표정과 몸짓을 사용해 소통한다. 하지만 두 종의 표정은 우리처럼 다양한 의사를 표현하지 못한다. 우리는 근육을 더 많이 조절하며, 눈에 흰자위도 있다. 두 종의 몸짓은 의미 있고 풍부하다. 침팬지는 다른 침팬지에게 따라오라고 하거나 물건을 주거나 가까이 접근한다. 침팬지도 목소리를 내지만 후두의 구조가 달라서 인간의 언어 능력과는 비교할 수가 없다. 몸짓과 의성어는 실제로 느낄 수 있는 세계에 토대를 둔다. 반면에 인간은 언어적 수단을 늘려가며 추상의 세계를 더 쉽게 탐험한다.

인간은 오래 살고, 세대가 겹치는 덕에 부모는 물론이고 심지어 조부모를 통해서도 학습한다. 우리에게는 크고 영구적인 사회 집단, 문화, 복잡한 의사소통, 비탄, 정서, 마음이론이 있다. 개코원숭이, 앵무새, 침팬지, 코끼리, 사교적인 개, 까마귓과(까마귀와 어치), 돌고래 등에서도 이러한 특성을 찾아볼 수는 있다. 하지만 이 종들은 서로 가깝지 않으며, 따라서 인간다운 특성들은 한 점을 향해, 반복적으로, 오랜 시간에 걸쳐 진화한 것을 알 수 있다.

300만 년 전, 남아메리카와 북아메리카가 만나 파나마 지협을 형성하고 태평양과 대서양을 차단했다. 당시에는 어떤 호미니드Hominid(사람과)도 서반구에 다가가지 못했다. 때문에 우리의 개입이 전혀 없는 상태에서 남북아메리카의 동·식물상은 소유물을 교환하기 시작했다. 남쪽으로 이동한 낙타과는 진화한 끝에 안데스의 라마와 알파카가 됐고, 북쪽으로 이동한 유대류는 대부분 멸종한 가운데 주머니쥐 한 계통이 유일하게 남아 신세계 유대동물을 대표하게 됐다.

인간 조상이 침팬지속(침팬지와 보노보)과 갈라진 후 나무 아래로 내려왔다. 수천만 년 전 우리가 영장류이기 훨씬 전에. 우리 조상은 두 다리로 섰고, 서서히 뒷다리에 무게를 더 많이 싣기 시작했다. 아울러 잡을 수 있는 커다란 발가락을 잃고, 평평한 땅에서 다시금 안정을 찾았으며, 골반과 주변의 근육 형태를 변화시켰다.

이 조상들이 살았던 풍경은 동질적이지 않았고, 그래서 똑바로 선 자세는 아프리카의 높은 풀밭을 헤치면서 주위를 살피거나 얕은 물을 건너면서 숨을 쉬는 데 유리하게 작용했을 것이다.[22] 이족 보행에 맞게 변화한 생체 역학도 식량을 획득하는 새로운 방식, 즉 장거리 사냥과 얕은 물 낚시에 도움이 됐을 것이다.[23]

보행의 변화는 우리와 우리 조상에게 새로운 생태적 지위를 반복해서 열어주고, 그때마다 새로운 세계를 펼쳐주었다. 이족 보행을 하자 손이 자유로워져서 도구를 비롯한 온갖 물건을 나를 수 있었다.[24] 소와 침팬지와 돌고래 역시 도구를 만들고 사용한다고 알려져 있지만, 다른 곳으로 운반하는 능력은 제한돼 있다. 우리는 심지어 이동하는 중에도 도구를 사용할 수 있다(도구에 따라).

더 나아가, 선 자세로 인해 우리 몸 전체에 연쇄증폭효과가 일어났다. 성대가 개편돼 인간은 인지력이 비슷한 다른 어떤 동물보다 더 많은 소리를 낼 수 있게 되었다. 이는 선 자세가 말하는 능력을 뒷받침하는 사전 조건일 수 있다.[25]

20만 년 전에 이르자 우리 공통 조상의 몸과 뇌는 현생 인류 수준에 도달했다. 동아프리카 열곡대에서 고대 호모 사피엔스를 데려와 이발과 면도를 시키고(현대적인 옷을 입히고) 21세기의 분주하고 붐비는 거리에 세워둔다면, 아무도 그를 유심히 쳐다보지 않을 것이다. 물론 그는 이게 대체 무슨 일이냐며 어리둥절하겠지만 말이다. 그의 하드웨어는 21세기의 인간과 똑같지만 소프트웨어는 그렇지 않다.

해부 구조가 현대인과 똑같은 이 사람들은 20만 년 전에 아프리카 사바나, 탁 트인 삼림지대, 해안가에서 분열과 통합을 되풀이하는 집단에 속해 살았다. 식물을 채집하고, 야생 동물을 사냥하거나 죽은 고기를 먹었으며, 물이 있는 곳에서는 낚시를 했다. 또한 한곳에 오래 머무르지 않고 떠돌았지만, 많은 집단이 해마다 정기적으로 이주했고, 풀을 뜯는 포유동물—영양과 스프링복 등—이 돌아오는 시기에 맞춰 비옥한 초원으로 되돌아왔다.

오늘날 이 생존법은 콩고의 '음부티 피그미족', 칼라하리 사막의 '!쿵부

시맨족', 사바나 초원의 '하드자족' 등 몇 안 되는 군락에서만 볼 수 있다.

초기 인류의 역사는 복잡하고, 가설과 해석이 넘쳐나며, 그물망처럼 뒤얽혀 있다. 어쩌면 똑같은 사람들이 서로 갈라진 뒤 이따금 다시 만나 번식했을지도 모른다. 그러한 역사는, 이를테면 고대 화석 인류인 데니소바인과 네안데르탈인 그리고 인도네시아 플로레스섬의 호빗족에게서 찾아볼 수 있다.

인간이 걸어온 확실한 방향은 다음과 같다. 초기 인간이 환경을 지배하기 위해 서로 협력함에 따라 이내 인간의 가장 큰 경쟁자는 서로가 됐다. 협력을 통해 생태적 우위를 점했고, 얼마 후에는 같은 종의 다른 집단과 경쟁하는 일에 골몰하게 됐다. 집단 간 경쟁은 갈수록 정교하고 직접적이며 장기화됐다. 결국 현대 세계에 들어서는 거의 모든 곳을 점령하게 됐다.[26]

생태적 우위와 사회적 경쟁. 이 두 가지 과제를 오가며 인간은 생태적 지위 개척의 전문가가 됐다. 생태적 지위의 전환에 있어 우리는 궁극의 달인이다.

4만 년 전에 많은 인구집단이 훨씬 더 긴밀하게 협력하고 미래를 내다보면서 수렵과 채집에 몰두하고 있었다. 그때부터 고고학적 기록에 매장의 증거(피부 착색제를 이용한 신체 장식)와 음각 기술(동굴 벽에 새긴 2차원 예술), 악기를 비롯한 휴대용 예술품(상아나 돌, 뼈, 뿔 등으로 만든 조각이나 부조 등의 소미술품)이 나타나기 시작한다.[27] 고고학적 증거는 유라시아에 집중되어 있지만, 수십 년 전에 유럽에서도 고대 동물벽화가 발견됐고, 최근에 인도네시아에서 발견된 벽화는 더 오래전으로 거슬러 올라간다.[28] 새로운 유물이 계속 발견되며, 그중 다수는 인간이 왜 그토록 특별한지에 대한 앞선 가정을 뒤집는다. 6만 5000년 전 유럽에서 제작된 몇몇 동물벽화는 호모 사피엔스 것이라기보다는 네안데르탈인의 작품으로 추정된다.[29]

1만 7000년 전, 유럽에서 가장 유명한 라스코 동굴벽화가 그려질 무렵 베링인은 이미 아메리칸이 돼 두 대륙으로 퍼져나가고 있었다.

1만~1만 2000년 전, 사람들은 농사를 짓기 시작했다.

9000년 전, 영구 정착촌이 형성되고 있었으며, 중동에는 최초의 도시인 예리코가 있었을 것이다.

8000년 전, 오늘날 에콰도르령 안데스 산맥의 촙시Chobshi에서는 사람들이 얇은 동굴을 은신처로 사용하며 기니피그와 돼지, 토끼, 호저를 가파른 벼랑으로 내몰아 바닥에 떨어지면 그 사체를 수거해서 식량과 옷으로 삼았다.[30]

3000년 전, 수렵채집, 농업, 목축 등과 같은 인간의 활동으로 인해 지구의 많은 풍경이 바뀌었다.[31]

700년 전, 대륙 곳곳에 사람들이 살았고 많은 사람이 기근으로 사망했다. 얼마 후에는 더 많은 사람이 흑사병으로 죽었다. 중국은 쿠빌라이 칸 지배하에 있었는데, 칸의 제국은 과거 어느 제국보다 광대한 영토를 자랑했다. 칸의 손이 미치지 않았던 메소아메리카*의 사람들은 마야 문명의 품 안에 살고 있었다.[32]

지구 전체에서 인간은 다양한 문화, 정치 제도, 사회 체계를 구축하며

---

* 고고학에서 중요한 의미를 차지하는 중앙아메리카 일원. 마야, 아즈텍 문명이 이 지대에 속한다.

살고 있었다. 대부분의 인구집단은 가장 가까운 이웃만 알았을 뿐 경계 바깥의 삶에 대해서는 거의 알지 못했다. 700년 전까지도 지구 반대편에 있는 사람과 교류하면서 생각과 음식과 언어를 주고받은 사람은 극소수에 불과했다.

인간은 뇌와 뼈부터 농업과 선박 건조에 이르기까지 우리 역사를 이끈 혁신의 대부분을 간직해왔다. 우리는 공기를 마시고 열을 발생시킨다. 심장은 효율적이지만 가끔 고장을 일으킨다. 팔다리와 손발이 있다. 손재주가 있고 민첩하며 사회적이다. 똑바로 서서 걷고, 그 덕에 물건을 멀리 나를 수 있다.

우리는 자식을 한 번에 몇 명만 낳으며, 그 아이들은 어른들에게 배우고 서로에게 배운다. 인간의 표정은 우리를 하나로 묶어주는 반면, 인간의 언어는 그렇지 못한 경향이 있다. 우리는 도구를 사용하고, 그 도구로 더 복잡한 도구를 만든다.

우리는 집단을 이루며 살고, 위계 구조를 형성한다. 선물이나 타격을 주고받으면서 호혜를 실천한다. 또한 경쟁하기 위해 협력한다. 지도자와 법이 있고, 의례와 종교 행사가 있다. 환대와 관대함을 찬양한다. 자연의 아름다움이든 서로의 아름다움이든 간에 미를 찬미한다. 춤추고 노래를 한다. 놀이를 한다.

우리의 '다른 점'은 흥미롭지만, 우리의 '같은 점'이 우리를 인간이게 한다.

지금까지 우리의 깊은 역사를 조금이나마 살펴보고 인간이 탄생하기까지 얼마나 오래 걸렸는지 알아봤다. 이제 현대의 혁신들을 탐구하면서 우리의 깊은 역사에 내포된 의미와 그 역사로 인해 우리와 현대의 관계가 어떻게 형성되고 있는지를 더 깊이 이해해보기로 하자. 우리는 인간적 경험의 스펙트럼 전체―신체, 음식, 수면, 그 밖의 모든 것―에서 변화하고 있다. 그 와중에 되돌리기 힘든 피해가 발생해도 놀랍지 않을 정도로 많은 변화가 빠르고 사납게 밀려오고 있다.

고대의 몸과 현대 세계

A HUNTER-GATHERER'S
GUIDE TO THE
21ST CENTURY

몇십 년 전까지 주로 수렵과 채집을 해온 남아프리카의 부시맨 산족은 현대인들이 애먹는 '착시'로 거의 고생하지 않는다. 길이는 똑같은데 양쪽 끝에 그려진 화살표의 방향이 반대인 두 직선이 있다고 생각해보자. 우리에겐 두 직선의 길이가 다르게 보일 테지만 실은 그렇지 않다. 우리의 눈이 뇌와 공모해 우릴 속이는 것이다. 간단한 과제—어느 선이 더 긴지 판단해보라—를 내면 우리는 대개 실패한다. 산족은 그렇지 않다.[1]

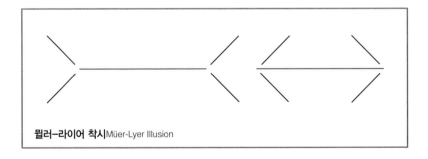

뮐러-라이어 착시Müer-Lyer Illusion

미국에서 태어난 아기를 산족 마을에서 키우면 그 아기는 부모가 겪는 착시 문제를 겪지 않는다. 반대로 산족 아기를 맨해튼에서 키우면 착시 문제가 다시 불거질 것이다. 이런 경우는 유전적 차이가 **아니라** 경험과 환경의 차이가 감각 능력과 생리 구조에 영향을 미친다.

미국에서 출간된 이 책의 독자는 대부분 '**이상한**WEIRD' 나라의 주민일 것이다. **서구**Western 국가의, **교육 수준이 높으며**Educated, **산업화된**Industrialized 경제 기반을 갖춘 비교적 **부유**Rich 하고, **민주주의**Democracy 사회에 살고 있는(앞으로 'WEIRD'가 자주 등장하니 개념을 외워두자). 사회적으로 우리는 산업화와 민주주의의 혜택을 누리고 있고, 이들 국가 또는 비슷한 다른 국가에 사는 거의 모든 사람의 삶의 질을 높였지만, 사회 전반에 걸친 변화로 인해 의도치 않은 부정적 결과를 양산해내고 있다.

21세기의 WEIRD 환경이 우리 마음대로 할 수 있는 경험의 메뉴를 어떻게 늘렸는지는 누가 보아도 분명하지만, 21세기의 WEIRD 삶이 어떻게 다른 경험을 줄어들게 해서 우리에게 피해를 입혔는지는 그보다 덜 분명하다.

산족과는 달리 왜 우리는 직선 두 개에 속아 넘어갈까? 그 이유는 우리의 시각적 범위가 변한 데 있다. 우리가 사는 집은 깨끗하고, 온도 조절이 되며, 네모반듯하다. 고양이에게서 몇 가지 시각 입력을 박탈하면 성체가 됐을 때 보는 능력이 떨어지는 것과 마찬가지로,[2] 현대의 안락하고 편리한 생활 속에서 우리는 사실상 WEIRD 자아를 효과적으로 차단해서 갈수록 무능한 종이 되고 있다. 어쩌면 우리의 시력이 네모 일색인 환경에 맞춰지고 있는 건지도 모른다. 어느 쪽이든 간에 현대는 대단히 근본적인 차원에서 우리를 건드리고 있다. 걱정스러운 점은 우리가 그 사실을 이해하지 못한다는 것이다.

하지만 한 가지는 확실히 말할 수 있다. 인간 행동과 심리에 대한 모델은 주로 WEIRD 학부생들을 대상으로 한 경험적 연구에 기초한다. 따라서 WEIRD 학부생의 행동과 심리는 정확히 읽어내지만 다른 집단들에 적용하기에는 좋은 모델이 아니다.

사실, WEIRD 나라에 거주하는 거의 대부분의 현대인은 경험의 많은 영역에서 비정상적이다.[3] 이 말에는 우리가 착시에 쉽게 빠진다는 것보다 중요한 의미가 담겨 있다. 하지만 그러한 착각에 잘 빠지는 이유를 우리가 제대로 이해한다면 과도한 새로움 때문에 발생하는 위험을 정확히 꿰뚫어 볼 수 있다.

초기 아동기에 우리의 시각을 지배하는 주요 환경은 고도로 기하학적인 집 안과 놀이터다. 이 두 가지 환경이 보는 사람의 시각적 눈금을 조정하는 탓에 착시를 훨씬 더 많이 경험한다. 우리가 당연하게 받아들이는 직선의 기하학은 어느 정도는 나무를 제재용 톱으로 잘라 규격에 맞는 목재를 생산하는 과정에서 출현했다.

인간이 나무를 톱으로 잘라 규격 목재로 집을 짓기 시작했을 때, 사람들은 그것이 인간의 경험과 능력에 어떤 영향을 미치게 될지 고민조차 하지 않았을 것이다. 규격 목재와 거기서 나온 반듯한 모서리는 현대적인 환경의 새로운 특징이었다. 그로 인해 우리가 세계를 지각하는 방식이 어떻게 달라졌을까? 어떤 대답이 기다릴지는 알 수 없으나, 여러분 마음에 이러한 의문이 들도록 '세계에 대한 접근법'을 재구성하는 것이 이 책의 목표 중 하나다.

반듯한 모서리가 초래한 변화를 성인의 락타아제(유당분해효소) 지속성과 비교해보자. 락타아제 지속성은 유전적인 것으로 알려져 있다.

전 세계의 많은 성인이 음식에 포함된 유당을 용이하게 흡수하지 못한다. 몸에서 유당을 분해하는 락타아제가 더 분비되지 않기 때문이다. 유당은 오로지 포유류의 젖에만 있는 이상한 당이다. 다른 어떤 포유동물도 젖을 뗀 뒤 우유를 먹지 않는다. 심지어 사람 중에도 대부분의 아메리카 원주민 그리고 많은 아프리카인이 그렇게 하지 않는다. 따라서 설명되어야 할 특성은 다수의 '유당불내증'이 아니라, 성인이 돼서도 계속 유제품을 즐기는 소수의 '락타아제 지속성'이다.

성인이 돼서도 유제품을 먹을 수 있는 특성의 적응 가치는 다양하다. 유럽의 목축인이 몇몇 종류의 포유동물을 가축화했을 때, 그로부터 발생한 가치는 많았으며(고기와 털 그리고 가죽 등) 우유도 거기에 포함됐다. 나중에 먹기 위해 유제품을 보존하는 기술(예를 들어 치즈와 요거트)이 등장하고부터는 성인 식단에서 유제품이 차지하는 양과 빈도는 더욱 늘어났을 것이다.

고위도 주민들도 우유에 든 유당과 칼슘의 조합으로 적응적 이득을 얻는다. 많은 사람이 알고 있듯이 비타민 D는 뼈의 성장과 강도에 매우 중요한 칼슘의 흡수를 돕는데, 극지방에서 비타민 D는 희귀한 영양소다. 유당은 비타민 D의 기능을 대신해 칼슘의 흡수를 촉진한다. 그렇게 우유는 골연화증을 예방해준다.

마지막으로 사막의 부족들은 탈수증 위험에 노출돼 있다. 우유를 소화할 수 있다면 영양과 수분 흡수에 유리할 것이다.[4]

그렇다면 일부 인구집단—유럽의 목축인, 스칸디나비아인, 베두인족을 비롯한 사막 부족민—에 영향을 미치는 락타아제 지속성은 어떤 메커니즘으로 이해할 수 있을까? 이에 대한 설명은 다면적이지만 비교적 단순하다. 유제품을 먹는 민족과 그 후손 사이에서는 성인이 돼서도 유당을 소화시키는 유전자 변이가 젖을 뗀 후에 유제품을 꾸준히 섭취하지 않는 집단보다 훨씬 흔하다는 것이다.[5]

일본인 아기를 프랑스에서 키우면 고향에서 자랐을 경우와 마찬가지로 크림이 들어간 에클레어 케이크를 즐기지 못할 수 있다. 반대로 프랑스인 아기를 일본에서 키우면 이유기를 넘긴 후에도 유제품을 먹을 수는 있겠지만 그럴 기회가 많지 않을 것이다. 락타아제 지속성은 특수한 환경 조건의 산물로 유전자 층에 진입해서 지금까지 살아남았다. 따라서 어떤 환경(예를 들어 프랑스)에서는 제 기능을 하고 다른 환경(예를 들어 일본)에서는 무용지물이지만, 유제품을 즐기거나 거부하는 세계에 속한 경험이 개인의 소화 능력에 영향을 미치지 않는다.

DNA의 이중나선이 발견된 이후로 '진화적' 특성에 '유전적' 특성이 융합됐다. **진화적**이라는 말과 **유전적**이라는 말은 바꿔 쓸 수 있는 용어가 됐고, 이로 인해 유전적이지 않은 진화적 변화를 논하기가 갈수록 더 어려워졌다. 다윈이 그레고르 멘델의 완두콩 연구를 알았거나 살아서 DNA의 발견을 보았다면 자연선택에 의한 적응 메커니즘을 알고 기뻐했을 것이다. 하지만 분명 이것이 그런 메커니즘으로서 **유일하다고는 생각하지 않았을** 것이다.

진화적 특성과 유전적 특성의 융합은 대중문화 속에 깊이 뿌리를 내렸는데, '본성 대 양육'이라는 허울 좋은 이분법이 대표적이다. 다시 한번 오메가 원칙(유전자와 문화 같은 후성적 현상은 불가분의 관계에 있으며 유전체에 도움이 되게끔 함께 진화한다)을 기억해보자. '본성인가, 양육인가?' 이 질문이 잘못된 것은 그 답이 거의 항상 '둘 다'이거나 범주 자체가 잘못된 것도 있지만, 일단 공통의 진화적 목표가 있음을 이해하고 나면 메커니즘을 정밀하게 이해하는 것보다 문제의 특성이 왜 출현했는지를 이해하는 것이 더 중요해지기 때문이다.

본성 대 양육이라는 잘못된 이분법은 파괴적이다. 우리가 어떤 존재인지 그리고 어떤 진화의 힘이 우리를 이렇게 만들었는지에 대한 미묘한 이해를 가로막기 때문이다. WEIRD 나라에 퍼진 착시 민감성의 변화는 유럽인과 베두인족의 유제품 소화 능력의 변화 못지않게 진화적이다. 후자는 유전적 요인이 있지만, 전자는 그렇게 생각할 근거가 없다. 하지만 둘 다 똑같이 진화적이다.

만일 반듯한 모서리가 가득한 집 때문에 우리가 어떤 착시에 더 민감해지고[6] 보는 능력이 변했다면, WEIRD 생활방식은 또 다른 어떤 비용을 요구할까? 일주일 내내 책상 앞에 앉아서 일하면 장기적으로 심혈관 질환과 제2형(성인형) 당뇨병의 위험이 증가하지만, 1990년대까지만 해도 이런 말을 하면 정신 나간 사람 취급을 받았을 것이다. 이제는 아니다.[7]

반듯한 모서리는 특정한 착시에 대한 민감성을 높인다. 의자에 오래 앉아 있으면 건강을 위협하는 모든 종류의 부정적 효과가 나타난다. 그렇다면 방향제와 향수는 몸에서 나는 냄새 신호와 감지 능력에 어떤 영향을 미칠까? 시계에 둘러싸인 삶은 우리의 시간 감각에 어떤 영향을 미칠까? 비행기는 우리의 공간 감각에 어떤 영향을 미치고, 인터넷은 우리의 적성 개념에 어떤 영향을 미칠까? 지도는 우리의 방향 감각에 어떤 영향을 미치고, 학교는 우리의 가족 의식에 어떤 영향을 미칠까?

이쯤에서 여러분은 요점을 이해할 것이다. 이 책은 과학기술을 포기해야 한다고 주장하지 않는다. 새로움이 과도한 세계에는 많은 문제가 있고, 해답은 단순하지 않다. 따라서 우리는 '사전예방 원칙Precautionary principle'을 조심스럽게 제안하고자 한다.

혁신의 문제에 부딪혔을 때 사전예방 원칙은, 구체적인 활동에 잠재된 위험 요소를 고려하고 위험도가 높을 땐 주의하라고 권한다. 어떤 체계의 결과가 불확실한 상황—예를 들어 우리 사회가 모든 건물의 모서리를 반듯하게 자르거나 핵분열 방식으로 전력을 생산한다면 어떤 부정적 결과가 발생할지 모르는 경우—에서 사전예방 원칙은 다음과 같이 제안한다. 기존 구조를 바꿀 땐 천천히 진행하는 것이 좋다.

바꿔 말해서, **할 수 있다는 것은 해야 한다를 의미하지 않는다.**

적응과 체스터튼의 울타리

브렛이 대학에 다니던 시절, 친구 한 명이 충수염에 걸려 충수가 터지기 직전에 병원으로 실려 갔다. 친구들에게는 무섭고 충격적인 사건이었다. 많은 사람이 그와 비슷한 이야기를 알고 있다. 이는 명백히 위험한 상황이다. 충수는 터질 수도 있다. 그런데 이 골칫거리는 대체 우리 몸속에서 뭘 하는 걸까? 우리는 왜 이 흔적 기관을 가지고 있는 걸까?

20세기 초의 의사들도 똑같은 질문을 했다. 많은 의사가 충수는 물론이고, 대장 전체가 사람에게 위험하고 "그것들을 제거하면 만족스러운 결과가 따를 것"이라고 결론지었다.[8] 신체 기간들이 적응적일 수 있다거나, 우리 몸과 탈공업 사회가 요구하는 급격한 변화 사이에 불일치가 있을지 모른다고 주장하는 목소리는 흔치 않았다.[9]

요즘 말로 충수는 퇴화한vestigial 기관이다. **퇴화했다**는 '기능이 무엇인지 모르겠다'를 함축한 말이다. 진화가 정말 우리의 건강을 위협하고 수술로 쉽게 제거 가능한 기관을 남겨두었을까?

밝혀진 바로는 그렇지 않다. 물론 아니다.

여러 해 전 브렛은 구체적인 특성을 적응 특성으로 봐야 하는지를 확인하는 3단계 평가 도구를 개발했다.

3단계 적응 테스트

만약 어떤 특성이

1. 복잡하고

2. 개체에 따라 에너지 또는 물질적 비용이 다르게 발생하며

3. 진화적 시간에 걸쳐 존속한다면

적응이라고 추정할 수 있다.

그의 평가 도구는 어떤 특성에 대해서는 적응이라고 정확히 진단하는 동시에 적응일 수도 있는 어떤 다른 특성에 대해서는 적응이라고 진단하지 않는다는 점에서 보수적이다(가설 검증의 언어로 말하자면 위양성―1종 오류―이 아니라 위음성―2종 오류―이 나올 수 있다). 따라서 이 테스트는 어떤 것이 적응이라는 증거의 필요조건이 아니라 충분조건을 말해준다.

운동을 예로 들어보자. 헤엄치기는 해부학적·생리학적·신경학적 체

계가 조화로운 협응을 이뤄야 하기에 복잡성이 있다고 말할 수 있다. 그에 비해 표류—플랑크톤의 행동은 틀림없이 표류다—는 단순하다. 연어의 헤엄과 플랑크톤의 표류는 둘 다 적응적이지만(즉 적응에 도움이 되지만), 이 평가 도구로는 플랑크톤의 표류가 적응이라고 결론지을 수 없다. '복잡성'이란 요소를 채우지 못하기 때문이다. 지면을 더 할애해서 복잡성, 변이, 존속을 열심히 정의해볼 수도 있겠으나, 이 평가 도구는 정량적 테스트라기보다는 주의 사항으로 받아들이는 것이 바람직하다.

누가 봐도 명백한 적응이지만 이 평가 도구의 엄격한 기준을 충족시키지 못하는 특성이 있다. 예를 들어, 북극곰의 털에 색소가 없는 것과 벌거숭이두더지쥐에게서 털이 사라진 것은 둘 다 비용보다는 절약을 잘 보여주는 특성이다.[10] 동시에 이 평가 도구에 의해 어떤 특성이 적응으로 드러난다면 그 특성은 십중팔구 적응일 것이다. 여기에 오메가 원칙을 결합하면 다음과 같은 결론이 나온다.

종교나 음악, 유머 같은 복잡한 행동 패턴을 볼 때 우리는 그 특성이 유전자에 얼마나 기초해 있는지를 알 필요가 없다. 비록 어떤 특성의 일부나 전부가 유전체의 외부에서 전달된다고 해도, 그것의 폭넓은 목적은 유전 적합도 향상이라고 추정하는 것이 논리적으로 타당하다.

다시 충수 이야기를 해보자. 영장류 일부, 설치류, 토끼 등 몇 안 되는 포유동물에게만 있는 충수는 대장에서 돌출한 외낭outpouching으로, 우리와 상리공생 관계에 있는 장내 미생물을 품고 있다. 장내 세균총은 우리에게서 숙식을 취하고, 우리는 이들을 통해 감염병을 퇴치하고 소화계 및 면역계 발달을 촉진시킨다. 아울러 충수는 주변을 둘러싼 내장과는 다른 재질로 이뤄져 있다. 그 자체에 면역 조직이 포함된 것이다.[11]

충수는 복잡한가?(그렇지, 통과) 게다가 충수는 신체 성장과 유지에 에너지와 물리적 자원을 소모하고 개체와 종에 따라 크기와 용량이 다르지?(인정, 통과) 최종적으로 포유류 사이에서 충수의 역사는 5000만 년이 넘어?[12] (당연, 통과)

그렇다면 인간의 충수는 적응일 것이다.

하지만 충수를 적응 특성이라고 결론지어봤자 그것이 무엇을 위한 적응인지에 대한 의문은 해결되지 않는다. 이때 충수에 면역 조직이 있고 유익한 박테리아 무리가 있다는 사실은 충수의 기능을 알려주는 좋은 단서가 된다. 최근의 가설에 따르면, 충수는 우리와 상리공생하는 장내 세균총의 '안전가옥'이다. 우리가 위장관 질환에 걸려 설사로 병원균을 제거할 때 유익균에게 은신처가 돼주는 것이다.[13] 설사는 몹시 고약하긴 해도 대체로 적응적 반응이다. 다만 탈수증과 유익한 장내 세균의 소실이라는 비용을 초래한다. 충수는 그런 질병을 겪고 난 뒤 '착한' 세균을 장에 재이식한다.

얼마 전까지 모든 인간은 위장관 질환으로 자주 앓아누웠다. 이 병을 앓으면 몸이 뒤틀리고 장의 내용물이 전부 빠져나가는 것을 여러분도 생생히 기억할 것이다. 이 사실은 의미심장하다. 하지만 21세기에는 신기하게 느껴질 정도로 위장관 질병이 드물게 발생한다. 반면에 'no-WEIRD' 세계에서 설사 병은 흔할 뿐만 아니라 특히 어린아이에게는 무시하지 못할 사망 원인이다.[14]

위장관 질환과 달리 WEIRD 나라의 국민 중 5퍼센트 이상이 살면서 충수염에 걸리고, 의학의 도움을 받지 못하면 그중 50퍼센트가 사망한다.[15] 반면에 산업화되지 않은 나라에서는 서구적인 생활방식을 채택한

나라를 제외하고 거의 발생하지 않는다.[16] 설사가 흔한 지역에서는 충수염이 훨씬 드문 것이다. 어쩌면 공업화된 21세기 국가의 국민에게 충수는 골칫거리가 됐지만, 병원균에 더 많이 노출되면서 사는 사람들에게는 계속 가치를 유지할 것이다.

이처럼 충수염은 WEIRD 세계의 질병이다. 많은 알레르기와 자가면역 질환도 마찬가지다. 이에 대해서 '위생 가설'을 확실히 뒷받침하는 증거가 쌓이고 있다. 이 가설에 따르면, 우리는 그 어느 때보다 깨끗한 환경에서 미생물에 적게 노출되며 살고 있기에 우리 면역계가 충분히 대비할 기회를 얻지 못하고, 따라서 알레르기와 자가면역 질환, 더 나아가 암 질환 같은 조절 문제가 발생한다.[17] 우리가 주변 환경을 너무 철저하게 정화해서 우리의 면역계가 진화한 대로 기능하지 못한다는 것이다.

충수도 면역계와 같은 운명인 듯 보인다. 설사는 병원성 박테리아를 장에서 제거하는 방법인데, 설사를 자주 하지 않음으로써 충수는 유익균의 중요한 저장소에서 골칫거리가 돼버렸다.

이와 관련된 중요한 우화가 있다. 20세기 초에 철학자이자 작가인 길버트 키스 체스터튼Gilbert Keith Chesterton이 그의 수필에서 언급한 '울타리 이야기'다. 이 울타리 이야기는 우리가 무언가를 바꾸려 할 때 주의를 기울일 것을 촉구한다. 사전예방 원칙과 상통하는 개념인 것이다. 체스터튼은 '길을 막고 있는 울타리'에 대해 이렇게 말했다.

현대적 개혁가는 울타리로 성큼성큼 다가가서는 "이건 쓸모가 없으니 철거해버립시다"라고 말한다. 그 말에 지적이고 현명한 개혁가는 이렇게 답할 것이다. "당신에게 쓸모가 없어 보인다면 나는 절대 그걸 없애도록 놔두지 않겠소. 집에 가서 생각해보시오. 그런 다음 되돌아와서 쓸모 있어 보인다고 말하면 그때는 그걸 부수는 것에 동의하겠소." [18]

체스터튼이 이 글을 썼을 땐 우리의 대장이 몸속에서 자리만 차지할 뿐이라고 일부 의사들이 결론지은 시기였다. 체스터튼의 울타리 이야기가 '어떤 기능을 발견할 때까지' 울타리를 제거해서는 안 된다는 의미라면, 충수와 대장은 '체스터튼의 장기'라고 불릴 만하지 않을까. 우리 주변에서 기능을 충분히 이해하지 못한 채 없애려고 하는 것이 더 있는지 주의 깊게 살펴보자. 체스터튼의 장기 외에도 체스터튼의 신, 체스터튼의 모유, 체스터튼의 요리, 체스터튼의 놀이가 있을지도 모른다.

맞거래

체스터튼의 울타리 앞에서 우리는 다시금 떠올리게 된다. 인간이 만들어내거나 여러 세대에 걸쳐 선택된 것에는 숨은 이득이 있을 수 있음을 말이다. 20세기 초, 의사들이 충수와 대장은 쓸모가 없을뿐더러 위험한 장기라고 주장하고 있을 때 다윈이나 맞거래(또는 둘 다)를 아는 사람이라면 여기에 제동을 걸었을 것이다. 대장에 어떤 문제가 있어 보이든 간에 그걸 둘둘 말아 내버리기보다는 대장의 이점이 무엇인지를 알아내는 것이 현명했을 것이다.

모든 것에는 **맞거래**가 있다. 특정한 유기체 안에는 수천까지는 아니어도 수백 가지의 뚜렷한 경쟁적 관심사가 있다. 그렇다면 먼저 어디에서 맞거래 관계를 찾아야 할지 우리는 어떻게 알 수 있을까? 두 가지 특성을 아무거나 고르면 된다. 맞거래는 적응 지형도의 봉우리들처럼 우리의 발견과 상관없이 항상 거기에 존재한다.[19]

대략적으로 맞거래는 두 종류다.[20]

배분allocation 맞거래는 가장 확실하고 가장 깊이 연구됐으며 가장 유명하다. 이 맞거래는 우리가 흔히 쓰는 "맞바꾸자"라는 말과 같다. 생물학은 많은 것이 제로섬이므로(즉 끌어다 쓸 수 있는 자원의 양이 유한하고 파이의 크기는 변하지 않으므로), 당신이 사슴이라면 더 큰 뿔을 만들기 위해서 다른 것을 포기해야 한다. 더 큰 뿔을 위해서는 뼈의 밀도를 낮추거나 다른 유전적 비용을 줄여야 한다.

어떤 조건에서는 단순히 더 많이 먹어서 뿔을 키울 수도 있다. 하지만 이럴 때는 다음과 같은 질문이 고개를 든다. 만일 이것이 그렇게 간단한 문제고, 더 많이 먹는 것으로 쉽게 이득을 얻을 수 있다면, 과거에는 뭣 때문에 그렇게 하지 못했을까? 어떤 조건이 당신의 식단을 제약하고 있어서 식사량을 쉽게 늘릴 수 없다면, 뿔을 더 크게 키운다는 건 다른 어떤 것을 줄여야 한다는 사실을 의미한다.

두 번째 맞거래는 **설계제약**design constraint이다. 배분 맞거래와 달리 설계제약 맞거래는 보충과 무관하다. 단지 어떤 것을 늘린다고 문제가 해결되지 않는다. 예를 들어, 강건함(대략적으로 뼈가 크고 근육질인 것)과 이동 효율성 모두 가치 있지만 두 가지를 동시에 극대화할 수는 없다.

다시 한번 말하지만, 자원을 더 많이 공급해도 문제는 해결되지 않으며 어떤 하나를 포기해야 한다. 이와 마찬가지로, 만약 여러분이 새(또는 박쥐나 비행기)라면 빠르게 또는 유연하게 날 수 있지만 속도와 유연성을 동시에 극대화한다면 적당히 빠르고 적당히 유연하게밖에 날지 못할 것이다. 분명 더 빠른 새와 더 유연한 새가 있을 것이다. 하지만 걱정하지 마시라. 나름대로 성공한 제너럴리스트일 수 있으니.

속도 대 유연성이라는 맞거래는 물고기의 체형에서 쉽게 볼 수 있다.[21] 예를 들어, 엔젤피시는 위아래로 긴 형태 덕분에 거의 움직이지 않고 한곳에서 정지한 상태에서 각도를 예리하게 틀 수 있다. 주된 생계 수단이 산호를 쪼아먹는 것이니 유용할 것이다. 하지만 엔젤피시의 체형과 정어리의 체형을 비교해보자. 가로로 길고 가는 정어리는 직선 코스로 헤엄치는 종목의 챔피언이다. 덕분에 포식자가 지그도 하기 전에 재빨리 재그해서 달아날 수 있지만, 엔젤피시처럼 한자리에 멈춰 있지는 못한다.[22]

이처럼 설계제약 맞거래는 속도와 기동성을 다 잡을 수 없음을 말해준다. 또한 강건함과 효율성을 동시에 극대화할 수 없음도 말해준다.

좀 더 까다로운 예로, '가장 빠르면서 가장 클 수는 없다.'[23]

물론 인간은 몇 가지 맞거래를 멋지게 회피한다. 예를 들어, 우리는 표현형(생물이 유전적으로 나타내는 형태적·생리적 성질)을 넓혀 우리 외부에 구축함으로써 '빠름 대 뚫리지 않음(방어)'의 맞거래를 해결했다.[24] 말을 가축화해서 타고 성을 쌓아 올린 결과, 빠른 동시에 방어도 가능해진 것이다. 아울러 1장에서 이미 살펴본 것처럼, 우리는 스페셜리스트와 제너럴리스트의 맞거래에서도 문제를 해결했다.

인간은 대체로 제너럴리스트 종이지만, 개인—그리고 문화—이 수많은 맥락과 기술 속으로 깊이 들어가 스페셜리스트가 될 수 있다. 북극 지방에서는 바다표범 사냥을 전문으로 해야만 생존할 수 있지만, 오마하나 옥스퍼드, 와가두구에서는 그렇지 않다. 가혹한 환경은 대개 문화적 전문화를 요구한다. 반대로 덜 가혹한 환경에서 전체는 멀리 보고 개인은 전 문화에 몰두한다면 문화와 인구가 번성할 수 있다.

마야 문명이 정점일 때, 거기엔 농부도 많았지만 필경사筆耕士와 천문학 자, 수학자와 예술가도 있었다. 만일 어떤 예술가나 천문학자에게 '수확 물을 공유해도 되는 이유가 무엇인지'를 물었다면 아마 대답하지 못했을 것이다. 각각의 스페셜리스트가 왜 가치 있는지를 밝히려 할 때 필요한 사람은 육체노동과 정신노동의 가치를 아는 사람, 양쪽 모두 시도하지만 어떤 것도 가장 잘하지 못하는 사람, 즉 제너럴리스트일 것이다.

하지만 우리가 아무리 영리하다고 한들 모든 맞거래를 피할 수는 없 다. 우리가 피할 수 있다고 가정하는 건 일종의 코르누코피아Cornucopia*의 실수다. 자원과 창의력이 넘쳐나서 신비하게도 모든 맞거래가 깨끗이 사 라진 세계를 상상하는 것이다(이 이야기는 마지막 장에서 다시 살펴보겠다). 단기적 이익만을 좇는 호구의 어리석음이 코르누코피아의 실수를 부채 질할 수 있다. 단기적 이익이 넘치는 것에 눈이 멀어 우리가 맞거래를 정 복했다고 착각할 수 있기 때문이다. 그건 신기루다. 맞거래는 여전히 존 재하며, 그 모든 부로 발생한 비용은 다른 곳에 사는 누군가나 우리 후손 들에게 돌아갈 것이다.

맞거래는 불가피한 현상이지만, 놀랄 만한 이점이 있다. 다양성을 진 화시킨다는 점이다. 이를 잘 보여주는 예가 식물이 개발한 일련의 차선책 이다.

---

*
꽃, 잎, 과일을 넘치도록 담았던 '뿔그릇'으로 로마 풍요의 여신 코피아Copia가 지닌 물건이라고 한다. '풍요의 뿔' 이라고도 하며 부와 안녕을 상징한다(지식백과 미술대사전).

광합성, 즉 식물이 햇빛을 당으로 바꾸는 과정은 대다수 식물에서 C3라는 형태로 진행된다. C3는 식물에게 관대한 조건—적당한 온도와 햇빛, 풍부한 물—하에서 가장 잘 이뤄진다. C3 광합성이 일어나려면 잎 뒷면의 기공—이산화탄소를 흡수하는 공기 구멍—이 열리는 시간과 햇빛으로부터 광합성의 연료를 얻는 시간이 일치해야 한다. 이 때문에 C3 광합성은 기공을 통해 수분이 많이 손실되는 비용을 발생시킨다. 따라서 C3 식물은 물이 부족한 곳에서는 잘 살지 못한다.

식물이 변두리 환경, 예를 들어 사막 등으로 이주하기 시작함에 따라 C3 광합성은 특수한 문제가 되었고, 그때 두 가지 형태의 새로운 광합성이 진화했다. 하나는 CAM 광합성이다.[25] 이런 식으로 하면 식물이 기공을 열어 이산화탄소를 흡수하는 시간과 햇빛을 연료로 삼아 광합성을 하는 시간이 달라진다. 선인장과 난초 같은 CAM 식물은 기온이 낮아 수분이 적게 증발하는 야간에 기공을 열어 수분을 절약한다.

하지만 CAM 광합성에는 비용이 따른다. C3 광합성보다 물질대사에 더 많은 자원이 들어간다. 하지만 햇빛이 풍부하고 물이 적은 환경에서는 CAM 광합성이 C3 광합성을 쉽게 이긴다.

수분 손실이라는 문제의 또 다른 해결책은 생화학보다는 형태학과 관련이 있다. 유기체가 부피 대 표면적의 비를 줄여서 구체에 더 가까워질수록 표면에서 소실되는 수분량은 줄어든다. 자연은 수학과 타협할 방도가 없다. 수분을 함유한 부피에 비해 표면적이 작기 때문에 둥근 선인장이 길고 가는 선인장보다 수분을 적게 잃는다. 물론 많은 식물이 복수의 전략—CAM 방식과 같은 대안적 경로들—을 사용해 형태를 바꾸고 수분 손실을 줄인다.

우리는 이 책 전체를 통해서 체계의 맞거래—해부 구조와 생리 작용의 문제부터 사회적 문제에 이르기까지—를 살펴보고, 맞거래를 인정하지 못할 때 어떤 재난이 일어날 수 있는지를 지적할 것이다.

일상의 비용과 즐거움

치즈 냄새는 좋은가?

프랑스 사람들은 치즈 향의 차이를 '변소'와의 거리로 묘사한다.[26] 자극적인 치즈는 더 가까이에 있고, 순한 치즈는 더 멀리에 있다. 하지만 특정 치즈가 '변소'와 가깝다는 말은 그렇게 묘사하는 당사자가 그 치즈를 권하느냐 아니냐 하고는 거의 상관없다. 사실, 분변 냄새가 가장 극적으로 나는 제품이 가장 값진 치즈일 때가 많다. 따라서 많은 치즈가 변 냄새를 풍기지만, 그 냄새의 함의가 긍정적인지 부정적인지는 취향의 문제이며, 이에 대해서는 유명한 말이 있다. 취향은 설명할 수 없다.

혹시 설명할 수도 있지 않을까?

우리의 모든 감각 중에서 후각은 설명하기가 가장 어렵다. 후각은 실험실의 환원주의(다양한 현상과 개념을 하나의 원리나 요인으로 설명하려는 경향)를 가장 강하게 거부하고,[27] 이론가들이 추구하는 통합을 가장 확실하게 물리친다. 주관적인 냄새 경험은 훨씬 더 이해할 수 없는 영역에 놓여 있다. 특정 냄새에 대한 개인의 느낌은 제각각인데, 그 차이는 어느 정도 자의적이며, 주로 문화와 태아기 경험으로 예측할 수 있다. 게다가 성년기를 거치는 동안 일관적이지도 않다. 특정 냄새에 대한 반응은 맥락과 경험은 물론이고, 때로는 서술에 함축된 의미에 따라 달라진다.

이 책을 읽고 있는 여러분은 우리 조상의 곤경을 이해하려 할 때 다소 불리할 것이다. 여러분은 **정말로** 굶주려본 적이 없을 테니 말이다. 우리는 조상들과 많은 부분 반대 지점에 있다. 대부분의 생물은 거의 늘 배가 고프다. 자원을 넘치게 소유한 개체군은 잉여 자원이 바닥날 때까지 계속 커지는 경향이 있다. 자원이 부족한 개체군은 자연스럽게 규모가 줄어든다. 그렇다면 개체군은 환경 수용력(특정 환경과 시간상 조건에서 유지될 수 있는 개체군의 최대 크기)을 찾아내 그 근처에서 맴돌게 마련이다. 따라서 여러분이 조상 한 명을 무작위로 고른다면, 그는 가진 것보다 더 많은 음식을 원할 가능성이 높다.

우리가 정말로 굶주린 적이 없다는 사실 ─ 실제로 우리는 이상적인 양보다 **더 많은** 음식을 접할 수 있다 ─ 은 음식이 일반적으로 얼마나 귀한지를 직감적으로 알기 어렵게 한다. 더 많은 식량을 찾기 위해 감수해야 하는 위험, 획득물을 지키기 위해 쏟는 노력, 획득한 식량의 가치를 늘리는 기술 혁신의 소중함을 현대인은 쉽게 상상하지 못한다. **1칼로리를 아끼면 1칼로리를 버는 것***이라고 주장해도 틀리지 않을 것이다. 한 덩이의 식량은 먹을 것이 풍부한 시절에 포획해서 곤궁한 시절에 소비할 때 훨씬 더 가치 있다.

흔히들 요리의 목표는 음식의 맛을 높이는 것이라고 생각하지만, 전 세계의 수많은 전통 조리법들은 그보다 더 실용적인 목표를 추구한다. 식품

---

*'1페니를 아끼면 1페니를 버는 것(A penny saved is a penny earned)'이라는 속담을 차용한 표현이다.

의 독성을 없애고, 영양가를 높이고, 음식을 나르고 보관하는 동안 우리의 경쟁자인 세균이 침투하지 못하게 하는 것이다.

우리는 소중한 식량을 호시탐탐 노리는 미생물을 탈수해 죽이기 위해 고기를 소금에 절이거나 훈제한다. 같은 이유로 과일에 설탕을 듬뿍 넣어서 잼을 만든다. 상하기 쉬운 채소는 이미 달라붙은 세균을 죽이거나 새로운 침입자를 막기 위해 저온 살균을 하거나 냉동 처리한다. 우리가 쓸 수 있는 기술은 이뿐만이 아니다. 많은 문화에서 재료에 펀치를 날려 미생물을 혼절시키고, 그 틈에 펀치*를 만들어낸다. 사실상 음식을 안전하게 삭혀서 위험하게 썩을 기회를 차단하는 것이다.

떠다니던 박테리아가 우유를 점령한 뒤에 우유병을 마주하면 어떤 행동을 해야 할지 당신의 코가 확실하게 알려준다. 절반이나 남은 병 안에 영양가가 많이 남아 있다고 해도 그걸 마시는 잠재적 비용이 그걸 버리는 비용을 거뜬히 초과한다. 그 때문에 상한 우유가 악취를 풍기는 것이다. 악취는 극도로 절박하지 않으면 그걸 마시지 말라고 전하는 자연의 방식이다. 이러한 관찰의 결과로부터 우리는 가축화한 동물의 젖을 식량원으로 사용하는 것에 따르는 위험을 추론하게 된다.

젖은 어미의 유선에서 새끼에게 직접 영양을 공급하도록 진화했다. 그래서 영양분이 가득하다. 다만 젖은 외부 세계와의 접촉이 거의 또는 전혀 없이 곧바로 섭취하게 돼 있으므로 환경에 존재하는 박테리아에 무방비 상태다. 따라서 현대인은 극단적 노력―저온 살균 및 밀봉 후 냉

•
물, 과일즙, 향료에 보통 포도주나 다른 술을 넣어 만든 음료(네이버 영어사전).

장—을 기울여야만 우유를 1~2주간이라도 보관할 수 있다. 길고 아무것도 나지 않는 겨울철에 우유를 좋은 상태로 보관해야 했던 조상에게는 분명 더 나은 해결책이 필요했을 것이다.

치즈는 그러한 해결책 중 하나다. 사람에게 해롭지 않은 박테리아와 곰팡이를 따로 배양해서 그걸로 정성껏 부패시키면 우유를 무한정 보관할 수 있다. 치즈는 그와 관련한 매우 훌륭한 해결책이다. 일단 만들어지고 나면 나쁜 박테리아가 표면을 점령했더라도 그 부위만 얇게 저미면 그 아래 싱싱하고 건강한 치즈 면이 드러난다.

하지만 반전이 있다. 사람은 상한 우유의 냄새를 역겨워한다. 일반적으로 미생물이 우글거리는 물질을 먹는다는 건 좋은 생각이 아니기 때문이다. 코와 뇌의 연합 작전을 통해 우리는 상한 우유의 맛과 냄새를 피한다. 그런데 이 오래된 지혜를 어떻게 극복해야 치즈를 문제없이 먹고 신진대사와 요리의 이득을 누릴 수 있을까?

여러분이 태어난 문화에 치즈 만드는 기술이 완성돼 있다면 상한 우유를 역겹게 느끼는 사람은 손해를 본다. 이때 필요한 것이 좋은 것과 나쁜 것을 구별하는 수단이다. 변소 같은 냄새가 약간 난다는 사실은 충분한 지침이 되지 못한다.

1990년대, 헤더가 동성의 보조 연구원과 마다가스카르 해안의 작은 섬에서 연구하고 있을 때였다. 텐트에서 자고 빗물로 샤워했으며 식량은 쌀이 거의 전부였다. 몇 달씩 이어지는 연구 생활 중에 두 사람 앞으로 커다란 치즈 덩이가 도착했다. 황홀한 기대감을 안고 두 사람은 간단하게 마카로니와 치즈를 요리했고, 그 섬에서 근무하는 말라가시(마다가스카르의 옛 이름) 환경보호국 직원 두 명에게 음식을 권했다. 그들은 두 여자가 내놓은 음식 위로 허리를 숙이더니 이내 뒤로 물러나며 헛구역질을 했다. 말라가시 요리에는 치즈를 이용한 것이 없다.

현대인에게 치즈가 가게에서 팔리고 있다는 사실은, 그걸 먹어도 장에서 세균전이 일어나지 않을 거라는 믿을 만한 증거가 된다. 어느 조상에게 친족의 행동은 길잡이 같은 역할을 했을 것이다. 결국 증거는 푸딩에 있다.* 조심스럽게 삭힌 유제품을 한 입 먹어보고 몇 시간 또는 며칠 동안 아프지 않다면, 그건 안전하다는 뜻이다. 이렇게 발견한 사실을 우리 입과 소화계가 영양분에 대해 지금까지 얻은 정보에 추가해보라. 만일 영양가가 높다면—치즈는 그렇다—어떤 냄새가 나든 그 냄새는 농축된 가치의 지표다. 냄새가 똥 같아도 말이다.

삭힌 달걀, 사워크라우트, 김치 등 전 세계에 퍼져 있는 수많은 보존 식품도 같은 부류라고 말할 수 있다.

지금까지의 내용을 정리해보자. 우리는 먹어도 될 것과 먹으면 안 될 것에 대한 대강의 지식을 타고 태어난다. 복숭아는 좋은 냄새가 난다. 가만히 햇빛에 노출된 대합조개는 고약한 냄새를 풍긴다. 장작불에 구운 고기는 향긋한 냄새가 난다. 짐승의 썩은 고기는 나쁜 냄새를 풍긴다. 이 법칙들은 잠재적인 식량의 순가치를 짐작하게 하는 최초의 기준이지만, 그 선에만 머문다면 영양가 있고 먹을 수 있는 많은 것을 놓치게 된다. 배고픈 동물—거의 모든 인간—에게 그건 사소한 문제가 아니다.

따라서 친족으로부터(문화를 통해서) 알게 됐거나 지독한 굶주림 속에

---

* '푸딩 맛은 먹어봐야 안다(The proof of the pudding is in the eating)'는 속담을 이용한 표현이다.

서(의식을 통해서) 알게 된 경험적 정보에 따라 식량을 재배치하는 제2의 체계가 진화했다. 우리는 최초의 반응이 아니라 실질적 가치에 기초해서 끊임없이 식량을 재배치한다. 우리는 커피가 기운을 돋워주기에 커피 향을 좋아하고, 맥주가 유통기한이 길면서도 빵과 맞먹는 영양을 가졌기에 맥주 맛을 음미한다.

이 이야기가 여기까지라면 안심할 수 있다. 보통 WEIRD 사람들은 많은 음식을 먹고, 그러면서 자기 맘대로 기호를 몇 번이고 다시 정할 수 있으며, 다른 사람이 좋다고 해서 따라갈 필요가 없다. 현대에 들어와 문화적 규범이 시장 주도하에 일반적이고 세계적이 되는 동안 맛과 기호는 갈수록 제멋대로가 됐다.

하지만 이 이야기는 여기가 끝이 아니다. 진화적 새로움은 냄새 이야기에서도 흉한 얼굴을 드러낸다.

용제(솔벤트)에서 좋은 냄새가 나는가? 불행하게도 많은 용제에서 좋은 냄새가 난다. 물론 용제의 독성은 익히 알려져 있는 만큼 우리가 용제를 섭취하지 않으려면 내부 모형에서 용제를 확실히 재배치해야 한다. 하지만 그렇게 업데이트해도 절대로 충분치 않다. 조상의 세계에서 불쾌한 냄새는 대부분 어떤 물건과 상호작용하는 것을 조심하라는 경고였다. 예를 들어, 토사물이나 썩어가는 고기와는 접촉하지 않는 게 상책이다. 그렇지만 토사물, 썩은 고기, 시체의 냄새는 그 자체로는 위험하지 않다.

그런데 우리가 자주 맡는 많은 냄새의 경우는 그렇지 않다. 많은 용제가 좋은 냄새를 풍기지만, 그걸 맡는 행위는 위험하다. 오래전에 진화한 우리의 경고 체계 — 냄새가 고약하면 조심하라 — 가 두 가지 점에서 신뢰할 수 없는 것이다. (1) 많은 용제의 냄새가 어떤 사람에게는 좋게 느껴진다. (2) 냄새를 맡는 것만으로도 충분히 생리적인 해를 입는다.

좋은 냄새로 느껴지는 동시에 해로운 용제를 몇 가지만 나열해보자. 매니큐어 제거제로 널리 쓰이는 아세톤이 있다. 최근까지 매직펜에 사용됐고 여전히 많은 고무풀 제품에 사용되는 톨루엔도 있으며, 가솔린도 있다. 기분이 좋기도 하고 나쁘기도 한 이 냄새가 공기 중에 퍼져 있을 때 호흡하지 않도록 훈련받지 않는다면 실제로 해를 입게 된다.

설상가상으로 현대 세계에서 마주치는 독성 있는 위험 물질들은 탐지할 수 있는 냄새가 나지 않는다. 천연가스와 프로판은 감지할 수 있는 냄새가 없는 기체인데, 둘 다 소량이 축적된 공간에서 작은 불꽃이 일기만 해도—전등 스위치에 이는 아크만으로도—엄청난 폭발을 일으킬 수 있다. 폭발성 기체가 축적돼 불이 붙는 것은 최근까지 어떤 조상도 걱정하지 않았던 문제다. 그래서 선택은 우리에게 선천적인 역겨움이나 경계 반응을 내장해주지 않았다.

하지만 그 위험이 너무 큰 탓에 탈공업 현대인은 힘을 합쳐 대책을 세웠다. 역겨움을 일으키는 회로를 새로 내장한 것인데, 역겨운 감정은 우리의 주의를 효과적으로 일깨우고 지속시킨다. 사람들은 배관을 통해 천연가스와 프로판을 가정에 공급하거나 야외 탱크로 운반하기 전에 기체에 삼차부틸메르캅탄을 첨가했다. 이 화합물이 보이지 않는 기체에 독특한 유황 냄새—더러운 양말이나 썩은 양배추 같은 냄새—를 가미한 덕분에 쉽게 인식할 수 있게 됐으며, 요즘은 교육과 지도를 통해서도 경계심을 일깨운다.

이산화탄소(CO_2)를 생각해보자. 막힌 공간에서 CO_2 농도가 올라가면 극심한 경계심이 인다. 독성 물질은 아니지만 CO_2 농도가 높은 환경에서는 질식사할 수 있다. 우리의 CO_2 탐지 장비는 아주 오래되고 깊이 배선돼 있어 편도체가 손상된 사람도 CO_2가 고도로 농축된 곳에서는 공황 상태에 빠지게 된다. 같은 사람이 두려움을 유발하는 다른 환경에서는 공포 반응을 보이지 않는 것과 대조적이다.[28]

CO_2에 비해 일산화탄소(CO)는 극도로 위험하다. 헤모글로빈과 결합해서 산소를 몰아내고 조용한 수면을 유도한다. 스스로 깨어나는 사람은 없다.

그렇다면 왜 우리 몸에는 (밀도가 높을 땐 위험하지만) 독성이 없는 CO_2를 탐지하는 기능만 있고, 치명적인 독성 물질인 CO를 탐지하는 기능은 없는 것일까?

대답의 실마리는 진화적 새로움에 있다. 동물은 산소를 들이마시고 CO_2를 내뱉는다. 우리 조상들은 간혹 안전을 위해 사방이 막힌 공간을 찾아 들어갔을 것이다. 하지만 그런 곳에서 장시간 호흡하는 것은 치명적이다. 동굴에 이산화탄소가 가득 찼을 때 좀이 쑤시고 불안하고 다른 데로 가야 할 것 같은 기분이 들게 하는 탐지기는 필수적이다.

마찬가지로 CO를 탐지하는 장비가 있다면 정말 좋겠지만, 그런 필요는 기본적으로 현대의 내연 기관 때문에 생긴 결과다. 자연선택이 CO 탐지기를 발명하기가 더 어려웠을 거라고 생각할 근거는 어디에도 없지만, 그 가치가 너무 늦게 부상한 탓에 우리의 하드웨어로 갖춰지지 않은 것이다.

브렛의 외조부인 해리 루빈이 1940년대에 전자업체인 RCA에서 화학 기사로 일했을 때 사람에 대한 안전성 여부가 알려지지 않은 물질에 노출되는 사고가 발생했다(미국노동성 직업안전위생국이 없을 때였다). 자욱한 미확인 기체를 뚫고 걸어야 하는 동안 해리는 숨을 꾹 참았고, 그로 인해 겁쟁이라는 평판을 얻었다.

홍적세(인류가 발생하여 진화한 시기, 플라이스토세)에 인간은 용기를 배웠고, 겁을 내는 사람을 조롱하는 방법까지 써가면서 생산성을 높였을 것이다. 하지만 과도한 새로움의 탈공업 세계에서 이는 위험한 전략이다. 홍적세에 인간의 지속적 삶을 위협하는 큰 요소는 다른 사람이거나 간혹 하마였다. 따라서 진화가 부여한 감각과 성향 그리고 동료들의 도움으로 개발한 모형들이면 충분했다. 하지만 위험 목록에 다른 사람이 지금까지 경험하지 못한 화학물질이 포함되자 상황은 돌변했다.

해리는 모험가였지만(60대에 스키를 배우고 브렛과 함께 휘트니산을 정복했다), 자신이 알지 못하고 알 수도 없는 것에는 늘 주의를 기울였다. 그는 같이 일했던 다른 화학자들보다 오래 살았는데, 동료들은 기대 수명에 이르기도 전에 세상을 떠났다. 반면에 해리는 아흔세 살까지 살았다.

이로부터 얻을 수 있는 교훈은 명백하다. 선택은 우리에게 주변 환경에 널려 있는 다양한 화합물을 냄새로 판별하는 능력을 갖추게 해주었다. 어떤 냄새가 우리를 끌어들이고 어떤 냄새가 역겨움을 일으켜 우리를 떠미는지 간략한 지침도 안겨주었다. 그 지도는 허술하고 불완전하며, 우리의 현재 환경과 차이가 있는 과거 환경에나 간신히 들어맞는다.

인간에게는 남들이나 환경 그 자체에서 주워 모은 정보에 따라서 후각 세계를 재배치하는 능력이 있으며, 기술 진보로 인해 벌어지는 환경 변화의 속도가 그대로였다면 그 능력만으로 충분했을 것이다. 오늘날 우리는 치명적인 물질을 수시로 창조하고 농축한다. 조상들은 그러한 물질과 전혀 마주치지 않았고, 그래서 우리도 그걸 탐지할 능력이 없다. 냄새는 이제 위험에 대한 조기 경보 체계가 아니다. 많은 경우 탐지와 피해가 동시에 발생하기 때문이다.

앞으로 반복해서 볼 테지만, 현대인이 직면하는 문제는 다음과 같이 요약할 수 있다. 우리는 새로움에 대처할 수 있게끔 설계돼 있지만, 21세기는 우리가 과거에 보지 못했던 새로운 것들로 가득하다. 우리는 색다른 수준의 새로움에 직면해 있는데, 선택이 그걸 따라잡지 못하고 있다.

더 나은 삶을 위한 접근법

○ **고대 문제에 대한 새로운 해법을 의심하라.** 그 새로움이 나중에 마음이 바뀌었을 때 되돌리기 어려운 것이라면 더더욱 의심하라. 새롭고 대담한 기술—실험적 기술, 호르몬을 이용해 인체의 발달을 중단시키는 기술, 핵분열 등—은 당장은 멋지고 안전해 보일지 몰라도 감춰진(그리고 주의 깊게 보면 보이는) 비용이 있다.

○ **맞거래 논리를 인식하고 맞거래 사용법을 터득하라.** 노동 분업을 통해 인간 집단은 개인적으로 처리할 수 없는 맞거래를 우회한다. 또한 다양한 서식지와 생태적 지위에서 전문화를 이룸으로써 인간 종은 단일 집단으로서는 처리할 수 없는 맞거래를 우회한다.

○ **나 자신의 패턴을 아는 사람이 되라.** 자신의 습관과 생리를 해킹하라. 어떤 자극을 받을 때 먹는가? 운동은 하는가? 소셜미디어를 확인하는가? 자신의 행동 패턴을 이해하면 행동 조절 가능성이 커진다.

○ **체스터튼의 울타리를 기억하라.** 오래된 체계를 변경할 때는 체스터튼의 울타리와 사전예방 원칙을 떠올리라. "할 수 있다는 것은 해야 한다는 것을 의미하지 않는다"는 말을 명심하라.

의학과 환원주의

A HUNTER-GATHERER'S
GUIDE TO THE
21ST CENTURY

헤더는 어렸을 때 패혈성 인두염을 자주 앓았다. 성인이 돼 인두염은 걸리지 않지만, 때때로 후두염을 1년에 적어도 한 번씩은 앓았다. 일단 후두염에 걸리면 목소리가 나오지 않아 강의를 할 수 없었다. 2009년에 그녀는 다음과 같은 메시지를 스크린 위에 띄워 학생들에게 전달했다.

내가 후두염에 자주 걸리니 의사들은 약을 권하고, 그 약의 부작용을 완화하기 위해 다른 약을 먹어야 한다고 말하더군요. 왜 약을 먹어야 할까요? 일부 환자에게서 후두염을 일으킬 수도 있는 몇 가지 염증을 완화해주기 때문입니다. 그 환자들과 나의 공통된 증상이 무엇일까요? 의사들은 몰라요. 알려고 하지도 않는 것 같아요. 그냥 복용하면 된다고 말해요.

나는 의사의 말을 전적으로 듣지 않아요.

대다수의 의학적 문제를 실제 진단이 아닌 약물로 치료한다면 의료 체계의 진단 능력이 전반적으로 약해지겠죠. 데이터스트림도 오염되고요. 다시 말해서, 부작용이 알려지지 않은 약물을 수많은 사람이 복용한다면 누가 어떤 증상을 보이고, 누가 어떤 이유로 병에 걸렸는지 알 수 없게 됩니다.

내가 또다시 후두염에 걸려 의료 기관의 문을 두드리면 의사는 이렇게 물어봐요. "약은 먹고 있습니까?" 내가 아니라고 답하면 의사는 고개를 절레절레 흔들지요. 내가 지시를 따르지 않으니 의사가 무슨 수로 나를 도울 수 있을까요?

지시를 내리는 사람이 무엇 때문에 또는 왜 지시를 내리는지 모를 때, 그 지시를 따르는 것은 올바르거나 영리한 행동이 아니다. 의료 체계는 좀처럼 진화적 사고를 받아들이려 하지 않는다. 근원적인 치료를 모색하기보다는 과거의 문제를 덮고 새로운 문제를 일으키는 약물 치료를 선택한다. 지금까지 자연선택은 간단한 생화학적 전환을 통해서 모든 문제를 '해결'해왔지만, 받아들일 수 없는 맞거래를 유발하지 않고 해결이 가능한 경우와 해결하려는 '문제'가 진짜 문제인 경우에만 국한됐다.[1]

현대 세계는 새로운 입력 정보로 가득하고, 그로 인해 진단이 갈수록 어려워지고 있다. 이런 상황에 더해 약물은 신속한 회복을 장담하고, 간단하지만 잘못된 해결책이 인터넷에 퍼져 있으며, 시장 논리에 떠밀려 의료 전문가들은 환자에게 점점 더 짧은 시간을 할애한다. 결과적으로 많은 사람이 현대 의학의 시야와 기억, 배려에서 멀어졌다고 느끼는 것이 놀랍지도 않다. 너무나 많은 사람이 만성 질환, 설명할 수 없는 연속적인 두통, 엉뚱한 부위에 찾아오는 막연한 통증 같은 자극을 한두 가지씩 달고 산다. 어떤 것은 단순한 자극 이상의 문제임이 밝혀진다.

이번 장에서 우리는 여러분이 자기 자신의 건강을 이해하고 개선할 수 있는 몇 가지 도구를 제공하고자 한다. 결국 헤더의 잦은 후두염은 몇 년

후 약과 무관하게 더 이상 발생하지 않게 되었다. 그에 대한 진단이나 설명은 전혀 없었다.

⋮⋮⋮ 환원주의를 경계하라

실내에서 사육한 제왕나비는 이주하는 법을 모른다.[2] 인드리―일상적으로 수십 종의 잎을 먹는 큰 여우원숭이[3]―를 감금 상태로 키우면 생존에 필요한 특유의 음식을 골고루 섭취하지 못한다. 하와이에서 농부의 사탕수수를 먹어 치우는 쥐 문제(농부 자신이 생각하는 문제)를 보고 쥐를 잡아먹는 몽구스를 들여 문제를 해결하려고 하면, 조만간 일대에서 토박이 새와 파충류, 포유동물은 사라지고 쥐는 여전히 활개를 칠 것이다.

이 중 어느 것도 놀랄 일이 아니다. 복잡한 생태계의 특징은 '복잡하다'는 것이다. 그 생태계를 쉽게 관찰할 수 있고 쉽게 측정할 수 있는 몇 가지 요소로 축소하면 성공처럼 느껴지겠지만, 전반적으로 환원주의는 시행한 사람을 향해 이빨을 드러낸다. 여기에 생리적 변화를 일으키는 분자를 추출하고 합성해내는 능력을 더해보라. 세계를 치료하는 비법은 우리 손에 들어오겠지만, 그 치료로 인해 우리는 더 건강해지기보다는 병약한 상태로 유도될 것이다.

현대 세계가 의학에 접근하는 방식은 폭넓게 환원주의로 규정할 수 있는데, 그 방식을 가장 잘 보여주는 것이 과학주의scientism(과학만능주의)다. 과학주의는 평판은 나쁘지만 중요한 개념이다. 이 개념을 처음 소개한 사람은 20세기의 경제학자 프리드리히 하이에크Friedrich Hayek다.[4]

하이에크는 중요한 현상을 관찰해서 다음과 같이 지적했다. 과학에 종사하지 않는 기관과 체계들이 과학적인 수단과 언어를 너무 자주 모방하는 바람에 그로부터 전혀 과학적이지 않은 노력이 빈발하고 있다는 것이다. **이론**이나 **분석** 같은 단어가 명백히 비이론적이거나 비분석적인(종종 아예 분석할 수 없는) 개념을 에워싸고 있을 뿐만 아니라 가짜 계산법이 출현하기도 한다. 이 수준에서는 어떤 것이든 계산할 수 있으며, 일단 측정값이 나오면 사람들은 대개 더 세밀한 분석을 완전히 포기한다.

어떤 범주의 대용물*을 손에 넣고 나면, 우리는 그것을 안다고 생각한다. 대용물이 수량화할 수 있는 것이라면, 아무리 잘못된 것이라도 숫자를 붙일 수 있다면 특히 더 그렇게 착각한다. 게다가 일단 범주가 보이면, 우리는 범주 바깥으로 눈을 돌려 의미를 찾지 않는다. 마치 당근과 채찍으로 이뤄진 우리의 형식 체계가 그 범주 안에서만 존재하는 것처럼 말이다.

이 '과학주의'를 실수라고 칭하는 것은 20세기 초중반 유럽과 미국의 '사회다윈주의'를 우생학 프로그램이라 부르는 것과 마찬가지로 잘못이다. 사회다윈주의가 다윈주의의 조악한 변형, 다시 말해 진화 이론을 잘못 이해하고 받아들인 사생아인 것처럼 과학주의 또한 과학적 수단의 조악한 변형이다.

과학주의의 오류는 우리가 사람이 아니라 정해진 법칙과 암호를 가진 기계일 뿐이라고 상상하는 오류와 뒤섞여 있다. 다시 말해서, 인간이란

---

proxy. 측정하거나 계산하려는 어떤 것을 대표하도록 이용하는 다른 어떤 것(네이버 영어 사전).

무엇인가 하는 문제에 공학자로 접근함으로써(생물학자의 접근법과는 반대로) 우리가 얼마나 복잡하고 잘 변하는 존재인지 심각하게 과소평가한다. 모든 사람이 이 오류에 쉽게 빠진다.

우리는 측정 기준을 찾으며, 일단 영향을 미치려고 하는 체계와 관련 있는 동시에 측정할 수 있는 기준을 찾으면 **바로 그** 기준을 적절한 기준과 혼동한다. 열량은 특별히 체중을 줄이고자 하는 사람에게 음식과 관련해 추적해야 할 **바로 그** 계산법이 됐지만, 탄수화물이나 단백질, 지방, 알코올의 열량은 신체에 각기 다른 영향을 미친다. 약품은 정신질환에 좋은 **바로 그** 치료법이 됐지만, 많은 종류의 불쾌감과 고뇌가 병으로 진단돼온 것(오진) 또한 사실이다.

로라 델라노Laura Delano라는 여성이 있다. 그녀는 몇 년 동안 정신과 약을 과도하게 처방받아 고통받았는데, 2019년 레이첼 아비브Rachel Aviv가 〈뉴요커〉에 이 사연을 밝혔다.

로라는 다재다능하고 아름다웠으며, 겉으로 드러나는 기준으로 볼 때 그야말로 완벽한 특권층이었다. 하지만 하버드에서 공부하는 동안 그녀의 내적 세계는 붕괴하기 시작했다. 정신과 의사들이 팔을 걷어붙이고는 양극성 장애, 경계성 성격장애와 같은 일련의 진단을 내놓고 약을 열아홉 가지나 처방했다. 의사들은 그녀의 약을 정밀하게 처방했지만, 어떤 약도 그녀의 만성적인 공허감과 절망감을 완화해주지 못했다. 심지어 그녀는 약으로 자살까지 시도했다. 로라는 이렇게 말했다. "나는 약을 먹었어. 마치 내가 미세한 눈금이 매겨진 정밀 기계인 것처럼. 아주 미세한 오차에도 혼란에 빠질 수 있다는 듯이."[5]

마침내 자신이 가진 내적·외적 자원이 넉넉하다는 것을 발견한 로라는 그때부터 약을 끊고, 자신의 감정과 기분을 치료해야 할 문제가 아니라 인간의 기본 조건으로 보기 시작했다. 어떤 건 어쩔 수 없이 약으로 치료해야 하지만, 로라가 깨우친 것과 같은 비환원주의적 방법으로 인간의 몸에 접근하기 위해서는 인류의 기나긴 역사 속에서 우리가 어떤 존재였고 무엇을 해왔는지 깨달을 필요가 있다.

우리는 '미세한 눈금이 매겨진 정밀 기계'가 아니다. 우리는 뇌와 몸 사이, 호르몬과 기분 사이에 피드백이 오고 가는 체계로 구현된 존재로, 간단한 스위치만으로 이해되거나 고정되지 않는다.

몸을 움직이는 것은 우리 조상들이 고민할 필요도 없이 늘 했던 것으로 정신 건강에 좋은 효과를 가져온다.[6] 따라서 기분장애를 치료하고자 한다면 약 처방보다 더 좋은 1차 접근법이다. 규칙적인 운동이 정신과 입원 환자의 상태를 개선해주는지에 관한 연구가 빠르게 늘고 있으며, 결과는 희망적이다.[7] 아울러 현대의 운동법은 우리의 활동을 작은 요소들—예를 들어 심혈관계 운동, 근력 운동, 유연성 등—로 쪼개는 경향이 있지만, 그와 반대로 걷기나 스포츠, 정원 가꾸기나 사냥 같은 고대의 활동을 열심히 하면 계획을 세우거나 수치를 계산하지 않고도 모든 신체 활동을 아우를 수 있다.

게다가 우리는 저마다 달라서 한 사람에게 효과적인 것이 다른 사람에겐 그렇지 않을 수 있다. 개인적 차이는 진화적 관찰에서 비롯된 가장 기본적인 결과에 해당한다. 과거에 헤더는 학부생들에게 비교해부학을 가르쳤다. 10주 동안 상어와 고양이를 해부하는 과정이었다. 학생들은 각각 내장, 근육, 순환계, 신경계를 연구하는 과정에서 자신의 표본을 잘 알게 됐다. 한두 명의 학생은 항상 냄새나는 실험실을 벗어나 책이나 온라인으로 주제를 배우고 싶어 했지만.

그런데 책을 보고 해부학을 배우는 것은, 같은 종의 표본 스무 개가 나란히 있는 방에 있는 것을 절대 대신하지 못한다. 비교해부학은 그 이름처럼 종들의 차이를 비교하는 학문이지만, 어떤 면에서는 한 종에 **속한** 개체들을 비교하는 것이 훨씬 더 유익하다. 예를 들어, 왜 같은 종의 개체들 사이에서 근육의 부착점은 항상 똑같은 데 반해, 순환계의 해부 구조는 경정맥 같은 주요 혈관조차 경로가 다를 수 있을까? 근육은 각기 다른 종착점에 연결되고 나면 그 기능이 변하지만, 혈관은 목적지로 가기만 하면 구체적인 경로는 중요하지 않다. 이러한 차이 때문에 우리는 한 사람에게 효과가 있던 해결책이 다른 사람에게도 그렇다고는 쉽게 예측하지 못하는 것이다.

몸속에 넣을 것을 선택할 때 주의할 점

바닐린*은 바닐라와 똑같을까? THC(대마초의 구성 성분)는 대마초와 동일할까? 아니다. 단일 분자(바닐린, THC)는 중요하지만 전체를 대표하진 않는다.

먼저 바닐린의 효과는 요리한 음식에서만 나타나는데, 바닐린을 첨가한 음식에서는 바닐라의 풍부한 향이 나지 않는다. 대마초의 주요 성분인

과일인 바닐라콩에서 추출한, 바닐라 향이 나는 방향족 알데하이드의 하나로 무색의 고운 가루(네이버 지식백과).

THC는 오래전부터 주요한 향정신성 물질로 널리 알려져왔다. 그 분자만을 얻기 위해 농부들은 사람을 확실히 취하게 할 식물을 만들었는데, 여기에는 대마초의 또 다른 활성 분자인 CBD의 향정신성 효과(치료 효과)가 충분하지 않았다. 이런!

그리고 이 대목을 쓰는 현재, 과학 문헌과 대마초 재배 농가 양쪽에서 새로운 대마초 분자인 CBG가 주목을 끌고 있다.[8] 일설에 따르면 CBG의 효능이 CBD의 효능보다 훨씬 높다고 한다. 글쎄다. 어쨌든 그 분자를 연구 대상의 지위로 끌어올린 것은 인간의 발견이다.

우리가 발견했다고 해서 분자의 효과는 조금도 변하지 않는다. 우리는 종종 어떤 효과(예를 들어 행동 효과, 치료 효과, 분자 효과)를 그 효과에 대한 우리의 **이해**와 혼동한다. 무엇이 어떤 작용을 하든, 우리가 생각하는 것(또는 아는 것)과 같지는 않다.

자만심과 기술력의 조합 덕분에 인간은 이러한 실수를 끝도 없이 반복한다. '불소 함유 수돗물'부터 의도치 않은 결과가 숨어 있는 저장성 식품에 이르기까지, 햇빛 노출로 인한 많은 문제부터 유전자 변형GMO 식품의 안전성 문제에 이르기까지, 우리는 끊임없이 환원주의적 사고에 유혹당하고, 진실은 복잡한데도 단순할 것이라 상상하면서 길을 잃는다. 환원주의는 특히 우리 몸이나 마음과 관련해서 명백히 우리를 해치고 있다. 심지어 이따금 우리를 죽인다.

20세기 초, 불소가 충치 감소와 관련 있음이 밝혀졌다. 그 후 충치 예방을 위해 많은 도시에서 수돗물에 불소를 첨가했다.[9] 하지만 수돗물에 들어간 불소는 자연에 퍼져 있거나 음식에 들어 있는 분자 형태가 아니라 산업 과정에서 나온 부산물이었다. 이것이 불소화를 반대하는 포인트다. 더욱이 불소화 수돗물에 노출된 어린이들에게 신경독성이 발견됐고,[10] 갑상선 기능 저하증과 불소화 수돗물 간의 상관관계가 확인되었으며,[11] 이 물속에서 지낸 연어는 태어난 하천으로 회귀하는 능력을 상실했다는 연구 결과도 있다.[12]

불소는 건강에 아무 비용도 초래하지 않는 충치 예방의 특효약일까? 아무래도 아닌 듯하다. 하지만 더 중요한 것이 있다. 마법의 해결책, 즉 조건에 상관없이 모든 사람에게 보편적으로 적용할 수 있는 간단한 해법을 찾는 것은 발상부터 잘못되었다. 그렇게 쉬운 일이라면 자연선택이 틀림없이 방도를 찾았을 것이다. 당신이 기가 막히게 좋은 해결책을 발견한 것 같은가? 그렇다면 숨겨진 비용을 열심히 찾아보라. 체스터튼의 울타리를 기억하고.

현대의 식품 산업은 가공식품의 저장성을 통해 수익을 올린다. 식료품점 안에 있는 식품은 거의 다 유통 기한이 여러 주, 심지어 여러 달이다. 음식에서 곰팡이가 피지 않도록 하는 건 분명 바람직하지만, 그로 인해 어떤 비용이 발생할까? 항진균제인 프로피온산은 곰팡이 성장을 억제해서 가공식품의 주요 첨가제로 사용되지만, 이 물질이 자궁 안에 있으면 태아의 뇌세포에 영향을 미치고, 아동기에 자폐스펙트럼장애로 진단받는 비율이 높아진다.[13] '저장성'에 비용이 따르는 것은 그리 놀랍지 않다.

극지방에 살거나 집 밖에 잘 나가지 않는 사람은 저신장 장애가 오거나 뼈가 무르고 휘는, 이른바 구루병에 잘 걸린다. 비타민 D가 부족해서였다. 현대인은 영양제를 좋아하기 때문에 비타민 D만 따로 추출해서 만든 제품이나 비타민 D를 첨가한 우유를 구입한다. 하지만 인류 역사는 이를 두고 뭐라고 말할까?

첫 번째 밀레니엄(1세기부터 10세기까지) 말에 바이킹족은 다른 북유럽인과는 달리 구루병에 걸리지 않았다. 알고 보니 대구가 풍부하게 포함된 밥상 덕분이었다. 대구가 그들의 건강과 힘을 유지해준 것이다. 하지만 그들은 몰랐다. 바이킹족이 비타민 D를 증류해서 만든 정제나 드링크제를 먹으면서 건강을 유지하지 않았던 건 분명하다.

역사적 증거가 가리키는 바에 따르면, 우리는 대부분 매일 잠깐씩 밖으로 나가 햇빛을 받거나 대구를 먹거나 둘 다 할 수 있다. 하지만 알약이 더 먹기 편하고 신경 쓸 게 없어 편리하다는 이유로 기능식품을 선호한다. 과학주의와 과학을 혼동하는 사람들은 '자신의 건강을 통제하고 있다'고 착각한다. 우리 주변의 얼마나 많은 사람이, 심지어 자기 자신에게조차 "나는 질병을 대비하기 위해 비타민 D를 보충하고 있어!"라고 말하는가 (또는 비타민 C나 피시오일 등 세간에서 인기 있고 편리한 영양제들)!

당연한 얘기지만, 이 환원주의적이고 반역사적인 접근법은 음식에 비타민 D를 넣으면 뼈가 튼튼해진다는 주장의 근거를 하나도 제시하지 못했다.[14] 사실, 비타민 D의 부족은 구루병 및 그와 관련된 질환의 원인이라기보다는 증상일지 모른다. 비타민 D를 첨가하는 것이 해결책은 아니며, 더 나아가 비타민 D의 부족이 정말 문제인지도 우리는 확실히 모른다.

비타민 D를 둘러싼 환원주의적 사고와 관련된 사실이 하나 더 있다. 우리는 지금까지 수십 년 동안 해가 비칠 땐 항상 자외선 차단제를 바르라는 거의 보편적인 권고를 받아왔다.[15] 햇빛에 덜 노출될수록 피부암 발생률이 낮아진다는 논리다. 틀린 말은 아니다. 하지만 햇빛에 덜 노출되면 어떤 문제가 불거지는지 생각해보라. 혈압이 높아진다. 그리고 혈압이 높아지면 심장병과 뇌졸중 발생률이 올라간다. 햇빛을 피하는 사람들이 햇빛을 찾아나서는 사람들보다 전반적으로 사망률이 높다.

스웨덴 여성을 대상으로 진행된 한 연구는 다음과 같은 주목할 만한 결과를 보고했다. "햇빛을 피하는 그룹에 속한 비흡연자는 햇빛을 쬐는 그룹에 속한 흡연자와 기대 수명이 비슷하다." 이 사실은 햇빛을 피하는 것이 흡연만큼이나 큰 사망 요인임을 가리킨다.[16] 이렇게 환원주의에 물든 과학주의는 다시 한번 우리를 호도하면서 수많은 죽음의 잠재적 위험 요소가 됐다. 햇빛을 피하고 비타민 D를 섭취하는 것이 좋을까, 아니면 적당히 햇빛을 쬐고 조상이 먹었던 것과 비슷한 식단을 통해 영양분을 얻는 것이 좋을까? 진화적 분석은 후자를 제안한다. 적어도 이 주제에서만큼은 의학 문헌들도 같은 결론을 내리고 있다.

환원주의적인 과학과 건강 정보를 추적한 결과가 이와 같다면, 우리는 GMO 식품이 안전하다는 말을 신뢰할 수 있을까? 지적으로나 경제적으로나 GMO 식품으로 수익을 얻는 사람들이 안전을 보장한다는 이유만으로? 그러지 말라는 것이 우리의 제안이다.

몇몇 GMO 식품은 안전할까? 그럴 것이 거의 확실하다. 모든 GMO 식품이 안전할까? 그렇지 않을 것이 거의 확실하다. 우리는 안전한 것과 그렇지 않은 것을 어떻게 구별할 수 있을까? GMO 식품을 생산하는 사람이 우리를 위해 경계를 늦추지 않으리라고 장담할 수 있을까? 이 질문에 대한 답이 나올 때까지는 사전예방 원칙에 따라 안전한 길로 가는 것이 현명하다

끝으로 짚고 넘어갈 점이 하나 더 있다. 서양 의학의 주요한 성공 사례―수술, 항생제, 백신―는 환원주의 전통에 깊이 뿌리 내리고 있지만,

지금까지 수많은 생명을 구했다는 점이다. 지금 우리가 지적하는 문제는 환원주의적 접근법을 **과도하게** 적용하는 태도다. 간단히 말해서, 질병의 원인은 세균 감염에 있다고 하는 배종설germ theory은 항생제를 발견하고 도입하는 것으로 이어졌고 인류의 건강 증진에 엄청난 혜택을 가져왔다. 그런 이후, 우리는 과도한 일반화로 넘어가서 모든 미생물이 우리에게 해로우리라고 여겼다.

현재 마이크로바이옴microbiome(체내 미생물 생태계)이 우리와 함께 진화했고, 우리의 건강한 위장관에 필수적이라는 사실을 알아가고 있다. 항생제는 서양 의학의 몇 안 되는 강력한 도구지만, 과도한 처방으로 인해 이제는 사람들의 건강을 해치고 있다. 많은 사람이 유익한 미생물의 결핍으로 병에 걸리고 종종 만성 질환을 앓는다. 우리가 기르는 가축도 사정이 같다.

많은 항생제가 의도치 않게 깜짝 놀랄 만한 부작용을 초래한다. 헤더의 경우 항생제의 의도하지 않은 결과를 아킬레스건이 파열되면서 직접 경험했다. 현재 시프로(그리고 같은 플루오로퀴놀린 계열에 속하는 모든 항생제)의 부작용 중 하나가 아킬레스건과 인대 손상이라는 건 널리 알려져 있는데,[17] 불행하게도 헤더는 1990년대 열대 지방에서 연구를 진행할 때 바이러스성 위장염을 막으려고 시프로를 다량 복용했다.

불소화 수돗물부터 오래가는 음식의 항진균제에 이르기까지, 우리는 같은 종류의 실수를 계속 되풀이하고 있다. 현대 세계에는 빠르지만 비용이 많이 들고 위험할 수 있는 치료법이 널리 퍼져 있다. 우리는 환원주의와 과잉 일반화 경향을 결합해서 현대의 건강 지식과 의학이 범한 몇 가지 실수를 설명했다.

의학에 진화를 더하라

진화는 생물학을 아우르는 핵심 이론이다. 하지만 이 말에 함축된 의미는 참으로 미묘해서 의학을 비롯한 생물학의 모든 분야를 휘젓기에 충분하다.

20세기의 위대한 진화생물학자 에른스트 마이어 Ernst Mayr는 근접한 설명과 궁극적 설명이 어떻게 다른지를 공식화했다.[18] 생물학에서 원인과 결과를 분별하려는 시도로 에른스트는 생물학을 두 갈래로 구분했는데, 과학자들조차 아직 그 사실을 잘 모르는 듯하다.

에른스트의 주장에 의하면, **기능생물학** functional biology은 다음과 같이 **어떻게**라는 질문과 관계가 있다. 이 신체 기관은 어떻게 기능할까? 유전자는? 날개는? 이에 대한 답은 근접 차원의 설명이다.

반면에 **진화생물학** evolutionary biology은 **왜**라는 질문과 관계가 있다. 이 기관은 왜 존속할까? 이 유전자는 왜 저 유기체가 아니라 이 유기체에 있을까? 제비의 날개는 왜 이러한 형태로 생겼을까? 이에 대한 답은 궁극 차원의 설명이다.

믿을 만한 과학에는 두 가지 접근법이 모두 필요하며, 실제로 복잡한 적응 체계를 숙고하는 과학자라면 두 영역 모두 능통해야 한다.

어떻게라는 질문, 즉 근접 차원의 분석과 메커니즘에 관한 질문은 **왜**라는 근본적인 질문보다 더 쉽게 관찰하고 입증하고 수량화할 수 있기에 과학과 의학이 연구하는 주요 대상이 됐다. 미디어가 주로 어떻게라는 질문을 짧게 기사화해 번개같이 보도하는 것도 우연의 일치가 아니다.

하지만 이런 근접한 질문이 과학적 대담의 **바로 그** 차원이라고 여기는 경우가 너무나 빈번하다. 이는 누구에게도—왜를 연구하는 사람과 **어떻게**를 연구하는 사람 모두에게—하등 도움이 되지 않는다. 어떤 특성은 메커니즘의 관점에서 이해할 수 있는 범위를 벗어나지만, 그렇다고 해도 궁극 차원의 분석을 거부하지는 않는다. 예를 들어, 우리는 아직 사랑이나 전쟁이 **어떻게** 발생하는지 모르지만, 그렇다고 해서 그것이 **왜** 발생하는지 관찰하는 길을 포기해야 하는 건 아니다.

1973년에 러시아 출신의 미국 유전학자 테오도시우스 도브잔스키 Theodosius Dobzhansky는 이렇게 말했다. "생물학에서는 진화에 비추어보지 않으면 어떤 것도 이해할 수가 없다."[19] 의학은 깊이 들어가면 생물학이다. 물론 이 말은, 지금 진행되는 의학 연구가 사고하는 방식이나 질문하는 방식에 있어서 대부분 진화적이란 뜻은 아니다.

오로지 근접한 질문에 전념하는 경향과 환원주의적 편향을 결합해보라. 그러면 눈가리개를 하고 앞만 보는 의학이 탄생한다. 시야가 좁고 편협하다. 서양 의학의 위대한 정복—수술, 항생제, 백신—은 지나치게 부풀려져 적용하지 말아야 할 사례에 무수히 적용돼왔다. 당신이 가진 것이 칼과 알약과 주사뿐일 땐, 칼로 째고 약을 먹이면 온 세상이 좋아질 것처럼 보인다.

심지어 접골도 진화의 렌즈로 재조사해야 한다. 뼈와 연조직은 물리적 힘에 반응한다. 즉 사용되는 과정에서 강해진다. 충격이나 변화를 통해서도 강해진다. 하지만 현대인은 뼈가 부러졌을 때, 그것이 팔다리의 긴 뼈라면 깁스붕대를 하고 6주 동안 완전히 고정시킨다. 그렇게 완전히 보호된 채로 6주가 지났을 때 뼈가 다시 부러질 가능성은 얼마나 될까? 전혀 없다. 그렇지만 뼈와 뼈를 둘러싼 조직이 세상에 대비하지 못할 만큼 약해졌을 가능성은 얼마나 될까? 아주 높다.

이 점에 있어서 뼈는 어린이와 비슷하다. 뼈를 응석받이로 키우지 말아야 한다. 대신 트라우마를 겪기 전과 이후에 세상에 조심스럽게 내놓아야 한다. 그러면 (어떤 상황에서는) 더 빨리 치유돼 일상에 더 일찍 복귀할 수 있다.

2017년 크리스마스에 브렛은 작은아들 토비가 헤더에게 선물한 호버보드(전동바퀴가 달린 보드)를 타다가 손목이 부러지는 사고를 당했다. 브렛은 응급실에 가는 대신 극심한 통증을 견디며 하룻밤을 보냈고, 꽤 심한 통증을 견디며 둘째 날 밤을 보냈다. 그리고 그다음 주에 열린 학회에서 새로운 사람들을 만날 때 악수하지 않으려고 노력했다. 그건 사회적으로 상당히 어색했지만, 처음 며칠이 지나자 신체적으로는 별로 어색하지 않았다. 브렛은 깁스를 하지 않았고, 2주가 지나자 기동성과 힘을 거의 완전히 되찾았다. 그리고 4주 차에는 새로 태어난 사람처럼 멀쩡했다.

1년 반 후, 열세 살이던 토비는 집에서 멀리 떨어진 야영장에서 캠핑을 하던 중 마지막 날에 높은 밧줄 그네에서 떨어졌다. 토비는 떨어질 때 자신의 머리와 목을 보호했고, 그 대가로 팔이 부러졌다. 야영장은 캘리포니아 북부의 오지인 트리니티 알프스에 있었기 때문에 우리는 오리건주 애시랜드의 응급실로 아이를 데려갔다. 의사들은 엑스레이로 골절을 확인하고 임시 부목을 대준 뒤 포틀랜드로 돌아가면 정형외과에 가서 후속 조치를 하라고 당부했다. 깁스붕대를 하란 뜻이었다.

우리 가족은 며칠 동안 포틀랜드에 돌아가지 않았다. 토비는 부목을 댄 첫날 밤에 진통제를 먹었음에도 상당한 통증을 호소했다. 다음 날, 우리 네 사람은 애시랜드 외곽에서 5마일(약 8킬로미터)을 하이킹했다. 하이킹을 마치고 빌린 통나무집에 돌아왔을 때 토비가 부목을 떼면 안 되겠느냐고 물었다. 손과 팔이 부어 있었지만, 골절상을 입은 지 24시간 만에 부목을 떼자 손가락이 움직이기 시작했다. 사흘이 되자 통증은 거의 사라졌다. 토비는 진통제를 완전히 끊고 애시랜드의 아름다운 리티아 공원에서 높은 밧줄 구조물을 팔 하나로 기어올랐다.

포틀랜드에 돌아온 후 우리 부부는 토비를 데리고 정형외과를 찾았다. 의사가 말하기를, 샤워할 때를 제외하고는 부목을 항상 차고 있는 한에서 그건 충분히 깁스의 대용이 될 수 있다고 했다. 사고가 난 지 7일이 지났을 때 토비는 부목을 완전히 뗐고, 2주가 지났을 때는 밖에서 자전거를 탔다. 골절당한 지 6주 만에 토비는 마지막 검진에서 완전히 건강하다는 진단을 받았을 뿐만 아니라, 자신의 팔이 얼마나 강하고 능력 있는지를 보여 의료진을 놀라게 했다.

뼈가 부러졌을 때 근접한 접근법을 사용하면, 문제를 확인하고는 응급 조치를 결정하게 된다. 뼈가 부러졌다고? 깁스붕대를 해! 반대로 궁극적 접근법을 적용하면, 우리 조상들이 사바나에서 골절당했을 때 어떠했을지를 깊이 생각하게 된다. 일부는 죽었을 것이다. 감염이 되어, 유해한 환경에 노출이 되어, 육식동물의 공격으로. 하지만 일부는 죽지 않았으며, 통증이 이끄는 대로 나아가면서 가능한 것을 경험했을 것이다. 그 이상은 아니었어도 그 한계까지 활동을 넓혀갔을 것이다.

약으로 통증을 가라앉히면 체내의 피드백 체계가 방해를 받고, 그로 인해 우리가 무엇을 해야 하는지, 무엇을 하지 말아야 하는지를 깨닫지 못하게 된다. 마찬가지로 상처에 따른 부기를 제거한다는 것은 같은 부위가 재차 다칠 가능성이 훨씬 더 커진다는 것을 의미한다. 상처에 따른 부기는 불편하고 거추장스럽지만, 적응적이다. 깁스붕대와 같은 기능을 함으로써 팔다리를 움직이지 못하게 하는 것이다. 당신의 몸이 통증으로, 부기로, 체온으로, 그 밖의 것들로 당신 자신과 대화하게 놔둔다면 더 빠르고 안전하게 일상으로 복귀할 수 있을 것이다.

9장에서 우리는 큰아들 재커리(잭)가 팔이 부러져 골절 수술을 받아야 했던 때를 이야기하며, 환원주의적 사고가 본래 진화적임에도 얼마나 위험한지 더욱 자세히 설명할 것이다. 우리가 마치 모든 골절이 똑같으며 시간의 흐름과 자연스러운 과정만으로 충분히 나을 것처럼 행동했다면, 잭은 지금 몹시 안 좋았을 것이다. 진화의 논리를 채택한다는 것은 우리의 강점을 발견하는 일만은 아니다. 그것은 또한 우리의 약점을 알고, 언제 현대의 기술을 통해 약점을 보완해야 할지 아는 일이다.

⋮⋮⋮ 현시대에 우리는 누구를 믿어야 할까

이번 장에서 우리는 현대 의학에 널리 퍼진 환원주의를 비판했다. 이 현상과 결합해 있는 것이 과도한 새로움의 세계다. 우리가 사는 세계는 너무나 복잡하고, 각기 다른 자리에서 상반된 주장을 펼치는 권위자와 선택이 난무해서 많은 사람이 삶의 길잡이가 되어줄 흔들리지 않는 법칙을 갈망한다. 우리는 최소한 어떤 영역에서는 의식보다 문화에 의지해서 '설정하고 잊어버릴 수 있기'를 바란다. 그러한 바람에서 브랜드 충성이 싹트고, 더 좋은 경로가 있어도 똑같은 길로 출퇴근하며, 부작용이 있음에도 추천받은 약과 식습관을 고수한다.

믿고 따를 기준을 찾을 때 우리는 환원주의적 사고의 포로가 된다. 이때 필요한 것이 길잡이가 되어줄 유연하고도 논리에 기초한 진화적 사고다.

2020년 2월, 코로나바이러스COVID-19가 유행하기 시작했을 때 세계보건기구와 미국의 보건총감은 코로나바이러스를 막는 데 "마스크가 도움되지 않는다"라고 거듭 공언했다.[20] 이 문제에서만큼은 너무 많은 사람이 논리적으로 직접 생각하기보다는 권위자의 말을 경청했다. 마스크가 소용없다면 의료진들은 왜 호흡기 질환 감염에 대비해 마스크를 쓰는 것일까? 뒤늦게 지침이 뒤바뀌자 권위자의 지침을 따른 사람들은 더 이상 권위자를 신뢰하지 않았다. 이 새로운 바이러스의 확산을 막고 위험을 줄일 수 있도록 신중하고 섬세한 접근법을 장려하기에는 이미 대중의 신뢰를 잃은 뒤였다.

단순한 처방은 듣기 좋고 간편해서 믿고 따를 해결책을 찾는 사람에겐 더 쉽게 기억되지만, 그 처방이 말을 듣지 않으면 우리는 기댈 곳이 없어지고 문제를 스스로 해결할 능력도 찾아내지 못한다. 맹목적으로 '과학을 신뢰'하거나 전문가의 지도를 따르기보다는, 적어도 어느 정도는 스스로의 논리에 따라 생각하고 전문가를 가릴 줄 알아야 한다. 자신이 결론에 어떻게 도달했는지를 설명하고 실수했을 때 인정하는 모습을 보인다면 믿을 만한 전문가라 할 수 있다. 다시 한번 강조하지만, 우리의 바람은 여러분이 문제를 더 잘 해결할 수 있도록 도움이 되는 것이다.

현대에 우리가 몸을 어떻게 인식하는가는 우리가 음식을 인식하는 방식에 스며 있다. 우리 몸은 기계고, 그래서 조작하면 쉽게 복종시킬 수 있다는 생각이 음식 문화부터 섭식 장애에 이르기까지 모든 곳에서 작동한다. 다른 문화로 눈을 돌리면 보다 자연스러운 접근법, 신화와 전통에 대한 신뢰와 의존을 보게 된다. 그런 문화에서는 어떤 것을 왜 처방하는지 냉정하게 분석하지 않는다.

no-WEIRD 세계에서는 항생제 부족으로 많은 사람이 사망한다. 하지만 WEIRD 세계에서는 전통과 자급자족에 대한 의존도 부족으로 많은 사람이 사망한다. 둘 다 맞는 말일 수 있다. 다음 장에서는 인류의 역사와 전통과 혁신을 음식에 초점을 맞춰 탐구하고자 한다.

더 나은 삶을 위한 접근법

○ **몸의 소리에 귀 기울여라.** 통증은 우리를 보호하기 위해서 진화했다는 사실을 기억하라. 통증은 지금 환경이 어떤지, 우리 몸이 그 환경에 어떻게 반응하고 있는지를 알려주는 정보다. 어떤 부상은 전문가의 치료가 필요하지만, 어떤 부상은 개입하지 않고 주시하기만 해도 된다. 통증은 불쾌하지만 적응적이므로 그 메시지를 차단하기 전에 다시 한번 생각하라.

○ **몸을 매일 움직여라.**[21] 산책하라. 동작을 뒤섞으라. 항상 같은 동작을 하지 말고 매번 다른 동작으로 움직이라. 가끔은 격렬하게 움직이고, 위험 부담이 큰 경우에는 야외에서 움직이라.

○ **자연에서 시간을 보내라.** 인공적인 것이나 통제와 거리가 멀면 멀수록 좋다. 자연에는 많은 장점이 있다. 무엇보다도 우리가 삶의 모든 것을 통제할 수 없다는 깨달음이 싹트고, 불편함―무더운 날이나 소나기 같은 작은 것일지라도―을 경험하면 그로 인해 삶의 다른 측면에 대한 이해가 조금씩 넓어진다.

○ **최대한 자주 맨발로 지내라.** 굳은살은 자연의 신발로, 다른 어떤 신발보다 촉감 정보를 뇌에 아주 잘 전달한다.[22]

○ **할 수 있다면 의료 문제를 약으로 해결하지 말라.** 항우울제, 항불안제 등은 어떤 이들의 삶은 개선해주지만 최선의 해결책이 아닐 때가 많다. 보통 우리 주변에는 대안이 존재한다. 경미한 수준의 우울증을 비롯한 여러 기분장애는 음식과 충분한 수면, 규칙적인 활동으로 충분히 좋아질 수 있다.[23]

○ **불일치 질환을 조심하라.**[24] 제2형 당뇨병, 죽상동맥경화증, 통풍 같은

질병은 진화적 적응 환경과 우리의 현대 생활이 불일치하기에 발생한다. 또한 진화적인 과거에 비해 급격히 풍요로워진 환경을 반영한다. 그중 적어도 몇 가지는 잘못된 식습관이나 생활 환경 개선 등을 바꾸면 발병을 줄일 수 있다.

○ **다음의 간편한 테스트를 통해 특정 질병에 대한 현대의 '치료법'이 정말 필요한지 평가해보자.** 내가 사는 곳과 비슷한 환경에서 현대 의학이 출현하기 전에 사람들이 그 질병에 걸렸는가? 그렇다면 새로운 해결책은 믿을 만하다. 그렇지 않다면 역사 속에서 해결책을 찾으라.

구루병을 예로 들어보자. 태평양 북서 연안(로키산맥 일대)에 사는 유럽 혈통의 주민들을 떠올려보자. 과거에 북반구 위도에서 사람들이 구루병에 걸렸는가? 이에 대한 한 가지 답으로써 북유럽의 인구집단 중 적어도 몇몇 집단은 구루병에 걸린 적 없다는 증거가 존재한다. 거기에서 답을 찾으라(바이킹족과 대구를 기억하라). 두 번째 답으로 태평양 북서 연안의 원주민은 구루병에 걸린 적 없다. 그들에게 효과 있던 것이 원주민 혈통이 아닌 사람에게는 효과가 없을 수도 있지만, 그럴 가능성은 희박하다. 지리와 관련된 지역의 역사에서 답을 찾아보자.

05

음식과 진화

A HUNTER-GATHERER'S
GUIDE TO THE
21ST CENTURY

어떤 식단이 인간에게 가장 좋을까?

사람들은 오랫동안 이 문제에 골몰해왔다. 그중에서도 WEIRD 사람들이 가장 열심이다. 많은 현대인이 '조상들이 먹었던 것'이라고 여겨지는 식단을 시도해왔다. 하지만 그럴 때 우리는 주로 환원주의적이고 비진화적인 렌즈를 사용한다.

몸의 pH(수소이온 농도지수)를 조절하기 위한 식단부터 혈액형에 기초한 식단, 한두 가지 음식으로 섭식을 제한한 식단(예를 들어 그레이프프루트와 양배추 수프)에 이르기까지 WEIRD 사람들은 무엇을 먹을 것인가 하는 문제에 집착하고 동시에 당혹스러워한다. 일부 계층에서 인기를 끌고 있는 식단 두 가지를 예로 들어보자. 이 두 식단은 비교적 덜 황당한데, 바로 생식과 팔레오(구석기 시대) 식단이다.

생식을 지지하는 사람들은 날것을 먹는 게 가장 건강하고 '가장 자연적인' 식사법이라고 말한다. 요리란 현대인이 음식을 왜곡한 사례라는 것이다. 이건 완전히 틀린 말이다. 인간 계통에서 요리는 아주 오래됐을 뿐만 아니라 요리된 음식은 우리에게 더 많은 열량을 내어준다.[1] 물론 요리하는 과정에서 몇 가지 비타민이 파괴되는 건 사실이지만, 그보다 더 큰 이익이 그 비용을 가볍게 상쇄한다. 완전히 날음식에 의존하는 사람들은 종종 영양 결핍을 보이는데, 채식 위주인 사람이 특히 그렇다. 이들은 대개 말랐고, 그건 여윈 것이지 건강한 것과는 무관하다.[2]

팔레오 식단, 이른바 원시인 식단이 건강하다고 주장하는 사람들도 있다. 곡물과 탄수화물이 거의 없고 지방이 높은 식단을 말한다. 어떤 사람에게는 이 식단이 건강에 좋을 수 있다. 하지만 탄수화물이 풍부한 요리를 즐기는 계통의 사람들—예를 들어 지중해 북쪽 사람들—에게는 이런 식단이 가장 유익하거나 가장 건강하지는 않을 것이다.

게다가 점점 늘어나는 증거에 따르면, 이미 17만 년 전에 초기 인류는 녹말을 함유한 땅속 식물—아프리카 야생감자도 그 친척이다—을 통해서 탄수화물이 풍부한 음식을 먹고 있었다.[3] 따라서 '팔레오 식단'은 어떤 사람들에겐 건강에 좋을지 몰라도 구석기 시대의 생활양식을 특별히 반영한 식단이라고 할 수는 없다.

생식과 팔레오 식단은 오늘날 유행하는 많은 식단 중 일부지만, 그 기저에는 음식에 관한 잘못된 가정이 똑같이 놓여 있다. 첫째, 이 접근법들은 우리가 무엇을 먹어야 하는지에 대한 질문에 보편적인 답이 정해져 있다고 넌지시 말한다. 하지만 의학과 관련해서 살펴봤듯이, 그럴 가능성은 좀체 희박하다. 개인의 발달 차이로 인해서 같은 음식이라도 어떤 사람에게는 건강에 좋을 수 있지만, 이웃에게는 아닐 수도 있다.

예를 들어, 성별 같은 인구통계학적 조건이 당신에게 가장 좋은 음식의 종류에 영향을 미치며, 노화 같은 단순한 조건도 그 답을 변하게 한다. 문화적 차이는 주로 지리에 근거한 요소로, 이 역시 개인의 가장 바람직한 식단에 지대한 영향을 미친다. 또한 그 문화적 차이가 이미 유전자 층위에 진입한 터라 인구 차원에서 특정 음식에 대한 유전적 경향이 나타날 수 있다. 유럽의 목축인과 사하라 베두인족의 락타아제 지속성이 대표적이다.

다시 한번 오메가 원칙을 떠올려보자. 음식처럼 비용이 많이 들고 오래 유지되는 문화적 특성은 적응적이라는 것, 그리고 문화의 적응적 요소는 유전자와 별개가 아니라는 것이 현명한 생각이다.

많은 식단이 드러내는 두 번째 그릇된 가정은 음식을 섭취하는 목적이 단지 생존에 있다는 것이다. 진화적 진실을 직시하자면, 음식 섭취는 생존 이상의 목적이 있다. 음식은 영양분, 비타민, 열량 그 이상이다. 모든 동물, 더욱이 모든 종속영양생물과 마찬가지로 우리도 생존에 필요한 에너지와 영양분을 얻기 위해 먹는다. 하지만 인간과 섹스의 관계처럼 인간과 음식의 관계는 본래의 목적을 뛰어넘었다. 인간이 단지 후손을 생산하기 위해서만 섹스하지 않는 것처럼, 음식도 더 이상 필수 에너지를 채우기 위해 먹는 것이 아니다.

반역사적, 환원주의적으로 식단에 접근하는 사람은 종종 음식을 음식의 성분으로 치환한다. 이 보조식품을 섭취해라, 저 단백질바를 먹어라. 단백질 몇 그램, 알파벳이 붙은 비타민을 한 움큼 먹어라. 그러면 에너지가 솟아나 하루를 거뜬히 날 것이다. 흔한 일이지만, 이러한 접근법은 과도한 새로움을 만들어내고 그 새로움에서 새로운 문제가 튀어나온다. 그리고 우리는 보통 무방비로 그 문제에 맞닥뜨린다.

이 접근법은 실수와 자만심을 양산한다. 20세기에 체스터튼의 요리법은 해체됐다. 체스터튼의 울타리가 암시하듯이, 우리는 요리를 분석하기 전에 요리가 무엇인지를 먼저 이해했어야 했다. 핵심을 외면한 채 우리는 가공식품 생산자가 마음대로 더하고 뺄 수 있는 작은 부분들로 나눠 음식을 손쉽게 정량화하고 상품화했다. 우리는 가공식품을 이용한 최신 취식법—이제부터 B_{12}를 더 많이 섭취하세요!—을 추구하기보다는 진짜 음식을 먹어야 한다. 진짜 음식은 기초 성분이 살아 있는 유기체에서 왔다고 인정할 수 있는 것들이다(소금을 비롯한 몇몇 재료는 예외다).

어떤 것들은 모든 사람에게 맛이 좋고 풍미가 있다. '영양이 풍부하고 즙이 나는' 음식, '짭짤하고 파삭파삭한' 음식, '달고 부드러운' 음식은 문화의 경계를 뛰어넘어 사랑받는다. 우리의 미각은 고기와 지방질, 소금과 설탕이 모두 희귀한 시대에 진화했다. 우리의 입맛도 그에 따라 진화했고, 음식을 섭취할 때 중요한 역할을 한다. 하지만 간과할 수 없는 사실이 있다. 지방, 소금, 설탕을 쉽게 제조해서 아무 식재료에나 넣을 수 있는 체계에서 우리의 입맛은 조작될 수 있고, 실제로 상당히 조작돼 있다. 이 역시 과도한 새로움에서 비롯된 현상이다.

패스트푸드가 많은 사람에게 맛 좋게 느껴지는 것은 우리의 미각을 놓고 벌인 도박에서 이겼기 때문이다. 각각의 요소—기름진 맛, 짠맛, 단맛—에 접근해서 수백 곳의 동일한 가게에서 언제나 똑같은 맛을 주문할 수 있게 한 것이다. 그와 반대로 우리 주방에서 만드는 카르네 아사다(멕시코 전통 바비큐), 갓 구운 토르티야, 여기에 쌀밥과 콩, 피코 데 가요(멕시코 토마토 샐러드), 과카몰리(아보카도를 으깬 것에 양파, 토마토, 고추 등을 섞어 만든 멕시코 요리), 절인 채소는 언제나 영양이 풍부하다(또한 많은 사람에게, 맛을 음미하기로 한 모든 사람에게 맛있게 느껴진다).

가공을 적게 하고, 다양한 재료로 만든 음식은 패스트푸드보다 영양가 면에서 유익하다. 그런 음식을 먹는 것이 우리가 섭취하는 모든 영양분을 알약으로 농축해서 먹는 것보다 유익한 것처럼 말이다. 전체가 부분의 합보다 큰 것이다.

하지만 전체가 부분의 합보다 큰 건 왜일까? 달리 말해서, 왜 전체론적인 접근법이 종종 환원주의적 접근법보다 나은 것일까? 이유는 두 가지다. 첫째, 어떤 체계의 부분들을 알약으로 바꿀 때 그 알약은 체계 전체를 설명하지 못한다. 앞서 논의한 바닐린과 THC를 생각해보자.

둘째, 덜 가공한 형태로 음식을 조합할 때 종종 창발성이 나온다. 예를 들어, 우리 몸은 알약보다는 조합된 음식을 더 효과적으로 이용한다. 함께 요리한 역사가 긴 음식, 예를 들어 중앙아메리카 부족들이 예로부터 먹어온 옥수수와 콩, 호박의 '세 자매'가 대표적이다. 이 세 가지를 함께 먹으면 완전 단백질이 생성된다.

요리의 역사가 이토록 길다는 것은 인간의 발견을 가리키며, 그러한 발견은 대개 무의식적으로 이뤄진다. '냄새가 좋다'는 것이 '건강에 좋다'는 것을 강하게 암시하는 것처럼, '맛이 좋다'는 것도 '건강에 좋다'는 것을 보여주는 확실한 징표다.

환원주의적으로 음식에 접근하는 것이 우리에게 좋지 않은 까닭은, 우리 몸이 정적인 단순한 체계가 아닌 동시에 개인마다 필요한 것이 다르기 때문이다.

인간에게 보편적으로 가장 좋은 식단은 존재하지 않는다. 그런 건 있을 수 없다.

인간의 다양한 진화적 적응 환경에는 몇 가지 기본 식품이 있었다. 안데스에서는 퀴노아와 감자를 항상 식탁에 올렸고, 메소포타미아의 비옥한 초승달 지역에서는 밀[4]과 올리브[5]를 초기부터 재배했으며, 사하라 사막 이남에서는 사탕수수와 기니 참마가 초기에 성공을 거둔 중요한 농작물이었다.[6]

때로는 짧은 기간에 고기가 풍족하게 있었고, 계절적으로 과일이 풍부할 때도 있었다. 일부 지역에서는 틈틈이 식물로 알코올을 만들어 각성제로 사용했다. 그런 곳에서 알코올은 일상적이었지만 절제하는 것이 미덕이었다. 심지어 다량영양소macronutrients의 비율도 문화 간에 편차가 심했다. 이누이트족의 식단은 탄수화물이 거의 없는 고지방 고단백질로, 이는 적도 지방에서 진화한 식단과는 크게 다르다. 그런 차이를 고려할 때 인간에게 보편적으로 가장 좋은 식단은 터무니없어 보인다.

21세기에는 머리로는 그걸 먹는 것이 나쁘다고 생각하면서도 속아 넘어가서 먹게 되는 음식이 지천이다. 값싸고 언제 어디서나 구할 수 있는 초가공식품이 출현하기 전에는 우리의 오래된 심미적 선호 성향이 무엇을 먹을지 알려주는 좋은 길잡이였다. 이제 그 오래된 심미적 선호는 믿을 수 없게 됐다. 먹을 것과 먹지 말아야 할 것을 규정하는 오래된 기준이 과도한 새로움에 밀려난 탓에 좋은 것과 나쁜 것을 구별하려면 의식을 사용해야 한다.

음식에 대한 환원주의적 접근법은 사람과 사람을 연결해주는 음식의 힘을 무시한다는 점에서도 우리에게 이롭지 않다. 당신 자신을 위해 요리하는 것이나 당신과 함께 요리하는 가족이나 친구를 생각해보라. 음식은 축하와 애도의 수단이기도 한데, 영양 중심의 환원주의적 접근법은 그런 뜻깊은 의례를 담아내지 못한다. 문화적 전통을 알아보거나 기억하지도 못하고, 우연한 발견이나 실험을 통해 탄생한 풍성한 맛들을 고려하지 않는다.

오래됐든 새롭든 간에 요리는 원산지─그 요리가 탄생한 땅─를 반영하는 동시에 다른 문화와 장소에서 넘어오게 된 역사를 반영한다. 옥수수, 콩, 호박이라는 세 자매는 여전히 멕시코 음식의 주된 재료이며, 라임, 마늘, 치즈는 스페인 사람들이 신세계에 소개한 뒤 멕시코 음식에 맛있게 통합됐다.

인간은 단백질과 칼륨, 비타민 C만을 필요로 하지 않는다. 우리는 일반적으로 조상이 경험한 것과 비슷한 맥락에서 음식을 먹을 필요가 있다. 또한 문화와의 연결도 필요하다. 함께 앉아서 음식을 먹을 때, 특히 직접 만든 빵을 나눠 먹을 때 우리는 열량보다 훨씬 더 크고 중요한 것을 얻는다.

이제 우리가 무엇을 먹고 있는지를 가장 잘 이해하는 방법으로써, 우리의 진화사를 살펴보자.

도구와 불 그리고 요리

인간이 침팬지와 나뉘기 오래전부터 우리는 도구를 이용해 환경으로부터 음식을 얻어냈다. 현대 침팬지─600만 년 전에 우리와 갈라진 그 동물이 아니다─는 도구를 사용해서 음식을 얻어낸다는 증거를 꽤 많이 보여준다. 일부는 견과를 깰 때 돌을 사용한다.[7] 동물학자 제인 구달Jane Goodall은 곰베국립공원에서 침팬지들의 '흰개미 낚시'를 처음 목격했다. 침팬지들은 흰개미 굴 안에 나뭇가지를 쑤셔 넣은 뒤 가지에 딸려 나온

흰개미를 훑어 먹는다.[8]

현생 인류와 현생 침팬지는 둘 다 꿀을 무척 좋아하고 열심히 찾아다 닌다. 이때 꿀을 얻기 위해 비슷한 수단을 사용한다. 막대기를 틈새에 집 어넣은 뒤 거기에 묻은 꿀을 핥아먹는 것이다. 하지만 동아프리카에서 수 렵과 채집을 하는 하드자족 사냥꾼은 두 가지 도구를 더 사용해 침팬지보 다 훨씬 더 많은 꿀을 획득한다. 첫째, 도끼를 사용해 더 정밀하게 꿀에 도 달한다. 둘째, 연기로 벌을 쫓아낸 뒤 훨씬 더 안전하게 꿀을 채취한다.[9]

600만 년 전에 인간과 침팬지가 갈라진 뒤로 우리의 도구 제작 능력은 일취월장하고 다양화됐다. 330만 년전 우리 조상은 석기를 사용했다.[10] 250만 년 전에는 사냥하거나 주워온 동물 사체를 해체하고 뼈에서 골수 를 추출하는 데 석기를 사용했다.[11]

우리 조상들은 150만 년 넘게 불을 관리해온 것으로 보인다.[12] 물론 불 은 다양한 이득을 가져다주었다. 온기와 빛을 제공하고, 위험한 동물에게 경고와 무기가 됐으며, 친구에게 신호를 보내는 수단이 됐다. 불을 관리 하기 시작하고 얼마 되지 않아 우리는 불로 물도 끓이고, 들고 다닐 수 있 도록 해서 해충을 쫓거나 옷을 말리기도 했다. 금속을 녹여 도구도 만들 었다. 불이 있는 곳에서는 밤에도 서로를 보거나 일할 수 있었고, 주변에 모여서 이야기하거나 연주도 할 수 있었다.

초기에 인류학자, 선교사, 탐험가들은 정반대로 주장했지만,[13] 불이 없 는 인간 문화는 존재하지 않았다. 다윈은 불을 피우는 기술을 두고 "언어 를 제외하고 인간이 한 가장 위대한 발견이었다"라고 말했다.[14]

다윈은 자신의 발언에 대해 자세히 설명하지 않았지만, 인류학자인 리 처드 랭엄 Richard Wrangham이 비슷한 내용으로 가설을 세웠다. 불의 관리와 그에 따른 요리의 발명은 우리를 지금과 같은 인간으로 만드는 데 극히 중요했다고 말이다.[15] 요리의 많은 이점 중 하나는 기생충과 세균의 위험을 줄여 우리의 음식이 더 안전해졌다는 것이다. 요리하면 식물의 독성이 사라져 먹을 수 없었던 걸 먹을 수 있게 된다.[16] 또한 부패하는 일이 줄어들어 음식을 더 오래 저장할 수 있으며, 단단한 식품을 먹기 편하게 부수고 다질 수 있다.

하지만 이런 이점들이 실질적이긴 해도 다음의 이득에는 비할 수가 없다. 요리하면 우리 몸이 음식에서 얻을 수 있는 에너지의 양이 증가한다는 것. 인간이 현존하는 유인원 친척들처럼 날음식에서 충분한 열량을 얻으려면 하루에 다섯 시간씩 음식을 씹어야 한다. 요리는 힘들게 구한 식량 자원을 경제적·효율적으로 사용하게 했으며, 시간과 에너지를 다른 일에 쓰게 했다.[17]

독창적인 문화에는 보통 선조들이 불을 어떻게 사용하게 됐는지를 담은 신화가 있는 반면, 요리의 기원을 전하는 설화는 그보다 적다. 폴리네시아의 파카오포 주민에게는 요리의 기원에 관한 설화가 있다. 그 설화는 이렇다. 탈랑기라는 남자가 마푸이케라는 눈먼 노파에게 가서 불을 나눠 달라고 청했다. 마푸이케가 좀처럼 입을 열지 않아 결국 탈랑기는 노파를 위협했는데, 그가 원한 것은 단지 불이 아니었다. 그는 어떤 물고기를 불로 요리해야 하고, 어떤 물고기를 날로 먹어야 하는지 알고 싶어 했다. 요리는 이때부터 시작됐다는 것이다.[18]

지금까지 알려진 모든 인간 사회에 불이 있었던 것처럼, 인간은 항상 음식을 요리했다.[19] 일단 우리가 요리를 하고, 그렇게 해서 사냥하거나 채집한 식량에서 열량을 알뜰하게 끄집어내자 다른 일에 몰두할 시간이 늘어났다. 함께 음식을 준비하고, 특히 모닥불 주변에 둘러앉아 함께 밥을 먹는 동안 이야기를 풀어놓을 시간이 늘어났다. 요리를 토대로 인간의 음식은 사회적 윤활유이자 문화와 연결의 촉진제로 쓰이게 됐다.

따라서 불 관리는 의식의 탐험을 확대한 증폭기였다고 할 수 있다. 불 덕분에 인간은 함께 꿈꾸고, 새로운 존재 방식을 상상하며, 꿈만 같던 가능성을 함께 현실로 바꿀 수 있었다. 불 사용에 따라 경쟁에서 우위를 점할 방도가 쏟아져나왔다.

불은 음식을 살균해서 보존하는 몇 가지 경로 중 하나였고, 그로 인해 가뭄이나 긴 여행을 무사히 넘길 수 있었다. 여행 중에 물을 건너야 했을 때는 불의 힘을 빌려 쉽게 건널 수 있었다. 많은 경우, 나무의 겉껍질을 태우고 카누를 만들면 처음부터 깎아 만드는 것보다 더 빠르게 배를 만들 수 있었다. 또한 불을 가지고 다닐 수 있게 되자 불 없이 살았던 땅보다 더 추운 영토가 활짝 열렸다. 마침내 지구 전체를 탐험하게 됐다.

또한 불을 제어함으로써 요리가 출현해서 시간과 에너지를 덜게 했고, 결국에는 오늘날과 같이 음식과 요리법이 넘쳐나게 되었다.

야생의 식량을 길들이다

우리는 불을 길들였다. 물론 쉽지 않은 일이었다. 불을 길들이는 것은 식량을 길들이는 것, 즉 식량을 재배하는 것과는 사뭇 달랐다. 불은 사람에게 완전히 무관심하다는 점에서 식량과 다르다. 모든 식량—소금을 비롯한 몇몇 미네랄을 제외하고—은 유기체다. 식량은 생물이며 진화했다. 따라서 식량에는 그 자신의 관심사가 있다(또는 살아 있을 때까지는 있었다). 불은 비생물이라 관심사도 목표도 없다. 불은 생명을 가진 적이 없다.

우리가 먹는 식량 중 어떤 것이 먹히는 것에 관심이 있을까? 다시 말해서, 어떤 식량이 자신의 산물이 다른 유기체에게 먹히길 바라고서 그 산물을 생산할까?

우유와 과일 그리고 꿀. 이게 전부다.

우유는 포유동물이 제 자식에게 먹이려고 생산하는 음식이다. 과일은 식물이 씨앗을 퍼뜨리기 위해 동물을 끌어들이는 방법이다. 블랙베리 관목은 새와 사슴과 토끼를 끌어들이는데, 동물들이 베리를 먹고 멀리 가서 기름진 거름과 함께 씨앗을 배설할 때 진화적 목표를 달성한다. 꿀은 꽃가루를 널리 퍼트리게 하는(수분 작용을 부추기는) 식물의 방법이다. 블루베리 관목은 달콤한 보상을 걸고 여러 종의 벌을 유혹하는데, 벌이 이 꽃에서 저 꽃으로 꽃가루를 운반할 때 번식이라는 진화적 목표를 달성한다.

씨앗은 먹히길 원하지 않는다.[20] 잎도 먹히길 원하지 않는다. 그리고 물론, 우리가 완전히 죽여야만 먹을 수 있는 식량—암소, 연어, 게 등 모든 동물의 살—도 먹히길 원하지 않는다.

하지만 수천 년에 걸쳐 우리는 야생의 식량들을 꾀고 구슬려서 우리와 한 팀이 되게 했다. 설득에 넘어간 식량은 원예업, 농업, 축산업을 받아들이게 됐다. 몇몇 경우에 우리는 그들과 공진화하는 중이다. 우리의 운명이 그들에게 달린 것보다 그들의 운명이 우리에게 더 많이 달린 건 사실이지만, 우리는 그들과 운명을 같이한다.

옥수수, 감자, 밀은 대단히 널리 퍼지고 잘 자라서 인간이 그들을 식량으로 삼지 않아도 지구에서 사라질 위험이 적다. 따라서 이 식물 종들은 우리와 연합을 맺은 덕분에 이득을 보고 있다. 감정적인 이유로 동의하기 어려운 결론처럼 보이겠지만, 가축화된 소, 돼지, 닭도 마찬가지다. 그들을 길들이고 식량으로 삼은 결과, 우리는 그들에게 서식 범위와 개체수를 늘려주고 멸종의 위험을 줄여주었다.

브리티시컬럼비아주 샐리시해Salish Sea에서는 독창적인 양식에 힘입어 대합조개 수가 늘고 크기도 커졌다. 비록 직접적인 비용이 발생했지만 말이다. 양식된 대합조개는 길러지고 먹히면서 야생의 사촌들보다 수를 월등히 부풀렸다.[21] 북아메리카의 평원을 둘러보면 소중한 야생 버펄로는 보기 어려운 반면 소는 헤아릴 수 없이 많다. 따라서 버펄로가 소보다 형편이 낫다고 주장하긴 어렵다.

이 모든 것을 감안할 때 가축화된 종은 진화적 거래로 이득을 본다. 이 결론에 이의를 제기하기는 어렵지 않다. 예를 들어, 닭은 먹히고 나면 더이상 어떤 거래도 할 수 없지만 죽은 닭들이 속했던 닭 개체군을 생각해보면 그 개체군의 다른 구성원들은 여전히 살아서 번성한다. 오래전의 조상이 인간과 한 팀이 되는 걸 거부했다면 그럴 수 있었을까?

진화적 논리를 더 확장해보자. 재배되는 유기체들은 우리에게 유리한 형질을 가짐으로써 적응 우위를 누린다. 다시 말해서, 선택은 인간에게 이득이 되는 형질을 선호한다. 그들은 경작자인 인간을 선호할 기회가 없지만 말이다. 평소에 인간과 인간 편에 선 유기체의 상호주의적 관계가 의심스러웠다면 깊이 생각해볼 이야기다.

✛✛ 빵과 물고기

신약성서에 유명한 이야기가 있다. 예수가 보리빵 다섯 개와 물고기 두 마리를 늘려서 5,000명을 배불리 먹였다는 이야기다. 네 권의 복음서에 이 이야기가 빠짐없이 등장한다는 사실은 우리에게 생각할 거리를 안겨준다. 사람들이 흔히 생각하는 이야기의 초점은 예수가 행했다는 그 기적일 것이다. 그런데 어떤 음식을 선택해야 많은 사람이 먹을 수 있을까? 아마도 '보리빵과 물고기'에는 우리가 상상하는 것보다 더 깊은 의미가 있을지도 모른다.

농업은 1만 2000년 전부터 여러 번 따로따로 등장했다.[22] 여러분은 농업에 이어 탄생한 빵이야말로 새로 재배한 곡물의 영양분을 보존하고 운반하는 영특한 방법이라고 생각했을 것이다. 하지만 적어도 한 문화에서는 농업보다 빵이 먼저 생겨났다. 그것도 상당히 앞선 시기에. 현재 요르단 지역의 고대 나투프인은 농사를 짓기 최소 4000년 전에 빵을 만들어 먹고 있었다.[23]

나투프인은 아인콘einkorn(현대 밀의 조상)의 전신인 야생종 씨앗과 덩이줄기 뿌리를 갈아 밀가루를 만들고, 그 밀가루로 납작하고 둥근 빵을 만들었다. 여행을 위해서였을 것이다. 이 납작한 빵은 씨앗과 덩이줄기에 비해 가볍고, 영양분이 풍부하고, 운반하기 좋은 데다 유통 기한이 길다는 장점이 있었다.

농업은 야생 식물을 수확하는 것에 비해 무수한 이득을 안겨준다. 농부는 이제 공간과 시간을 더 잘 통제한다. 어디에서 식량을 찾으면 될지 알 수 있고, 수확 시기를 조정할 수 있다. 작물 재배는 가치 있는 것(예를 들어 큰 과일, 고지방 함량, 원할 때 쉽게 접근할 수 있는 품종)을 선택하고, 반대로 가치 없는 것(예를 들어 천적을 물리치기 위한 독성)을 도태시킨다.

하지만 우리는 농사짓기 오래전부터 정신적으로는 물론이고 문화적으로도 인간이었다. 요리는 농업보다 훨씬 오래됐을 뿐만 아니라[24] 아주 유용한 도구인 그릇을 탄생시켰다. 중국에서 도기는 농사짓기 전 1만 년 동안 이미 존재하고 있었다.[25] 토기의 쓰임새는 분명 사냥하거나 채집한 식재료를 요리하는 것이었다. 식품을 발효시키거나 보존하는 용도 외에 알코올음료를 제조하는 데도 쓰였다. 현생 인류는 기본적으로 알코올을 사회적 윤활유로 여기는데, 실은 상하기 쉬운 음식을 열량 높게 보존하는 훌륭한 방법이다. 맥주는 여러 가지 측면에서 액체로 된 빵이다.

우리가 현생 인류로 진화하는 과정에서 불, 요리, 도구가 중요했듯이 농업도 인간 사회를 점령한 뒤로는 엄청난 변화들을 불러일으켰다. 그중 몇 가지를 꼽아보면 다음과 같다. 유목 생활에서 정착 및 주거 생활로 바뀌었으며, 개인의 분업 확대로 전업 기술자가 탄생하고 이후 직업과 예술, 과학이 갈수록 정교해지고 확대되었다. 상업을 비롯한 경제 분야가 생겨났으며, 정치 구조가 체계화됐다. 개인 사이에 불일치가 확대되고, 성 역할(7장에서 다시 살펴보겠다)이 변했다.

그런데 보리빵과 물고기의 이야기에서 물고기는 어떻게 됐을까?

석기, 불, 요리는 모두 인간 구조와 사회 구조의 변화로 이어졌다. 마찬가지로 물고기와 거북이를 비롯한 연안 식량을 섭취하는 것은 우리가 큰 뇌를 발달시키는 데 도움이 됐다.[26] 연안과 하천에서 하는 낚시는 정교한 도구와 공동 사냥 기술이 없는 사람들에겐 대형 육상 포유류를 사냥하는 것보다 덜 위험하고 접근하기도 쉬웠다.[27] 수많은 증거에 따르면, 우리는

1만여 년 동안 해안선을 따라 이주했는데, 이는 물속에 사는 동물이 우리 식단에서 주요 식재료가 된 시점과 일치한다.[28]

기니의 님바 산맥에선 침팬지가 게를 낚는 것이 목격됐다. 이를 비슷한 서식지에서 사는 초기 인간으로 확대해볼 때, 우리의 초기 밥상에는 다수의 물고기와 그 밖의 수생 동물이 포함됐다고 추론할 수 있다.[29] 신세계로 넘어오는 길목에서 연어 낚시를 전문으로 했던 베링인은 고대의 정보에 근거해서 기술을 개선했을 것이다. 물고기 섭취는 초기 인류의 진화라는 퍼즐에서 결정적인 조각이었을지 모른다.

수백만의 수렵채집인이 거주했던 선사의 세계는 1만 년 이내에 10억 명이 전통에 따라 농작물을 소비하는 세계로 바뀌었다. 지난 200년 사이에는 한 걸음 더 나아가 화석 연료에 기반한 집약적이고 지속 불가능한 농업에 70억 인구가 의존하는 세계로 변모했다. 그들 중 서로 접촉하는 사람은 아주 작은 비율에 불과하다.

음식의 기원과 관계를 약간이나마 유지하는 사람—식량을 직접 기르거나 제철에 열매를 따거나 지역 농산물 시장에서 생산자와 대화하는 사람—은 그 기원의 복잡성과 재료의 가치, 다양한 전통 요리가 공유하는 요소를 소중하게 생각할 것이다. 또한 음식의 기원과 역사를 어느 정도 이해하는 사람은 에너지 음료가 음식을 완전히 대체할 수 있다는 착각에 덜 빠질 것이다.

‡‡‡ 추수 감사제

헤더는 마다가스카르 북부에서 독개구리의 성생활에 관한 현장 연구를 마쳤을 때, 그 지역 원로의 초대를 받아 유골 정리 의식인 러투르네몽retournement을 사진에 담을 수 있었다.

해마다 열리는 이 의식에서 주민들은 추수를 끝낸 뒤 몇몇 조상을 선정해 그 뼈를 발굴한다. 최근에 죽어 관에 모신 조상은 천으로 다시 감싸 더 작은 유골함에 넣는다. 이미 유골함에 있는 조상은 새로운 천으로 정갈하게 감싼다. 죽은 자들이 나와서 돌아다니는 동안 산 자들은 그들과 인사를 하고 지난 1년간의 큰 사건들—한 해 수확량과 태풍, 출산, 결혼—을 잊지 않고 이야기한다.

헤더가 행사를 목격한 날, 조상들은 우리 눈에 보이지 않게 몸을 숨기고 있었겠지만 의식은 행사가 끝난 뒤에도 거의 24시간 동안 계속됐다.

주민들은 그 지역에서 만든 독주와 토아카 가시toaka gasy(하급 럼주)를 단숨에 들이키는 것으로 시작했다. 이어서 제부(뿔이 길고 등에 혹이 있는 소)라는 가축을 제물로 바치는 의식을 거행했다. 제부는 마다가스카르 고원에서는 흔히 볼 수 있지만, 여기 다습한 저지대 숲에서는 보기 드문 귀한 동물이다. 어른과 아이들이 지켜보는 가운데 도살은 조용히 끝났고, 그 후 태양이 이글거리는 한낮에 내장육이 바나나 잎 위에 펼쳐졌다. 한 남자와 여자에게 '귀신을 물리치는' 임무가 맡겨진 가운데 마침내 초저녁에 축제가 시작됐다. 잘 모르는 관찰자로서 헤더가 보기엔 경비를 서는 남녀는 주로 닭을 쫓아내는 일에 능숙한 것 같았다.

원로가 일어나서 주민—조상과 산 자 모두—에게 연설했다. 말라가

시어로 말해서 헤더나 연구 조교는 알아듣지 못했지만, 청중에게는 효과가 분명한 듯 보였다. 원로의 어조는 진지한 존경과 유쾌한 추억을 자유자재로 넘나들었고, 농담도 잘 먹혀들었다. 모두에게 사랑받는 사람임이 분명했다. 언젠가는 산 자 중 누군가가 그를 조상으로 모셔놓고 그와 똑같이 연설할 것이다.

연설이 끝나자 축제는 떠들썩해졌다. 밤샘 축제가 시작되기 전에 몇 시간 동안 음악과 춤과 토아카 가시가 이어졌다. 한 줄로 늘어선 여자들이 엉덩이를 흔들며 춤추고 노래를 불렀다. 그리고 때때로 남자를 붙잡아 그 무리로 끌고 들어갔다. 그 밤의 축제, 특히 제부 고기는 앞으로도 오래 기억날 것이다.

마다가스카르는 축제의 땅이다. 또한 극히 가난하다. 평상시 주식으로는 쌀과 라오나팡고ranonapango(누룽지를 끓인 물로 일상적으로 국민 음료라고 부른다)를 먹는다. 거리에서 마주칠 때 흔히 하는 인사는, 심지어 낯선 사람들에게조차 "오늘 밥 몇 그릇 먹었어요?"다. 그릇 수가 높으면 상대적으로 부유함을 나타낸다. 즉 배고픔에서 한 발짝 떨어져 있다는 걸 가리킨다.

왜 마다가스카르 사람들은 온 나라가 굶주리고 있음에도 계속 축제를 여는 것일까? 이건 또 다른 역설이고, 이 역설은 우리가 보기에는 보물 지도와 같다. 역설이 보이면 계속 파야 한다.

자연은 낭비하지 않는다. 따라서 낭비가 보이는 것 같으면—거대한 마야 신전에서 마다가스카르 사람들이 축제를 하거나 다람쥐가 봄에 파내어 먹을 수 있는 것보다 더 많은 양의 도토리를 파묻을 때—잘못된 렌즈를 통해 보고 있는 것은 아닌지 생각해봐야 한다. 평범한 도구로는 보이지 않는 장기 전략이 있을 수 있다.

뒤로 물러나서 여러 세대에 초점을 맞출 때 환경 수용력—주어진 시간과 환경에서 생존할 수 있는 개체의 한계 수—은 안정적인 듯 보인다. 하지만 가까이 다가가서 들여다보면 환경 수용력은 크게 동요하고, 시공간적으로 더 가까이 다가갈수록 바늘은 극심하게 요동친다. 농경인에게 이는 호황기와 불황기가 교대하는 것과 같다. 어느 해에 수확이 평균 예상치를 웃돈다면 다음 해에는 평균치를 밑돈다. 출생률이 변덕스러운 수확량을 따라잡는다면, 모든 해의 절반에는 나눌 자원이 충분하지 않을 것이다. 그런 해에는 자연스럽게 갈등과 분열이 폭증하고, 장기적으로는 계통의 종말을 알리는 서곡이 된다.

이 문제를 해결하려면 잉여 자원을 생산적으로 써서 남는 자원이 태어난 아기에게로 더 많이 가지 않도록 해야 한다. 아기들은 충족할 수 없는 수요를 안고 태어나기 때문이다. 축제는 이러한 사정을 명시적으로 보여주는 의례다. 새로운 입보다는 유대에 투자할 때 그 인구집단은 수확의 편차 때문에 주기적으로 발생하는 예측 가능한 재난을 피할 수 있게 된다.

호황기와 불황기를 완화하는 '네 번째 개척지'는 마지막 장에서 다시 살펴보겠지만, 이것이 인간과 식량 간의 오랜 관계의 한 측면이다.

더 나은 삶을 위한 접근법

이 부분은 신코셔New Kosher라고 할 수 있다. 코셔란 유대교의 율법에 따라 식재료를 선택하고 조리한 음식을 일컫는다. 고대의 율법은 대부분 구식이 됐지만, 그렇다고 해서 우리가 언제 무엇을 어떻게 먹어야 하는지에 대한 규칙을 사용하지 말아야 한다는 뜻은 아니다.

○ **슈퍼마켓 입구에서 걸음을 멈춰라.**[30] 슈퍼마켓보다는 직거래 장터에서 식료품을 구하라. 슈퍼마켓 안에서 파는 거의 모든 식품에는 장기적인 영향이 확인되지 않은 방법을 통한 설탕과 소금, 조미료가 잔뜩 들어 있다. 코카잎을 씹는 것이 코카인을 흡입하는 것과 같지 않은 것처럼 사탕수수를 씹는 것도 정제 설탕을 먹는 것과는 다르다. 고도로 정제된 식품(일명 '초가공식품')은 플라스틱과 함께 과도한 새로움의 또 다른 사례다. 따라서 플라스틱에 포장된 음식을 피하고, 특히 뜨거운 음식이 플라스틱에 닿지 않도록 하라.

○ **GMO 식품을 피하라.** GMO 식품 그 자체는 위험이나 안전과는 무관하다. 하지만 GMO 식품은 농부가 수천 년간 행해온 인위적인 선택과는 다르다. 농부가 번식할 동식물을 택할 때, 어떤 특성을 강화하고 어떤 특성을 억제할 것인지는 이미 선택이 작용하고 있는 환경 안에서 이뤄진다. 그런데 과학자가 그 유전자를 가져본 적 없는 유기체에 새로운 유전자를 끼워 넣는 것은 완전히 새로운 경기장을 만드는 것과 같다. 때로는 운이 좋아 인간에게 유익하고 도움이 되는 결과를 낳겠지만, 때로는 운이 따르지 않을 것이다. 인간이 과도하게 새로운 기술을 사용해서 만들어낸 기상

천외한 생명체는 본질상 안전할 수가 없다. 그렇지 않다고 말하는 사람은 그가 누구든 잘못 판단했거나 거짓말을 하는 중이다.

○ **음식에 대한 자신의 혐오 또는 갈망을 존중하라.** 이런 태도는 특히 운동 후, 병치레 후, 임신 중과 출산 후에 중요하다(당신의 갈망이 진짜 음식을 반영하고 특별한 위험을 수반하지 않는 한에서).[31]

○ **아이들을 다양한 자연식품에 노출시켜라.** 특히 당신 요리의 바탕(문화적·전통적 배경)과 아이들을 연결해주는 음식이 바람직하다. 아이들 앞에 내놓은 음식을 함께 먹으면서 누가 봐도 맛있게 즐기라. 항상 제철 재료를 사용하고, 아이들이 과일을 발견하면 반드시 맛보게 하라. 아이들이 스스로 취향을 기르고, 다양한 자연식품을 언제 어떻게 찾을 수 있는지 배우도록 장려하라.

○ **자신의 민족성을 고려하고 민족의 요리 전통을 안내자로 삼으라.** 당신이 이탈리아인이라면 뭘 먹어야 할지에 대한 단서를 이탈리아 음식에서 찾으라. 일본인이라면 일본 음식에서 찾고. 특히 가정식 전통에 눈을 돌리라. 레스토랑을 대표하는 음식은 대부분 맛이 있지만, 전통에 속한 음식 중 극히 일부에 불과하기 때문이다.

○ **식품을 성분으로 환원하지 말라.** 탄수화물과 섬유질, 피시오일과 엽산 등으로 환원하지 말라. 식품이란 그걸 이루는 동식물, 맨 처음 사용한 문화, 전 세계에서 요리하고 먹는 수많은 방식이라고 생각하라.

○ **자기 주변에 음식이 널려 있게 하지 말라.** 대부분의 역사에서 인간 사회는 의례적인 축제와 긴 절약의 시기를 통해 호황기와 불황기를 완화해왔다. 하지만 최근에 농업은 식품을 보존하기 어려울 때—긴 가뭄이나

흉작—대비하는 능력을 끌어올렸다. 우리의 현대적인 뇌는 최대한 많은 열량을 원하지만, 고대의 몸은 후일을 위해 저장하고 싶어 한다. 열량이 부족하고 이용할 수 있는 양이 불투명할 때 이러한 신진대사의 방향은 꽤 합리적이다. 수렵채집인이 벌을 따돌리고 손에 넣을 수 있는 꿀을 발견했다면, 그와 친구들은 언제 또다시 당을 양껏 섭취할 기회가 올지 모르니 눈앞의 꿀을 최대한 먹어 치울 것이다.[32] 하지만 식량 자원이 더 이상 부족하지 않은 시대에 폭식하는 것은 효과적인 전략이 아니다. 식량난이 찾아오기는커녕 우리 주위에는 폭식에 빠질 기회가 널려 있다. 24시간 편의점이 권하는 과도한 새로움을 멀리하기 위해서는 진화가 우리에게 물려준 충동을 현명하게 억제해야 한다.

○ **인간에게 음식은 사회적 윤활유라는 사실을 항상 기억하라.** 드라이브 스루 식당을 통과한 후 차에서 혼자 밥 먹는 것은 새로운 현상이다. 이러한 방식은 우리와 음식, 우리 몸과 몸의 필요, 또는 사람과 사람을 연결해주지 않는다.

06

수면과 빛

A HUNTER-GATHERER'S
GUIDE TO THE
21ST CENTURY

언뜻 보기에 수면은 미스터리다.

외계인이 지구를 찾는다면, 우리가 매일 혼절과 비슷한 상태에 빠진다는 사실에 어리둥절할 것이다. 더군다나 마비 상태에서 기기묘묘한 환각을 경험하고 낯선 인물들과 상호작용을 하다니! 물론 전혀 놀라지 않을수도 있다. 자기 힘으로 지구에 올 능력 있는 외계인이라면 거의 틀림없이 잠을 자고 꿈을 꿀 테니까.

그럴 일은 없겠지만, 가까스로 지구를 찾은 외계인이 지금 우리처럼 고대의 뇌와 몸의 조화가 깨져 수면장애를 겪을지도 모른다. 외계인이라도행성 간의 여행에 통달하기 위해서는—최고의 임무를 수행하려면—먼저 수면 문제를 해결해야만 했을 것이다. 이 장 후반에서 우리 현생 인류가 수면장애를 벗어날 수 있는 몇 가지 방법을 살펴보겠다.

과학자들이 수많은 동물에게 "너희도 잠을 자니?"라고 물으면 돌아오는 대답은 항상 "네, 그래요"였다.[1] 이는 우리를 **왜**라는 질문으로 이끈다.

수면이 우리 삶의 일부가 된 것은 간단한 맞거래의 결과였다. 낮과 밤에 모두 최적화된 눈을 만들어내기란 불가능하다. 설령 두 쌍의 눈을 가진다 해도 낮과 밤 모두에 최적화된 시각 피질을 형성하기란 불가능할 것이다. 뇌의 크기와 에너지 공급을 엄청나게 늘려야 하기 때문이다. 이때 우리는 궁지에 몰린다. 낮이나 밤이나 특화되지 않는 별 볼 일 없는 눈을 가질 것인가? 아니면 어느 한 조건을 특화하는 대신 다른 조건을 희생시킬 것인가?

자연에는 모든 해결책이 있다. 낮 전문가는 주행성이고, 밤 전문가는 야행성이다. 황혼 전문가는 박명박모성crepuscular이다. 작은 영양은 낮에, 나이팅게일은 밤에, 카피바라는 황혼에 활동한다. 모든 해결책이 맞거래의 산물이다.

다른 모든 조건이 동등할 때, 일단 눈이 있으면 낮보다는 밤이 더 어렵다. 낮에는 우주에서 공짜 경품이 쏟아진다. 태양이 엄청난 수의 광자를 흩뿌리면, 그 광자들이 표면에 부딪혀서 광수용기(눈과 같이 빛을 감지하는 기관)를 가진 존재들에게 만물이 어디 있는지를 밝혀준다. 이건 엄청난 선물이다. (물론 100퍼센트 확실하게 다음과 같이 말할 수도 있다. 야행성도 나름 이점이 있다. 낮에 활동하는 경쟁자가 없는 것이다. 하지만 주행성이든 야행성이든 박명박모성이든 누구나 지구가 자전하는 중에 한 번은 잠을 잔다.)

우리는 수백만 년을 이어온 주행성 계통의 후손이다. 자연에 야행성 유인원은 없고, 야행성 원숭이도 거의 없으므로, 우리의 주행성은 모두 진원류(고등의 원숭이류로 인류가 포함됨)의 최근 공통 조상으로 거슬러 올라간다. 태양에서 눈부시게 쏟아지는 경품 때문에 동물은 주행성인 것이 유리하다. 게다가 진화사에서 우리는 주행성 동물로서 오랜 역사를 갖고 있다. 이쯤에서 다음과 같은 질문이 고개를 든다. 그럼 밤에는 뭘 하지?

수면은 에너지를 저축한다. 당신의 눈이 밤에 적응하지 않았다면, 생태학적인 면에서 어두울 때 생산성을 구현하려는 노력은 낭비(봐야 할 것들을 놓치기 때문에)고 위험할 것이다(밤에 특화된 사냥꾼은 당신을 찾아내긴 쉬워도 당신이 놈들을 피하는 건 어려울 테니). 모든 동물은 굶어 죽을 위험이 있다. 따라서 생산성이 높지 않다면 어떻게 잠을 자야 할지 알아내는 것이 최우선이다. 에너지를 아끼는 것은 어떤 면에서 에너지를 발견하는 것 못지않게 가치가 있다. 이제 새로운 질문이 뒤를 잇는다. 우리는 얼마나 자야 할까?

특히 인간의 입장에서는 경이로운 컴퓨터를 어깨 위에 메고 다니다가 밤이 되면 단지 능력 밖이라는 이유로 완전히 꺼버린다는 것은 못내 아쉬운 일이다. 하지만 세계에서 일어나는 일을 눈으로 볼 수 없는 시간에도 이미 본 것을 곰곰이 생각할 수 있다면 아쉬움이 달래진다. 그래서 선택은 우리의 시각 장치에 존재하는 놀라운 계산 능력을 빌려와서 영화를 제작하는 용도로 사용했다. 그 결과, 밤에 우리 몸은 잠들지만 정신은 잠들지 않는다.

잠자는 중에 우리는 미래에 볼 수도 있는 것을 예측하고 상상한다. 가능한 일들을 중심으로 시나리오 한 조각을 짜낸다. 다음번에 어떤 말을 하고 어떤 감정을 느껴야 할지 알기 위해서다.

이쯤에서 예상해볼 때, 지적인 외계인이라면 잠을 즉시 알아볼 것이다. 지구는 여러 면에서 특별하고, 생명이 진화할 수 있는 모든 행성에는 낮과 밤이라는 공통된 특성이 있기 때문이다.[2] 외계인이 지구를 방문할 정도로 복잡하고 영리하고 사교적이라면, 지구와 비슷한 곤란함을 가진 행성으로부터 왔을 것이다. 그곳의 한낮은 눈부시게 환하고, 밤은 칠흑같이 어두울 것이다. 한나절 동안 신체가 잠드는 것은 오래전에 당연한 일이 됐지만, 그 시간에도 정신의 장치는 아주 활발할 것이다.

우리가 아는 수면은 대체로 두 종류다. 렘수면과 비렘NREM수면. 렘수면은 안구가 빠르게 움직이는 상태로 골격근이 이완돼 마비 상태가 되지만 뇌 활동은 활발하다. 비렘수면은 깊은 수면으로 에너지를 적게 사용해 뇌파 활동이 느리고 체온과 심박수가 떨어진다.[3]

모든 동물이 잠을 자지만, 렘수면을 하는 건 포유류와 조류뿐이다. 예외적으로 호주도마뱀이 렘수면의 1차 파동과 같은 뇌파를 보인다.[4] 따라서 서파수면(느린 파형 수면)이 렘수면보다 더 오래됐으며, 두 가지를 모두 경험하는 종에서는 밤에 잘 때 서파수면이 먼저 발생한다.

서파수면을 하는 동안 우리의 뇌는 기억을 고정시킨다. 침팬지를 포함한 대형 유인원의 뇌는 모두 그렇게 한다.[5] 우리의 뇌는 서파수면을 하는 동안 낡고 불필요한 정보를 삭제하고, 깨어 있었을 때 배웠던 기술─타이핑, 스키 타기, 미적분 등─을 숙달한다. "한숨 푹 자고 생각해sleep on it"라는 말은 괜한 게 아니다.

렘수면은 진화사에 뒤늦게 들어왔지만, 우리에게 꿈을 가져왔다. 렘수면을 하는 동안 우리는 감정을 정리하고, 일어난 일을 되돌아보고, 가능했던 과거와 가능한 미래를 상상한다. 렘수면은 창의적인 단계로서 수면의 탐험가 모드인 것이다.

렘수면은 혼란스럽거나 무질서할 수 있는 반면, 서파수면은 렘수면의 일부를 교정하는 역할을 한다고 말할 수 있다. 몸이 수면 상태에 있는 동안에도 정신은 유용하게 활용될 수 있다. 일단 선택이 이 사실을 발견하고 나면, 뒤이어 모든 종류의 유용성을 발견하고 조만간 개체들이 이 상태를 이용하는 능력에 의존하기 시작한다. 우리의 몸과 마음, 언어 활동과 감정 작용, 사회적·행동적 레퍼토리는 모두 수면에 의지한다.[6]

서파수면은 아주 오래돼서 적어도 동물의 기원까지 거슬러 올라간다. 그런 만큼 모든 종류의 회복에 필수적이다. 따라서 수면의 이득은 꿈의 이득보다 훨씬 오래됐지만, 꿈을 꾸는 상태는 수면 상태의 위험을 상쇄하고도 남을 정도로 시나리오를 짜는 데 큰 도움이 된다. 결국 수면의 유익함은 매일 3분의 1씩 신체적 휴면 상태를 겪어야 하는 불리함을 쉽게 능가한다.

⁝⁝⁝ 꿈과 환각

오래전 어느 날 밤, 우리 부부가 잠든 뒤 몇 시간이 흘렀을 때였다. 칠흑같이 어둡고 고요한 순간, 헤더가 벌떡 일어나더니 브렛을 바라보며 말했다. "정말 이 자동차 부품들을 침대에 놔둘 거예요?" 브렛의 대답, "아마도, 그래"라는 말에도 해결될 기미는 전혀 보이지 않았다. 침대 근처에 자동차 부품이 없다는 사실도 이 대화에서는 증거로 인정되기 힘들어 보였다.

처음이 아니었다. 이전에도 헤더는 깊이 잠든 상태에서 보통의 상식으로는 도저히 지어낼 수 없는 말을 하곤 했다. 헤더의 잠꼬대에 반응할 때 브렛은 대개 말꼬리를 흐렸다. 우리 둘 다 멀쩡한 것 같진 않았다. 간밤의 에피소드를 전혀 몰랐음에도 (나중에 깨어나 브렛에게 이야기를 들었을 때) 헤더는 브렛이 어떻게 해야 할지 알고 있었다.

"신경 쓰지 말고 장단만 맞춰 줘. 그러면 금방 끝날 거야."

존재하지 않는 것을 보는 것, 나지 않는 소리를 듣는 것, 사실이 아닌 것을 믿거나 확신하는 것, 자신의 움직임을 통제하지 못하는 것, 존재하지 않는 사람과 대화하는 것.

밝혀진 바에 따르면, 조현병 환자의 증상은 자면서 꿈꾸는 사람의 증상과 희한할 정도로 중첩된다. 모든 사람이 매일 밤 이 단계에 진입한다. 물론 모든 사람이 그 상태에 오래 머물며 수면 중에 말을 하지는 않는다. 우리는 이렇게 평행선을 수시로 달리지 않는다. 꿈꾸는 상태는 대개 마비와 기억상실증을 동반하기 때문이다. 현실과 부딪힘이 있어도 모닝커피가 끓을 즈음에는 고맙게도 기억나지 않는다.

그런데 놀라운 사실이 있다. 우리의 안녕 따위는 안중에도 없는 유기체들―예를 들어 환각버섯이나 역시나 환각 효과가 있는 페요테 선인장―이 바로 그런 경향을 이용하는 것처럼 보이는 것이다.

이를 설명하려면 한 걸음 물러나서 볼 필요가 있다. 일반적으로 유기체―우리를 비롯한 동물과 식물 그리고 균류―는 잡아 먹히길 원하지 않는다. 앞 장에서 봤듯이 우유, 과일, 꿀은 이 원칙에서 예외지만, 일반적으로 유기체는 몸의 일부가 먹히는 걸 막기 위해 공을 많이 들인다. 이를 위한 한 가지 방법이 구조적 장벽―선인장과 고슴도치의 가시, 거북의 겉껍질 등―이다.

또 다른 방법으로 독이 있지만, 효과를 극대화하기엔 너무 허술하다. 만약 어떤 사슴이 여우장갑foxglove(종 모양의 독소가 있는 꽃)을 먹고 죽는다면, 아무것도 모르는 다른 사슴이 그 사슴처럼 될 것이다. 반면에 어떤 사슴이 자신의 밥상에 환각버섯을 올리고 나서 밤늦도록 정신병 증세를 경험한다면, 따끔한 교훈을 얻고 다음번 먹이는 다른 곳에서 찾을지언정 죽지는 않을 것이다.

2차 화합물이란 느슨하게 정의된 식물학 용어로, 그 물질을 만들어낸 유기체에는 작용하지 않고 다른 생물의 체내 경로와 종종 적대적인 방식으로 상호작용하게끔 생산된 물질을 가리킨다.

옻나무 속의 자극 물질은 그 잎을 먹는 초식 동물을 확실하게 돌려세운다. 마찬가지로 감자와 가짓과 식물에는 내생성 살충제가 함유돼 있는데, 글리코알칼로이드계glycoalkaloids(한 개 이상의 당이 결합한 질소 화합물로 복통과 설사를 일으킴)에 속하는 이 물질은 인간에게 치명적이다. 이 순수한 독성 물질과 대비되는 것이 2차 화합물이다.

먼저 캡사이신으로, 고추는 먹을 때 불에 덴 듯한 감각을 유발한다. 따라서 포유동물은 고추 앞에서 대개 식탐을 접는다. 하지만 새는 아랑곳하지 않는다. '매운맛'을 감지하는 수용기가 없기 때문이다. 그다음은 카페인이다. 카페인이 농축된 씨앗은 초식 동물에게 인기가 없지만, 식물 입장에서는 약물을 이용한 사회 공학적 수단일 수 있다. 벌에게 보상물로 카페인이 든 설탕을 줬을 때 벌의 공간 기억력은 세 배나 향상됐다. 감귤류와 커피나무 꽃의 꿀에는 카페인이 함유돼 있다. 꽃가루 매개자인 벌이이 꿀을 맛본다면 기억력이 좋아져 다시 찾아올 것이다.[7]

환각버섯과 맥각균(혈관 수축을 일으켜 지혈제로 쓰이는 균핵), 페요테 선인장과 아야와스카(환각성 음료)의 식물 양조장부터 샐비어(깨꽃)와 소노라사막두꺼비에 이르기까지 다양한 균류와 동식물은 2차 화합물을 생산하는데, 이 물질은 꿈꾸는 상태와 비슷한 방식으로 우리의 생리와 상호작용한다. 그러한 물질 중에 사이키델릭과 엔테오겐이라 불리는 환각제가 있으며, 이들이 미치는 영향은 서사적이고 설명적이다.

우리의 나날은 꿈과 연결돼 있다. 매일 아침 새로운 사람이 됐다고 상상하며 눈을 뜨지 않는 한, 꿈꾸는 덕분에 맥락을 형성하고 나날이 성장한다.

인간은 낮에는 의식이 있고, 밤의 전반부인 비렘수면 중에는 무의식이 된다. 후반부에 렘수면이 시작되면 몸이 마비돼 안전한 오프라인이 된 상태에서 우리는 의식을 빌려온다. 이때 우리의 의식은 이상하고 가상적이며 과장된 허구를 지어낸다. 간혹 그것이 사실일 때도 있다.

집단 구성원의 일부나 전부를 의도적으로 환각 상태에 빠뜨리는 전통은 지금도 많은 문화에서 볼 수 있다. 많은 문화가 자연에서 2차 화합물을 빌려와 깨어 있는 꿈을 유발하고, 그렇게 해서 불쾌한 환각 체험으로 끝날 수도 있는 것을 의식 확장의 중요한 도구로 재탄생시켰다. 이에 대해서는 12장에서 다시 살펴볼 것이다.

많은 문화에서 식물과 균류의 환각성 2차 화합물을 이용해 구성원들의 의식을 확장해온 것처럼, 개인 또한 평화로운 잠을 이루게 하는 수면 의식을 거행하곤 한다. 인간과 가까운 몇몇 친척도 자기 전에 의식을 치른다.

✛✛✛ 정글의 해 질 녘

고대 마야의 도시, 티칼 위로 어둠이 내려앉고 있었다. 지금은 사방이 정글로 변해버린 거대한 유적이 됐지만, 마야인에게 티칼은 상업, 정치, 농업의 중심지였다.

열대우림에서 땅거미는 교대의 시간이다. 주행성 동물은 천천히 하루를 마감하고, 야행성 동물은 깨어나기 시작한다. 박명박모성 동물은 살금살금 움직이며 기회를 노린다. 지금은 그들의 시간이다. 낮의 소리―새소리, 끊임없이 고막을 때리는 매미 소리―는 사라지고, 개구리가 여기저기서 튀어나와 합창을 한다. 수많은 거미가 눈에서 붉은빛을 뿜으며 존재를 드러낸다. 이렇게 주인공이 변하는 까닭은, 낮과 밤 그리고 동틀 녘과 해 질 녘에 모두 활발한 동물이 없기 때문이다.

1990년대 초, 중앙아메리카를 뚫고 긴 여행을 하던 중이었다. 그림자가 길어질 즈음 우리는 티칼의 한 사원 근처에 이르렀다. 열대 지방에선 늘 그렇듯 땅거미가 빠르게 몰려왔다. 사원 바로 옆에서 야영하는 것이 허락된 것은 한참 뒤였다. 어둠이 내리는 사이 우리는 적당한 곳을 골라 텐트를 치고 오늘 하루에 대해 이야기했다.

그때 거미원숭이들이 도착했다. 까마득히 높은 열대우림 상층부에서 원숭이들도 잠잘 준비를 하고 있었다. 그들도 서로 말하고 있었다. 그런데 언어학자와 그 밖의 학자들은 이런 표현에 반대한다. 거미원숭이는 구문론(기호 사이의 형식적 관계를 다루는 이론)이 없거나 구사하는 어휘가 많지도 않고, 그 밖에 언어적 교환이라 할 수 있는 요소가 부족하다는 것이다. 하지만 녀석들은 분명 재잘거리며 소통하고 있었다. 우리가 임시 거처를 짓다 말고 우두커니 서서 지켜보는 가운데, 그 멋진 영장류 친척들은 그들만의 야간 의식을 치르고 있었다.

거미원숭이의 의식은 방어, 즉 야행성 포식자로부터 몸을 숨기거나 보호하는 것이다. 무리 외곽에서 침입자를 경계하면서 잠을 자는 파수병을 두기도 한다.

우리와 가까운 조상들에게 방어용 야간 행동은 불과 많은 관계가 있다. 초기 인류는 모닥불가에 모여 대단히 이상한 행동을 했다. 이야기를 나누고, 그날에 관한 정보와 미래의 전망을 교환하고, 고대인들이 전해준 이야기를 늘어놓았다. 노래하고, 때론 춤을 췄다. 그런 뒤 잠자리에 들었다.

거미원숭이처럼 우리의 조상들은 모두 함께 저녁을 먹고 잠을 잤다. 21세기 인간과는 다르게 수면장애로 고생하지 않았다. 쉽게 잠들고, 깊이 자고, 기분 좋게 일어났다.

⁙ 새로움 그리고 수면장애

우리가 아는 한 원숭이는 환각 물질을 사용해 꿈꾸는 상태에 이르지는 않는다. 인간 특유의 이 발명품은 인간이 잠재적 적응 목표를 위해 새로움을 이용하는 사례일 것이다. 하지만 인간과 수면 사이는 새로움 때문에 여러 면에서 어그러지고 있다. 그 목록의 최상단에 전구가 있으며, 비행기 여행, 소음 공해, 많은 사람이 야간 교대로 일하는 24시간 경제 등이 뒤이어 있다.

우리 뇌 깊은 곳에는 생체 시계 역할을 하는 시교차 상핵suprachiasmatic nucleus이란 부위가 있다. 이 핵은 지금 시간이 얼마나 됐는지를 추적한다. '오후 5시'가 되었다는 의미가 아니라, 광주기—생체가 빛에 노출되는 시간—상 우리가 어디쯤 있는지를 알려준다는 뜻이다. 아주 최근까지만 해도 중요한 매개 변수는 이뿐이었다. 런던의 오후 4시는 12월이든 6월이든 똑같은 낮인데도 6월의 4시는 태양이 하늘 높이 떠 있고, 12월의 4시는 해가 진 시각이다.

얼마 전까지만 해도 하루 24시간 중 지금이 몇 시인가보다는 어둠이 훨씬 큰 문제였다. 그래서 인간은 편리한 방편을 만들었다. 솜씨를 부려 인공 불빛을 발명하고 생산 활동 시간을 늘린 것이다. 그 이득은 명백한데 그 위험은 모호하다. 전구가 발명되기 전, 인간은 오늘날 실내 공간에서 접할 수 있는 밝기의 빛이나 지속적인 빛을 경험해보지 못했다.

흐린 날일지라도 햇빛은 강렬하고, 우리의 뇌는 주변 환경이 얼마나 밝고 어두운지를 기가 막히게 가려낸다. 나이가 들었거나 레트로 감성을 지녀서 필름 사진 촬영을 해본 사람이라면, 배경이 모두 밝아 보이는데도 광도계 눈금이 들쭉날쭉한 것에 놀란 기억이 있을 것이다. 이러한 경험이 부각된 것은 1990년대 라틴아메리카와 마다가스카르의 열대우림에서였다.

저지대 열대우림의 하층부는 덩굴 식물과 관목이 빽빽하게 뒤엉켜 있고, 간간이 뿌리를 넓게 펼친 거대한 나무와 곤충의 울음소리가 끼어든다. 열대우림은 특별히 어두워 보이지는 않는다. 숲 끝에서 질척질척한 목초지로 나오거나 도로로 걸어나가 눈부신 햇빛 때문에 앞이 잘 안 보이는 것을 겪기 전까지는 말이다. 거짓말을 모르는 계측기답게 광도계는 열대우림 바닥에 도달하는 빛이 최상층부에 비하면 극소량―어떻게 측정하든 불과 1퍼센트―임을 명확히 보여준다. 하지만 우리 눈은 적응이란 걸 통해 그런 조건에서도 잘 볼 수 있다.

이는 우리에게 지금 내리쬐는 빛의 양이 정상 범위를 넘는지 아닌지를 알 수 있는 장비가 부족하다는 것을 알려준다. 햇빛은 밝으며, 가시 스펙트럼상 파란색(단파장) 쪽이 우세하게 나타난다. 달빛과 불빛은 어두우며, 가시 스펙트럼상 빨간색(장파장) 쪽이 우세하게 나타난다. 실내조명은 달빛이나 호롱불보다는 밝지만 햇빛만큼은 밝지 않다. 그런데 가시 스펙트럼상 파란색 쪽이 우세하게 나타난다. 이러한 실내조명은 생체의 24시간 리듬과 호르몬 주기를 깨뜨릴 수 있으며, 수면장애를 일으킨다. 아울러 중간 밝기 범위에 속하는 석양도 24시간 주기에 혼란을 일으킨다는 것이 밝혀졌다(물론 이러한 문제에 대한 민감성은 워낙 개인차가 있는 탓에 하나의 사례를 인구 전체로 확대해 추정하는 것은 어렵다).[8]

그런데 인간은 불과 함께 오랜 역사를 만들어왔다. 그 결과 우리의 솔방울샘(멜라토닌을 만들어내는 내분비기관)은 일몰이 한참 지난 후에도 모닥불의 빨간색 스펙트럼 빛을 마주할 채비가 잘돼 있었고, 수면에도 부정적 영향이 없었다. 그렇지만 한낮에나 볼 수 있는 파란색 스펙트럼 조명을 아무 때나 켤 수 있다는 것, 이는 우리가 아직 잘 적응하지 못한 새로운 현상이다.

경험과학은 다음과 같은 사실을 밝혀냈다. 밤에 파란색 스펙트럼 조명은 건강에 해롭다는 것.[9] 이에 대응해 시장은 최근 빨간색 필터가 많이 들어간 화면과 화면에서 방출되는 스펙트럼을 변화시키는 소프트웨어를 내놓았다. 만일 유리병에 든 전구를 발명했을 때 적절한 예방 조치를 취했다면 훨씬 더 일찍 이런 방법을 생각해냈을 텐데.

하지만 우리는 또다시 같은 실수를 저지르고 있다. 백열전구에서 형광등을 거쳐 LED로 오면서 낮 시간대의 특징인 더 차갑고 더 파란빛으로 계속 떠밀리고 있는 것이다. 급기야 21세기의 WEIRD 사람들 집에서는 작고 푸른 LED가 모든 방을 밝힌다. 우리의 뇌는 눈에 들어오는 빛의 스펙트럼을 통해 하루의 시간을 직감적으로 알 수 있게 진화했다. 현재 우리는 24시간 내내 한낮의 파란빛을 본다. 잠이 쉽사리 들지 않아 뒤척이는 일이 놀랍지도 않다.

인공조명에 관한 비용과 이익을 정확히 이해했다면, 우리의 문명사회는 수면-각성 주기를 원래대로 두기 위해 빛 스펙트럼을 엄격히 조율했을 것이다. 많은 사람이 집에서는 불면증으로 고생하지만, 캠핑장에서는 꿀잠에 빠진다. 햇빛과 달빛이 수면 주기를 오래된 상태로 되돌려보내기 때문이다.

결론적으로 우리의 주장은 다음과 같다. 밤 시간대에서 한낮의 빛 스펙트럼을 제거한다면 정신적 문제로 몸과 마음의 건강을 잃어가는 사람들, 낮 시간대에 망상이나 편집증이나 환각으로 고생하는 사람들—다시 말해서 깨어 있는 시간에 저도 모르게 꿈꾸는 상태에 빠지는 사람들—이 치유되는 효과가 있을 것이다.

전등에 민감하게 반응하는 유기체는 인간만이 아니다. 나방이 바보같이 전구에 이끌리는 것은 여러분도 잘 알 것이다. 이런 행동은 나방이 과학기술이 없는 세계에 살고 있기 때문이다. 나방은 달과의 각도에 근거해서 날아다니는 것일 수 있다. 최근까지 밤하늘에서 밝고 큰 물체는 달 하나뿐이었다. 아니면 빛에서 벗어나려다 실패해서 비참한 최후를 맞이하는 것일 수도 있다.[10] 이유가 무엇이든 간에 우리가 나방의 세계에 빛나는 물체를 매달 때 그들의 프로그램에 끔찍한 결과가 발생한다. 나방은 그 물체와 일정한 각도를 유지한 채 주위를 빙빙 돌다가 지쳐 쓰러진다.*

네온사인이나 야간 조명 등의 광공해가 있는 곳에서는 야생 동물의 수면-각성 주기도 변화를 겪는다. 하루 중 '엉뚱한 시간'에 빛에 노출될 때

많은 생리학적 리듬과 행동이 동기성을 상실한다.[11] 특히 적도에서 멀리 떨어진 곳에서는 많은 생물이 광주기를 시계처럼 이용한다. 식물은 광주기를 이용해 싹 틔우기와 꽃눈 형성 같은 일정을 미리 준비하고, 동물은 짝짓기와 털갈이를 준비한다.[12] 게다가 인공조명이 있을 경우 까마귀와 장어, 나비 같은 다양한 동물이 이주에 어려움을 겪는다.[13]

전등이 생긴 이후 우리가 예로부터 사용해온 빛의 시간, 장소, 범위가 극적으로 변하고 있다. 우리의 뇌에 혼란을 일으켜 멀미 증상을 보이는 것은 물론이고, 다른 수많은 유기체에도 심각한 혼란을 일으키고 있다.

지금까지 우리는 네 개의 장을 통해 몸과 의학, 음식과 수면 영역에서 우리가 과연 건강하고 안녕한지를 살펴보았다. 그리고 현대 세계에서는 그 일이 점점 어려워지고 있음을 확인했다. 하지만 인간의 진화 이야기는 기본적으로 개인의 생존보다는 한 울타리에 묶인 사람들의 생존을 다룬다. 실제로 우리는 현대인이 상상하는 것보다 훨씬 더 깊고 강하게 서로 연결돼 있다. 다음 장부터는 개인을 넘어서는 주제로 이동하고자 한다. 바로 성과 젠더, 부모와 인간관계다.

나방의 비행과 등각 나선에 관해서는 〈등각 나선, 나방이 광원 주위로 몰려드는 이유(인터넷, Algorithm Information Computing)〉에 자세하고 친절하게 나와 있다.

더 나은 삶을 위한 접근법

o **수면-각성 패턴을 천체에 맞추라.** 해가 뜰 때 잠에서 깨라. 달의 위상을 이해하라. 가끔 보름달 빛에 의지해서 돌아다니라. 가끔 동이 트거나 땅거미가 질 때 환해지거나 어두워지는 빛에 자신의 감각이 어떻게 변하는지 느끼면서 돌아다니라. 자기 몸의 단서를 벽에 달린 전등 스위치나 화면에서 얻기보다는 햇빛에서 얻으라.

o **겨울철에는 한 번쯤 적도 근처에 가라.** 사는 곳에 어두운 날들이 계속될 때 더 많은 빛을 찾아 적도로 향하라. 특히 계절성 우울감에 잘 빠지는 사람이라면 적도에서 멀리 떨어진 곳에 살고 있을 것이다. 겨울에는 몇 달 동안 낮이 짧고 태양의 궤도가 낮아 어두울 것이다. 물론 이 제안은 전등과 실내 생활이라는 새로움에 대응하는 새로운 기회(세계 여행)가 될 수 있다. 미시간주에서 대학원에 다닐 때 헤더는 1~2월에 현장 연구를 위해 마다가스카르로 떠날 좋은 과학적 이유가 있었다. 마다가스카르는 남반구, 아프리카 동부 연안에 있다. 헤더는 상당히 멋진 부수적 이득을 노렸다. 북반구에서 겨울이 가장 깊었을 때 남반구의 여름을 향해 떠났고, 그렇게 해서 광주기의 응달을 양달로 바꾸었다.

o **잠자리에 들기 8시간 전에는 카페인을 피하라.** 아이들과 청소년은 카페인을 멀리하는 게 좋다. 카페인은 수면을 매우 강하게 방해하며, 뇌의 발달기에 수면 박탈 영향은 비가역적(본래 상태로 되돌릴 수 없음)이기 때문이다.[14] 마찬가지로 수면제 및 수면 유도제를 사용하지 말라. 수면제가 인체에 미치는 효과는 확실히 밝혀지지 않은 반면, 수면제가 종종 수면을 방해한다는 것은 널리 알려진 사실이다.

○ **인위적인 도움 없이도 일어날 수 있게 일찍 잠자리에 들라.** 알람 소리가 의식을 흔들어 꿈을 중단시켜서가 아니라, 햇살이 창문을 두드릴 때 일어나라.

○ **잠자기 전 자신만의 의식을 개발하라.** 티칼의 거미원숭이에게 배워라. 간단한 방법도 있다. 잠들 시간이 다가올 때 조명을 약하게 하는 것이다. 더 정교한 의식도 있을 수 있지만, 일련의 행동을 규칙적으로 하다 보면 그것이 신호가 돼 우리 몸은 곧바로 잠잘 시간이라는 것을 알게 된다.

○ **매일 야외에서 시간을 보내라.** 수면–각성 주기를 조절하는 데는 인공조명보다 햇빛이 백배 낫다.[15]

○ **자는 동안 침실을 어둡게 유지하라.**[16] 파란색 표시 등을 끄거나 제거하는 것이 숙면에 좋다.

○ **잠들기 전 독서는 일반 조명보다는 빨간색 조명을 사용하라.** 당신은 저녁이나 밤에 중간 밝기의 파란색 스펙트럼 조명을 받아도 24시간 주기가 잘 깨지는 사람이 아닐 수 있지만, 옆에 있는 사람은 그럴 수 있다.

○ **사회적 차원에서 야외의 파란색 스펙트럼 조명을 제한하라.** 특히 밤새 위쪽과 바깥쪽으로 쏘는 조명을 제한하라. 야간의 어둠은 건강에 좋다. 반면에 24시간 조명은 건강에 해롭고 높은 발병률과도 관계있다.[17] 더욱이 인간은 밤하늘을 볼 자격이 있다. 가능성이 가득한 하늘, 때론 구름이 지나가고 종종 달이 뜨는 하늘. 가끔 행성이 보이고, 거의 늘 별이 뜨고 은하수가 눈부시게 흐르는 하늘. 수면도 중요하지만, 밤하늘을 하얗게 지웠을 때 우리는 또 무엇을 잃게 될까?

+ + +

역사의 시계를 되돌려

인류의 조상들이 우리와 더 가까워질수록

그들은 우리와 더 비슷해진다.

성과 젠더

A HUNTER-GATHERER'S
GUIDE TO THE
21ST CENTURY

1991년 니카라과의 수도 마나과. 우리는 여름 내내 중앙아메리카를 가로질러 여행했다. 밤새 운전하고 난 뒤 멕시코 남부에서 만월 일식을 간신히 보았다. 또한 티칼의 유적지에서 원숭이들이 잘 준비하는 것을 지켜보고, 온두라스 카리브해 연안의 작은 섬에서 단둘이 사흘 동안 스노클링을 하고 해먹 위에서 잠을 잤다.

이제 니카라과에서 드넓은 노천시장을 돌아다니고 있다. 처음 보는 과일이 브렛의 눈길을 사로잡고 갓 구운 음식의 냄새가 헤더의 후각을 자극할 때마다 각자 가던 길을 벗어난다. 우린 둘 다 혼자 있어도 편안하다.

그런데 갑자기 헤더가 한 젊은 남자 무리에게 둘러싸였다. 그들은 일제히 손과 팔을 뻗는데 금세라도 그녀를 잡거나 더듬을 기세다. 모두 한 방향으로 움직이면서 헤더를 시장 끝으로 밀어냈다. 헤더가 소리를 지르고 청년들이 헤더를 몰아대는 순간, 내가 재빨리 달려가며 소리를 지르자 청년들이 멈췄다. 헤더는 그들 사이를 헤치고 나와 멀찍이 서서 숨을 몰아쉬었다.

무리의 모든 남자가 나란히 서서 한 명씩 차례로 나에게 사과했다. 헤더는 분노하고 나도 화가 났다. 그리고 놀랐다. 마초 문화가 있다지만 이런 일은 단 한 번도 보지 못했으니까.

방금 우리는 전통적 성 규범을 잠깐 엿보았다. 그 규범에서 여자는 남자의 소유물이다. 누군가의 소유물을 빼앗으려 한 건 마땅히 사과할 일이다. 하지만 그 소유물에는 사과하지 않는다.

진화생물학을 연구하면 할수록 대부분의 인류 역사에서 남녀의 역할이 달랐다는 것을 확인하게 되지만, 가장 불행한 예에 속하는 사건을 직접 맞닥뜨린 건 처음이었다. 이러한 퇴보적인 행위는 역사와 문학에 가득해서, 오늘날 많은 사람이 성 규범은 모두 퇴보적이라고 믿는다. 하지만 그건 틀린 생각이다.

이성이 귀했을 때—적어도 지금보다 덜 흔했을 때—남자는 좋은 짝을 얻기 위해 모든 노력을 기울였고, 이는 굉장한 사회적 결과를 낳았다. 타지마할은 무굴 제국의 황제가 사랑하는 아내를 추모해서 지은 무덤이다. 전쟁과 항해를 마치고 20년 만에 귀향한 오디세우스는 재주 겨루기를 통과한 뒤에야(그리고 다른 구혼자들을 죽인 뒤에야) 사랑하는 페넬로페와 다시 결합할 수 있었다. 여기엔 물론 트로이로 넘어간 헬렌이 있었다.

니카라과의 시장에서 남자들이 헤더를 둘러싼 것처럼 한 젊은 여자 무리가 젊은 남자를 둘러싸는 일은 어디에서도 일어나지 않을 것이다. 혹시라도 그런 일이 일어난다면 많은 남자가 고마워할 것이다. 좋은 남자의 사랑을 차지하려고 일어난 전쟁은 없다. 남편을 기억하기 위해 지은 사원도 없다. 당사자들의 성이 뒤바뀌기 전까지는.

시장에서의 일은 현대적 관점에서 보면 괘씸하다. 여자를 인간의 꿈과 열망을 지닌 온전한 인격체가 아니라 '교환할 자원'으로 보기 때문이다. 현대에는 이런 신조를 용인하지 않으며, 용인해서도 안 된다. 하지만 몇몇 전통적 성 규범은 여전히 고집스럽다.

오늘날 남자와 여자는 거의 모든 분야에서 나란히 일한다. 양성평등은 한때 철옹성이라 여겨졌던 장벽을 무너뜨렸고, 그 혜택은 개인과 사회에 고루 돌아가고 있다. 오랫동안 인구 차원에서 남녀에게 규정된 성차별 중 일부는 변덕스러운 것임이 확인됐다. 이제는 여자를 치료나 교육 전문직에 국한해서는 안 되고, 남자에게 야만적인 힘이나 노골적인 야망을 요구해서도 안 된다.

그렇지만 이런 점을 인정한다고 해서 우리가 남녀를 인구 차원에서 똑같다고 말하는 것은 아니다. 예를 들어, '남자는 여자보다 키가 크다'는 평균에 관한 한 참이다. 평균 차이는 인구 Y의 모든 구성원(남자)이 인구 Z의 모든 구성원(여자)보다 키가 크다는 것을 의미하지 **않는다**. 인구에 관한 어떤 진술이 참이라 해서 모든 개인에게 적용되는 것은 아니다. 이를 '분할의 오류fallacy of division'라고 하며, 자칫 우리는 이 오류에 빠질 수 있다.

어떤 특성이 많이 겹치는 두 인구집단에서는 개인의 경험을 바탕으로 패턴을 분석하기가 어려울 수 있다. 나라는 개인이 어떤 구체적인 패턴에 들어맞지 않을 때 그 불일치를 증거 삼아 패턴이 틀렸다고 분석할 수는 있지만, 개인의 느낌만으로 인구 차원의 패턴이 뒤바뀌지는 않는다.

의학 분야에서부터 판매직과 군대에 이르기까지 다양한 분야에서 남녀가 함께 일하지만, 우리는 정말 같은 일을 하고 있을까? 소아과에는 여

의사가 더 많고, 외과에는 남의사가 더 많다.[1] 소매업에서는 남자는 자동차를, 여자는 꽃을 파는 경우가 많다.[2] 2019년 미국의 조사 결과 소매업 종사자는 남녀 거의 반반으로 비등했지만, 도매업 종사자는 남자가 월등히 많았다.[3] 여자로만 구성된 병력이 백병전에 투입된다면 남자로만 구성된 부대를 이기지 못할 것이다. 그렇지 않은 척하는 건 어리석은 정도가 아니다.

어떤 사람들은 우리가 법 앞에 평등하기에 모두가 같다고 여긴다. 법 앞에서 우리는 평등하고 또 평등해야 한다. 하지만 일부 활동가와 정치인, 언론인과 학자들이 아무리 주장해도 우리는 똑같지 않다. 어떤 사람에겐 똑같다는 생각이 위안이 될 수도 있다. 하지만 얄팍한 위안에 그칠 뿐이다.

세계 최고의 외과의는 여자지만 평균적으로 외과의의 대부분이 남자라면 어떨까? 또는 최고의 소아과 의사 열 명이 모두 여자라면 어떨까? 둘 다 관찰 패턴에 대한 설명이 될 수는 있어도 편향이나 성차별의 증거는 되지 못한다.

편견이나 성차별이 누가 어떤 일을 하는지 예측할 수 없도록 하려면 성공을 가로막는 장벽을 최대한 걷어내야 한다. 남녀가 똑같은 선택을 하리라고 기대하거나, 똑같은 일을 잘하도록 요구해야 한다고 생각하거나, 똑같은 목표를 추구하도록 격려해야 한다고 믿어서는 안 된다. 차이를 무시하고 '획일성'을 요구하는 것은 또 다른 성차별이다. 남녀의 차이는 객관적 사실이다. 그것이 우려의 원인이 될 수는 있지만, 많은 경우 장점이 되기도 한다. 사실을 무시하는 순간 화를 자초하게 된다.

∷ 성, 그 깊은 역사

우리는 적어도 5억 년 동안, 우리가 인간이 되기 오래전부터 유성 생식을 하는 존재였다. 이마저도 과소평가한 수치일 수 있다. 10~20억 년 전 진핵생물이 되면서부터 유성 생식을 했을 가능성이 매우 높기 때문이다.[4] 참으로 긴 시간이다. 유성 생식을 한 우리 조상을 만나려면 중간에 끊김 없이 수백만 년, 수천만 년을 넘어 최소한 수억 년 전으로 거슬러 올라가야 하는 것이다.

유성 생식은 늘 골치 아프고 비용이 드는 공정이었다. 우선 적당한 짝을 찾아야 한다. 그리고 나한테 베팅하면 수지맞을 거라고 상대를 설득해야 한다. 1년 중 적당한 때, 즉 짝짓기 철도 맞아야 한다. 그렇지 않으면 생식선(수컷은 정소, 암컷은 난소)이 흡수돼 체중이 줄고 자원이 다른 곳에 쓰일 수도 있다(대부분의 철새에게 해당되는데, 멧종다리 수컷은 멀리 이동하는 중에는 고환이 사라지고 산란터에 내려앉으면 즉시 고환 한 쌍이 '다시' 자란다). 만약에 짝짓기 준비가 된 동종의 개체를 발견하고 용케 설득했다면 발생 중인 알이나 태아를 보살펴야 한다. 그리고 유성 생식으로 새끼를 낳은 뒤에도 몇 년—심지어 몇십 년—간 부모의 책임을 다해야 한다.

하지만 가장 큰 비용은 따로 있다. 유전 적합도 면에서 유성 생식을 하면 50퍼센트의 타격을 입는다. 당신이 자기 자신을 복제한다면 모든 자식에게 당신의 유전자를 100퍼센트 정확하게 물려줄 수 있다. 그렇지만 유성 생식을 하면 절반만 물려줄 수 있다.

이 모든 비용을 감안할 때, 대체 왜 유성 생식이 진화했을까? 그리고 왜 지금까지 남아 있는 것일까?

과학자들은 활발한 논의 끝에 대략적인 답을 내놓았다. 미래가 과거와 정확히 똑같다면 당신과 당신 자식에게는 무성 생식이 유리하다고.[5] 조건이 똑같이 유지되는 한에서 당신이 괜찮게 살았다면 당신의 클론들도 괜찮게 살 것이라고.

조건이 달라진다면 어떻게 될까? 가령 계절을 비롯한 어떤 변화는 예측이 가능하다. 하지만 대부분의 변화는 예측이 불가능하다. 다음번 홍수나 흉년이 언제 어떻게 닥칠지 누가 알 수 있겠는가?

자신의 유전자를 다른 사람의 유전자와 뒤섞는 것, 자신 안에 떠돌던 유전자의 나쁜 조합을 깨뜨리고 새로이 좋은 조합을 발견하는 것, 자식에게 미지의 환경에 더 잘 적응할 기회를 열어주는 것. 이것이 바로 유성 생식의 이득이다.

악어는 알의 온도에 따라 그 개체의 성이 결정된다. 온도가 낮으면 암컷이 되고 높으면 수컷이 된다. 거북이도 마찬가지지만 결과는 정반대다. 차가운 알에서 수컷, 따뜻한 알에서 암컷이 나온다. 그리고 악어와 거북이 모두 어중간한 온도에서는 수컷이 되고, 극단적인 온도에서는 암컷이 된다. 진화는 신비롭다.

포유류와 조류, 그 밖의 몇몇 동물은 염색체로 성이 결정된다. 또한 몇종을 제외한 모든 포유류에서[6] 암컷은 XX, 수컷은 XY다.[7] 환경에 따라 성이 결정되는 몇몇 유기체—흰동가리가 유명하다—와는 달리, 어떤 포유류나 조류도 성을 바꾸는 것으로 알려진 적이 없다. 인간의 경우, 정자와 난자가 만나 접합자(수정란)를 이룰 때 Y 염색체가 있느냐 없느냐에 따라 개체의 성이 결정된다.

비율상 우리의 유전체는 압도적으로 무성이고, 단 하나의 염색체로 성이 결정된다. 하지만 우리의 유전체가 압도적으로 무성인 것과는 무관하게 성 차이는 작지도 않고 제멋대로 결정되지도 않는다.

우리는 염색체의 명에 따라 여성 또는 남성의 길을 걷기 시작한다. Y 염색체상에 'SRY'라는 유전자가 있다. 이 유전자는 깨어나는 순간부터 남성화 과정을 전적으로 조절하는데, 여기에는 정자 생산 공장인 고환에 관한 정보도 포함된다. 연쇄적인 호르몬 분비에 따라 신체는 (테스토스테론과 그 밖의 남성 호르몬을 통해) 남성화되거나 (에스트로겐과 그 밖의 여성 호르몬을 통해) 여성화된다. 하지만 생식 호르몬의 양이 어느 정도 조절될지 언정 성염색체는 **그 자체**로 통증 인식과 반응, 개별 뉴런의 해부 구조, 대뇌 피질과 뇌량을 포함한 여러 뇌 부위의 크기 등 다양한 성 차이에 영향을 미친다.[8]

이는 사실이다. 이 모든 설명은 포유류 개체가 어떻게 암컷이나 수컷이 되는지를 묘사하는, 사실적이고 기계론적인 근접 설명이다. 하지만 암컷과 수컷이 대체 왜 존재하는지 설명하지는 못한다. 이때는 궁극적 차원의 설명이 필요하다. '진화적으로는?', 이런 의문으로 시작하는 설명 말이다. **왜?**

지구에서 유성 생식을 하는 유기체는 왜 거의 다 성이 세 개나 여덟 개, 일흔아홉 개가 아니라 딱 두 개일까? 진균류는 상당히 다르지만, 동식물에겐 두 가지 유형의 배우자配偶子(접합자를 이루는 생식세포)밖에 없다.

유성 생식을 하려면 두 가지가 필요하다. 여러 개체의 DNA와 세포다. 세포 조직—예를 들어 미토콘드리아와 리보솜—은 DNA에 비해 크고 육중하지만, 생명에 필수적이다. 그래서 유성 생식을 하려면 적어도 한쪽

파트너는 그 세포 조직, 이른바 세포질을 기부해야 한다. 그렇기에 우리가 난자라고 부르는 그 세포는 크다(세포로서는 말이다). 맞거래가 이뤄지는 한 그 세포는 대체로 고착적이다. 움직이지 않는 것이다.

유성 생식의 다음 문제는 그 배우자들이 '상대방을 어떻게 발견할 것인가'다. 한쪽 배우자는 고착적이므로 다른 배우자가 씩씩하게 돌아다닐 필요가 있다. 따라서 접합자를 이루는 데 쓰일 세포 조직을 최대한 벗어던지는 것이 도움이 된다. 이 배우자를 동물은 '정자'라 하고, 식물은 '꽃가루'라 한다.

이들은 짝을 '찾아' 주변을 돌아다닌다. 어중간한 배우자―그럭저럭 세포질이 있고 그럭저럭 돌아다닐 수 있는 생식 세포―는 어느 쪽도 만족스럽지 못할 것이다. 세포질은 접합자를 형성하기에 부족하고, 움직임역시 다른 배우자를 발견하고 낚아채기에는 너무 느릴 것이다. 따라서 이형 배우자 접합anisogamy, 즉 서로 다른aniso 배우자의 크기gamy가 진화하는이유는 어중간한 배우자들의 성과가 시시하기 때문이다.

수억 년을 되돌릴수록 성 차이는 더 많아진다. 인간은 생식을 넘어 다른 많은 영역에서도 서로 다른 특징을 나타낸다. 즉 '성적 이형성'을 보인다. 남자와 여자는 알츠하이머병[9], 편두통,[10] 약물 중독,[11] 파킨슨병[12] 등많은 병의 발생 위험과 원인, 진행이 다르다. 뇌 구조도 다르다.[13]

우리는 대체로 성별에 따라 성격 특성이 다른데, 남녀의 성격 차이는 식량이 풍부하고 병원균 방생률이 낮은 나라일수록 크게 나타난다.[14] 일반적으로 여자는 남자보다 더 이타적이고, 잘 믿고, 순응적이며, 우울증에 잘 걸린다.[15] 남자는 ADHD 진단을 받을 확률이 높고,[16] 여자는 불안장애를 겪을 확률이 높다.[17] 마지막으로 남자는 사물과 일하기를 더 좋아

하고, 여자는 사람과 일하기를 더 좋아한다.[18]

지금까지 알려진 모든 인간 문화에 남녀를 구별하는 언어가 있다는 건 우연의 일치가 아니다.[19] 그것은 인간의 보편성이다.

성전환과 성역할

조건이 너무 가혹해질 때는 평소 유성 생식을 하는 개체들이 번식을 위해 무성이 되기도 한다. 척추동물 중에서는 뱀 몇 종과 귀상어가 이런 변화를 겪는다.[20] 코모도왕도마뱀의 암컷은 다른 코모도왕도마뱀을 만나지 않고도 생존할 수 있는 알을 낳는다고 알려져 있다.[21] 이건 분명 적응일 것이다. 혼자 섬에 도착했는데 동종의 개체가 전혀 없을 때 꺼내든 최후의 수단이자 필사적인 반응이었을 것이다. 최적은 아니지만 아무것도 없는 것보단 낫다.

마찬가지로 어떤 조건에서는 성을 전환하는 것이 진화의 관점에서 적절하다. 몇 종의 식물, 많은 종의 곤충, 자리돔 계통의 몇몇 분기군(계통군의 하위 개념)에서는 '순차적 자웅동체'가 흔하다. 개체가 한 가지 성으로 태어났다가 생애 어느 시점에 다른 성으로 바뀌는 것이다.

예를 들어, 놀래미과의 해수어 플레임래스Flame wrasse[22]는 태어날 때는 암컷이지만, 큰 성체들은 특별히 화려한 수컷으로 변해서 암컷의 성적 관심을 독차지한다. 하지만 사지동물―데본기(고생대의 네 번째 시기) 후기에 육지로 올라온 척추동물―들 중에 성을 전환한다고 알려진 종은 극소수며,[23] 주기적으로 성을 전환하는 종은 아프리카갈대개구리African reed frog

단 한 종이다.[24]

플레임래스를 비롯한 순차적 자웅동체들은 암컷에서 수컷으로 변할 때 성뿐만 아니라(난자를 생산했던 생식 세포가 정자를 생산한다) '성역할'도 바꾼다. 다시 말해서, 새로운 성의 행동 표현으로 바꾸는 것이다. 인간의 경우 이것을 '젠더' 또는 '젠더 표현'이라고 한다.

말코손바닥사슴의 경우, 수컷의 대표적인 성역할(젠더 표현)은 눈길을 끄는 요란한 싸움이다. 그 과정에서 부상도 자주 입는다. 신열대구新熱帶區 (멕시코 남부, 중앙아메리카, 남아메리카, 서인도 제도를 포함하는 동물 지리학적 영역)에 서식하는 황금목마나킨새의 경우, 수컷의 성역할은 숲 바닥을 깨끗이 치우고 거기서 춤추는 것이다. 그레이트바우어새 수컷의 성역할은 정자―보기에 따라서는 신전―를 짓고 그 안팎에 물건들을 배치하는 것이다. 물건을 배치할 때는 암컷이 접근하는 방향에서 볼 때 실제보다 더 크게 보이게끔 한다.[25] 이 모든 종에서 암컷의 성역할은 수컷들―투사들, 무용수들, 신전 건축가―중에서 짝을 고르고, 그렇게 해서 얻은 것이 말코손바닥사슴의 새끼든 새의 난자와 병아리든 간에 정성스럽게 그 새끼를 기르는 것이다.

따라서 성역할을 관통하는 일반적인 법칙은 수컷의 과시와 암컷의 까다로움이다. 이런 특성은 양성이 오래전부터 투자해온 금액―크고 자원이 가득한 난자와 유선형의 작은 정자―의 차이에서 비롯된다. 게다가 부모 돌봄이 있어야 자식이 생존할 수 있는 종―모든 포유류와 조류, 상당한 비율의 파충류, 양서류, 어류, 곤충―에서 수컷은 짝짓기 이전 과정에 더 큰 노력을 기울이고, 암컷은 짝짓기 이후에 더 큰 노력을 기울인다.[26]

진화의 용어로 엄밀하게 표현하자면, 대다수 종에서 암컷은 섹스를 제한하는 성이다. 암컷은 자식에게 더 많은 것—정자보다 큰 난자에서부터 수컷보다 더 많이 짊어지게 되는(항상 그렇지는 않지만) 부모 돌봄에 이르 기까지—을 투자해야 하기에 암컷에게 접근하기 위해 경쟁하는 수컷 구 혼자 중에서 하나를 고른다. 따라서 수컷은 대체로 같은 종의 암컷보다 더 크거나(코끼리바다표범의 경우), 더 공격적이거나(양털원숭이 등), 더 화 려하거나(공작새), 더 우렁차거나(거의 모든 개구리), 더 음악적(흉내지빠귀) 이다.

'성역할이 역전됐다'고 알려진 희귀 동물들이 있다. 수컷의 과시와 암 컷의 까다로움이라는 법칙이 뒤집힌 종들이다. 성역할이 역전된 종들은 많이 투자하는 쪽과 조금 투자하는 쪽이 뒤바뀌었고, 그에 따라 수컷이 섹스를 제한하는 성이 된다. 노던자카나새Northern Jacana를 포함하여 일처 다부제로 사는 물새 몇 종이 그 예다. 이들은 지배적인 암컷이 넓은 영토 를 방어하고, 영토 안에서 여러 마리 수컷이 둥지를 지어 알을 품고 새끼 를 돌본다. 인간은 좋은 남자의 사랑을 차지하고자 전쟁을 벌이지도 않 고, 남편의 마음을 사로잡기 위해 신전도 짓지 않지만, 성역할이 역전된 새들 사이에서는 그런 일이 일어난다.

하지만 성역할의 역전—인간의 경우는 성전환—은 성이 바뀌는 것이 아니다. 포유류와 조류를 포함해 우리는 유전자로 성이 결정되기 때문에 중간에 성이 바뀌는 일이 가능하지 않다. 어떤 비둘기나 앵무새, 말이나 인간도 주어진 성이 바뀐 적이 없다. 하지만 행동, 즉 성역할 또는 젠더는 대단히 불안정하다(변하기 쉽다). 모든 동물 중에 우리 인간의 행동이 **가장** 불안정하다. 따라서 많은 사람이 오래된 젠더 규범—과거에는 성과 긴밀 히 결합됐던 행동들—을 버리고 새로운 규범을 만든다고 할지라도 그러한 현실에 너무 경악할 필요는 없다.

21세기에 많은 WEIRD 사람들이 이와 관련해 어리석은 행동을 자주 저지른다. 성과 젠더가 동일하다거나, 젠더가 성과 완전히 무관하다거나, 성과 젠더가 진화와 무관하다고 짐짓 억지 부리는 것이다. 오메가 원칙을 떠올려보라. 원의 지름이 그 원의 둘레와 무관하지 않은 것처럼, 우리의 소프트웨어(이를테면 젠더)에 들어 있는 적응적 요소도 우리의 하드웨어(이를테면 성)와 무관하지 않다. 젠더는 성보다 더 유연하고 표현도 훨씬 더 많지만, '여성 역할을 한다(젠더)'는 '여성이다(성)'와 같지 않다.

극적인 표현으로 여러분을 술집에서 싸움하는 여자라거나 화장한 남자라고 가정해볼 수는 있다. 하지만 술집에서 주먹을 날리고 화장을 했다고 해서 남자가 됐다거나 여자가 됐다고 상상하지 않기를 바란다. 주취 폭력과 화장은 외부 세계에 보내는 신호, 즉 대용물이다. 대용물은 실물 그 자체가 아니며, 여기서 예로 든 대용물들은 구식적이고 퇴보적이다.

하지만 어떤 젠더는 구식적이지도 퇴보적이지도 않다. 평균적으로 여자는 둥지를 꾸미고 아이를 양육하며, 남자는 집을 보호하고 주변을 탐색한다. 관찰 결과가 이렇다고 해서 남자들이 양육을 안 한다거나 여자들이 안전을 위한 주변 탐색을 안 한단 뜻은 아니다. 하지만 인구 차원의 이 차이는 기본적인 성 차이 때문에 진화했다.

사람들에게 빤한 거짓을 믿으라고 요구해보라. 사람들은 통일성 있는 세계관, 환상보다는 관찰과 진실에 기초한 세계관을 형성하는 데 더 큰 어려움을 겪을 것이다. 남자들은 절대 배란을 하거나 임신을 하거나 젖을 분비하거나 생리를 하거나 폐경에 이르지 않는다. 자신을 남자라고 여기는 여자들도 그런 걸 하겠지만, 그건 다른 문제다.

인간의 성선택

말코손바닥사슴의 뿔, 그들이 벌이는 싸움, 암컷의 선택권은 모두 성선택이다. 아메리칸자카나새American jacana의 수컷이 행하는 알 부화 행위도 성선택이다.[27] 코끼리바다표범 암수의 체격 차이가 큰 것도, 개구리가 수컷만 우는 것도, 공작새, 케찰, 청둥오리 수컷의 깃털이 암컷보다 훨씬 더 화려하다는 것도 성선택이다.

다음 장에서 짝짓기 체계—주로 일부일처 대 일부다처—가 성선택에 어떤 영향을 미치는지 살펴보겠지만, 지금 이 장에서는 남녀가 성선택을 드러내는 방식을 생각해보고자 한다.

소녀들은 사춘기에 젖가슴이 발달하고, 평생 그 특징을 유지한다. 물론 젖가슴은 아기에게 젖을 먹이는 데 용이하다. 하지만 영장류 중 다른 어떤 종도 젖을 먹일 새끼가 없을 때에도 젖가슴을 유지하지 않는다. 인간의 젖가슴은 성선택에 의한 것으로 수유 이상의 기능을 한다. 마치 수컷 금조의 노래나 발정 난 곰의 냄새,[28] 수컷 빨간모자무희새의 춤이 암컷에게 보여주는 광고이듯이 여자의 젖가슴도 남자를 대상으로 한 광고인 것이다.

인간이 배란을 은폐하는 것 역시 성선택이다. 거의 모든 포유동물이 생리적 수단을 통해 번식력을 광고하지만, 인간은 그렇지 않거나 적어도 다른 종들보다 훨씬 약하게 한다. 우리는 또한 성을 시즌에 한해서가 아니라 1년 내내 수용한다. 배란 은폐는 번식 목적도 있지만, 인간이 아주 많이 하는 특정 행동을 조장한다. 생식과 무관한 섹스, 즉 즐거움과 유대를 위한 섹스를 하게 한다.

이외에도 무엇이 성적으로 선택됐을까? 생일 축하 꽃다발, 넥타이, 빠른 차, 화장과 하이힐과 보석이 있다.[29] 사실, 여자의 신체적 장식―화장과 하이힐, 보석은 물론이고 번식 주기 내내 부풀어 있는 젖가슴까지―은 인간의 부분적인 성역할 역전을 가리킨다. 무슨 뜻일까?

동물 종은 대부분 수컷끼리 경쟁하고 암컷이 짝을 선택하는 반면, 우리 인간처럼 성역할이 부분적으로 역전된 종은 여자끼리 경쟁하고 남자가 짝을 선택하기도 한다. 성역할 역전은 남자의 관심을 끌기 위해 여자들이 광고를 하는 것부터 동성끼리 노골적으로 싸우는 것에 이르기까지 다양한 형태로 나타날 수 있다. 물론 여자들의 경쟁은 남자가 파트너를 고를 수 있는 상황에서 벌어질 것이다.

노동 분업과 성 차이

오늘날 많은 가정에서 여성이 집 안을 청소하고 남성이 쓰레기를 버린다. 어떤 가정에서는 이 역할이 뒤바뀌거나 남녀가 집안일에 동등하게 시간을 할애하는 경우도 있다. 하지만 양쪽이 모든 집안일을 반반씩 나눠서 하는 경우는 극히 드물다. 이것이 바로 '노동 분업'이다.

여러 관점에서 노동 분업은 합리적이다. 성에 따른 노동 분업이 있었기에 우리가 인간이 될 수 있었다고 주장하는 사람도 있다.[30] 우리는 그러한 결론을 받아들이지 않지만, 노동 분업이 일반적으로 두 사람의 시간을 효율적으로 쓰는 유용한 방식이라는 점에는 동의한다. 일을 분담해서 시간을 아낀다면, 가령 놀이나 섹스처럼 우리가 더 많이 하고 싶은 일에 쓸 수 있는 시간이 늘어나게 된다.

하지만 노동 분업은 엄격한 역할을 만들어내기도 한다. 실제로도 그래왔으며, 그중 많은 것이 21세기에는 시대에 뒤처져 사라질 운명이다. 어떤 역할이 변하고 어떤 역할이 변하지 않았을까? 이를 예측하기 위해서는 문제의 역할이 무엇에서 비롯됐는지를 이해하는 것이 도움이 된다.

초기에 접합자에 대한 불평등한 투자로부터 시작해 남성과 여성은 서로에게 또는 이 세계에 다르게 관여한다. 수렵채집 사회에서 남자는 주로 큰 동물을 사냥하는 반면, 여자는 식물성 식품과 작은 동물을 채집했을 가능성이 크다. 수렵채집 사회에서 여자는 폐경이 될 때까지 성년기의 대부분을 임신이나 수유로 보냈을 것이다. 아이에게 먹일 음식이 모유뿐이거나 거의 모유일 때 여자는 실질적으로 산아 제한 상태가 된다. 생리적으로 무월경이 유도되는 것인데, 젖을 거듭 먹일 때는 임신이 되지 않는다. 그로 인해 출산 간격이 길어지고, 출산율이 상당히 떨어진다.

농업을 통해 변화된 풍경으로 넘어오면 성역할은 훨씬 엄격해진다. 특정 토지에 묶인 탓에 이제 인간은 더 확실하게 정착하고, 곡물을 저장해서 온 가족에게 어느 때나 음식을 줄 수 있게 됐다. 이에 따라 여자의 출산 간격이 줄어들고—아기가 더 자주 태어나고—출산율도 올라갔다.[31] 번식력이 높아지자 여자는 화로와 집에 묶였고, 경제와 종교 그리고 문화적으로 중요한 영역에서 역할이 축소됐다.

남자와 여자는 많은 차이가 있다. 여기에서 하나하나 열거하기가 불가능할 정도로. 몇 가지를 더 언급하기 전에 인구 차원의 진실을 하나 더 상기할 필요가 있다. 남자가 여자보다 키가 크다고 말할 때는 **평균적으로**라는 의미가 내포돼 있다. 당신의 여자친구가 배구선수처럼 크다는 사실을 지적해도 남자가 여자보다 평균적으로 키가 크다는 통계적 진실은 부정할 수 없다.

남녀의 평균 차이 중 하나로, 남자는 '조사하는' 것에 관심이 많고 여자는 '예술적'이고 '사회적'인 것에 관심이 많다.[32] 또한 평균적으로 남자는 수학, 과학, 공학에 관심이 많다.[33] 테스트 결과, 여자아이들은 문해력 점수가 더 높고, 남자아이들은 수학 점수가 더 높았다.[34] 평균 지능은 양쪽이 비슷하지만, 지능의 편차는 그렇지 않았다. 천재와 완전한 둔재, 두 범주에 남자아이가 더 많이 속했던 것이다.[35]

신경과학에서 밝혀낸 흥미로운 사실이 하나 있다. 몇 가지 범주—예를 들어 정서적 기억과 공간 지각 능력—에 걸쳐서 여자는 세부적인 면에 더 뛰어나고, 남자는 '요점'에 더 뛰어나다는 것이다. 구체적인 예로 보통의 여자는 열쇠, 커피잔, 사인해야 할 서류의 위치를 기억하는 능력이 상대적으로 뛰어나고, 보통의 남자는 경로를 기억하는 능력이 상대적으로 뛰어나다.[36]

성 차이는 아기들 사이에서도, 모든 문화에서도 나타난다. 성 차이는 WEIRD 현상이 아닌 것이다. 갓 태어난 여아는 사람 얼굴을 더 오래 바라보고, 갓 태어난 남아는 사물을 더 오래 바라본다.[37]

그리고 모든 문화에서 일은 일찍 젠더화된다.[38] 185개 문화를 분석해본 결과, 모든 문화에서 몇 가지 일은 항상 같은 성에 주어졌다. 즉 철 제련, 바다에서의 포유동물 사냥, 금속 가공은 남자의 전유물(그런 일을 하는 문화에 한해서)이다. 더욱 흥미로운 것은, 문화 전반에 걸쳐 남녀 구분이 확실하지만, 어떤 문화에서는 여성의 참여를 줄이고 다른 문화에서는 남성의 참여를 줄이는 일이 있다는 점이다. 베 짜기, 가죽 손질, 땔감 모으기가 대표적이다.[39] 이는 어느 성별이 그 일을 더 잘하느냐와는 상관없이 노동 분업이 가치 있음을 말해준다.

도자기 장인으로 유명한 푸에블로Pueblo 인디언을 생각해보자. 당대의 패턴에서 짐작할 수 있듯이 도자기 제작은 여자의 전유물이었다. 하지만 미국 남서부의 포코너스Four Coners 지역에는 다른 이야기가 들려온다. 1000년 전에 차코캐니언Chaco Canyon이 종교와 정치의 중심지로 급격히 성장하자 주민들의 도자기 수요가 급증했다. 곡식과 물을 저장하고 운반할 그릇이 점점 더 많이 필요해졌고, 그에 따라 젠더 규범이 느슨해졌다. 그때까지 남녀 구분이 매우 엄격했던 그 일에 남자들도 뛰어들기 시작했다.[40]

이러한 사실로부터 우리는 무엇을 알 수 있을까? 현대에 성역할이 재배치될 수 있다는 점이다. 어떤 남자들은 힘든 직장생활에 매진하는 대신 화로와 집을 좋아하고, 어떤 여자들은 반대로 직장생활을 좋아한다. 하지만 많은 남자와 여자가 어느 한 영역에 제한되는 것을, 즉 편견에 의해 정해진 역할에 끼워 맞춰지는 것을 좋아하지 않으며, 자기 자신과 '동일한' 파트너가 아니라 '동등한' 파트너를 선호한다.

'젠더화된 일'의 보다 미묘한 의미를 이해할 때 우리는 다음과 같은 사실을 알 수 있다. 전통을 고집하는 사람들은 여자는 밖에서 일하지 말아야 하고 남자가 경제적 주도권을 쥐어야 한다고 호소하지만, 이는 필요성이나 진리와는 거리가 먼 퇴보적인 생각이라는 것을.

역사적으로 남자와 여자는 가족 단위와 사회에서 노동 분업을 해왔지만, 현대 사회에서는 해부학과 생리학(임신 및 수유)이 명하는 일을 제외하고는 여자가 해내지 못할 일이 거의 없다. 남자들도 예로부터 여성이

했던 양육이나 교육 같은 분야에서 점점 더 환영받고 있다. 물론 여자들과 똑같다고 기대할 수는 없겠지만 말이다. 선호의 방향이 달라지면 선택이 달라진다. 우리가 법 앞에서 동등하다는 걸 보장하기보다 우리가 마치 **똑같은** 존재인 척하는 건 어리석은 게임이다.

성 전략과 번식

아기 하나를 세상에 내보내기까지는 많은 품이 든다. 독자 여러분은 대개 일부일처와 양부모 양육을 당연시하는 문화에 살 텐데, 그런 구속이 없으면 남자는 출산에 별 도움이 되지 않는다. 더군다나 출산했다고 해서 끝이 아니다. 9개월간 아이를 무사히 품고 난 이후에 어머니는 수유를 해야 하는데, 문화적 규범에 따라 6개월 내지 2년 또는 더 오래 젖을 먹여야 한다. 자식에게 쏟아지는 모성애는 의무적이고 원대하다. 반면 부성애는 높게 쏟을 수 있지만 절충이 가능하다. 기나긴 역사 동안은 물론이고 지금 이 순간에도 어린 시절에 아버지와 깊은 유대감을 쌓은 사람이 드물다.

모든 문화에서 남자와 여자는 배우자에게 바라는 것과 우선순위가 다르게 나타난다. 지금은 고전이 된 한 비교문화 연구를 보자. 37개 문화를 대상으로 배우자 선호도를 조사했는데, 모든 문화권에서 여자는 수입이 높은 배우자 후보에게 더 큰 관심을 보였다. 남자는 젊고 신체적 매력이 있는 배우자 후보에게 더 큰 관심을 보였다.[41]

그 이유가 무엇일까?

어머니가 될 수도 있는 여자 입장에서는 아이 아버지가 자식과 배우자의 안녕에 기여해야 안락하게 지낼 수 있기 때문이다. 그렇다면 여자는 경제적 능력이 있는 남자를 더 선호하도록 선택될 것이다. 한편 여성의 번식력은 어린 나이에 정점에 이르고 남성의 번식력보다 훨씬 가파르게 떨어지기 때문에 아버지가 될 수 있는 남자 입장에서는 짝의 젊음과 아름다움에 더 많은 관심을 기울이게 된다. 이때 젊음과 아름다움은 번식력의 대용물이라고 할 수 있다.

게다가 아이를 낳은 여자는 자기가 아이 어머니(모권)라는 걸 확신할 수 있지만, 아이 아버지는 그렇지 않다. 친부 확인은 훨씬 더 어려운 일이다. 그리 흥미롭지 않은 이 문제가 진화의 관점에서는 대단히 중요하다.

과학기술의 발달로 친자를 확인할 수 있게 되기 전까지 아버지들은 친부임을 확신할 수 없었다. 때문에 질투와 짝 보호는 여자들보다 남자들 사이에서 훨씬 더 광범위하게 진화했다. 모든 문화에서 남자는 친부임을 더 확신할 수 있는 방향으로 여성의 번식 활동을 통제해왔다. 그중 제일 파괴적이고 분열을 일으켰던 것이 생리하는 여자를 가두는 생리 오두막(그래서 여자의 생리 주기를 알 수 있었다)과 여성 할례(성적 쾌감의 가능성을 낮추거나 제한한다)다.

우리의 논거에 대해 독자 여러분이 오해하지 않기를. 우리는 통제 수단을 절대로 정당화하는 것이 아니다. 더 정확한 이해를 위해 진화의 렌즈로 그러한 관습을 조사하는 것 뿐이다.

친부임을 확신할 수 없을 때 또 다른 반응은 다음과 같다. 몇몇 문화에서는 어머니의 형제들이 누이의 자식에게 남성의 역할 모델을 한다.[42] 어느 아이가 누구 자식인지 확신할 수 없는 상황에서 사실상 아버지 노릇을 하는 것이다.

예를 들어, 인도 서남부의 나야르족은 아내와 남편이 함께 살지 않는다. 부부는 성 활동을 끝낸 뒤에 거의 함께하지 않고, 여자는 다수의 남편을 둘 수 있다. 자신이 아이의 부친인지 아닌지를 확신할 수 없는 아버지들은 양육에 참여하지 않고, 대신에 어머니의 형제들이 조카들에게 아버지의 권리와 책임을 수행한다. 그런 탓에 우리의 WEIRD 눈에는 그들이 친아버지처럼 보인다.

마지막 몇 단락에는 확실히 입증된 진화 이론이 반영돼 있다.[43] 여기서 정말 흥미로운 문제는, 그 이론이 남자와 여자의 번식 전략과 사회적 전략을 어떻게 예측하느냐다. 우리는 다음과 같이 생각하며, 자세한 내용은 다음 장에서 논할 것이다.

가능한 번식 전략은 크게 세 가지다.
1. 번식, 사회생활, 정서 면에서 서로 협력하고 장기적으로 투자한다.
2. 원하지 않는 파트너에게 번식을 강요한다.
3. 단기간의 성 활동 이외에는 거의 투자하지 않는다.

여자는 임신과 수유에 매여 있고, 예로부터 짝 선택은 자손 생산이 목적이었던 탓에 융통성 있게 전략을 구사하기 어렵다. 대체로 1번 전략에 묶여 있는 것이다. 얼마 전까지만 해도 여자는 하룻밤 상대보다는 장기적인 파트너를 선호했고, 남자보다 성적으로 더 소극적인('내숭 떠는') 경향이 있었다.[44] 여자는 게임을 길게 끌고 가면서 파트너, 공동 양육자, 함께 늙어갈 남자를 찾는 경향이 있었다.

다음 세대에 유전자를 남기고픈 여자라면 이는 최고의 전략이다. 임신과 수유는 포유동물 암컷에게 해부학·생리학적으로 주어진 특성이다. 자연의 섭리에 따라 자식에게 투자하지 않을 수 없다는 점을 고려할 때, 처음부터 함께할 파트너가 있다면 양육에 성공할 확률이 높아질 것이다.

장기적인 짝을 찾고 그와 함께 살면서 아이를 키우고 평생을 보내는 것은 남자에게도 충분히 가능한 번식 전략이다. 소수의 남자를 제외한 모든 남자에게 가장 좋다. 그리고 다음 장에서 우리가 더 자세히 옹호할 전략이다. 1번 전략은 롱 게임, 즉 정서 투자 전략이다.

남자에게 주어진 남은 선택지 중 두 번째는 명백히 도덕적으로 비난받을 만하다. 남자는 강간을 통해서도 번식할 수 있고, 전시에는 어렵지 않게 그래왔다. 어떤 사람도 그런 방법이 개인적으로나 사회적으로나 명예롭고 바람직하다고 옹호하지 않는다.

세 번째 전략도 사회적으로 명예롭거나 바람직하지 않다. 하지만 '성 긍정sex-positive' 운동가들은 청교도주의(철저한 금욕주의)로부터 탈출과 해방을 이뤘다는 징표로 이 전략을 장려한다. 원 나잇 스탠드, 즉 모르는 사람과 하룻밤을 보내고 약속이나 기대를 하지 않는 전략이다. 이는 강제력과 무관하며, 많은 여자가 방금 만난 남자와 스스로 원해서 섹스를 한다. 하지만 그러한 성관계는 종종 어느 한쪽의 거짓말과 뒤얽혀 있다. 만일 남자의 나쁜 특성을 차용하는 것이 남녀평등과 해방의 증거가 된다면, 우리는 우리의 가치를 재조사해야 한다.

많은 여자가 3번 전략, 즉 폭력도 투자도 없는 단기 게임에 몰두함에 따라 섹스가 점점 더 흔하고 쉬운 놀잇감이 되고 있다. 성 긍정 페미니즘의 메시지와는 반대로, 우리가 이 단기 게임에 몰두하면 할수록 여자의 성적 권한은 축소된다.

양성이 경박하고 차가운 섹스를 일상적으로 추구한다면 최악(또는 차악)의 경우 모든 사람이 남자처럼 행동할 수 있는 조건이 형성된다. 물론 이 전략은 강간과 비교하면 나쁘진 않다. 그렇다고 1번만큼 좋은 것도 아니다. 양성이 이 번식 전략에 끌려간다면, 그 사회는 호구의 오류에 빠지게 된다. 단기적 이익(성적 쾌락)에 집중하느라 위험과 장기적 비용을 안 보이게 밀쳐둘 뿐만 아니라, 순수한 분석의 결과가 부정적일 때(사랑과 그로부터 나오는 이득을 발견할 확률이 낮을 때)도 쉬운 섹스를 수용하게 된다.

우리는 이제 이성 간 거래 방식을 재조정해야 한다. 과거로 돌아갈 순 없지만, 이 자리에 머물러서도 안 된다.

⠿ 다시 보는 포르노그래피

마지막으로, 포르노그래피를 경계하라.

'섹스를 하다' 같은 건 없다. 그건 '넷플릭스를 보다', '기타를 치다'와 같지 않다. 섹스는 상호작용이고 창발적이어서 사람 A와 '섹스하는' 것은 사람 B와 '섹스하는' 것과 같지 않다.

똑같다고 생각하는 자체가 어떤 것의 대용물이 바로 그 '본체'라고 생각하는 환원주의의 오류에 해당한다. 우리가 섹스를 측정하고 기록할 수 있다는 가정하에서 심박수를 재고 기록했다고 상상하는 것이다. 화학적 불균형은 정신질환이 되고, 에너지 음료는 음식이 된다. 마찬가지로 포르노는 섹스가 된다.

모든 계산이 틀렸다.

물론 사람들은 인간의 성에 매료된다. 진화의 관점이나 개인의 관점에서 타인을 지켜보면 위험과 기회에 관한 정보를 얻을 수 있다. 하지만 지켜보는 행위는 앞서 말한 3번 전략을 부추긴다. 지금 당장 섹스를 하기 위한 전략, 상대가 누구인지는 중요하지 않은.

질투는 성에 따라 다르다. 남자는 주로 육체의 정절이 의심스러울 때 질투하고, 여자는 감정의 정절이 의심스러울 때 질투한다.[45] 성별에 따라 포르노와 성애물(에로티카)로 시청이 갈린다. 일반적으로 여자는 성애물,[46] 말하자면 스토리가 있는 픽션을 선호한다. 반면에 포르노는 3번 전략을 채택한 만큼 신체 부위에 집중하고, 관심과 돈을 빼앗는 경쟁에 매몰돼 극단적인 성행위에 가산점을 부여한다. 한 조사에 따르면, 성인 인구 중에 포르노를 꾸준히 소비하다가 성년이 된 층에서 (그렇지 않은 층에 비해) 여자들에게 화면에서나 볼 수 있는 항문 섹스, 목조르기, 기타 폭력적인 '게임'을 요구하는 비율이 높다고 보고되었다.[47] 물론 화면 밖에서 그런 걸 원하는 여성은 거의 없다.

포르노는 우리가 명명한, 이른바 **성적 자폐증**sexual autism을 만들어낸다. 이 자폐증이란 말은 비유적 표현이다. 우리는 의학적으로 자폐증 진단을 받은 사람을 모욕할 의도가 전혀 없으며, 자폐인들이 비장애인보다 진실한 연결과 사랑, 인간관계를 덜 원한다고 생각지도 않는다. 현재의 자폐증 진단 기준을 볼 때 포르노가 단골들에게 성과 관련해서 그와 유사한 상태를 만들어낸다고 말하고 싶을 따름이다. 입력되는 감각 정보가 압도적으로 중요한 반면, 감정적 교류 및 사회적 소통은 묻혀 있거나 중요하게 다뤄지지도 않는다.

포르노를 통해 성 행동을 배운 사람은 대개 반복적인 행동을 보이고, 입력되는 감각 정보에 유난히 민감하다. 그들에겐 성 소통이 난감한 문제다. 소통이란 원래 쌍무적이라서 한 사람이 사전에 완벽히 예측하거나 통제할 수 없기 때문일 것이다. 포르노를 통해 성을 배운 사람은 성적 관계를 이해하고 발전시키고 유지시키는 것을 어려워한다. 융통성 없이 루틴을 고수하고, 편협한 관심사에 병적으로 집착한다. 간단히 말해서 그들은 새로움, 의외성, 발견("내가 그렇게 느낄 줄은 정말 몰랐어"), 창발성("**우리**가 그렇게 느낄 줄은 정말 몰랐어")과는 담을 쌓은 것이다.

우리의 주장처럼 가장 완전한 인간의 성은 온전한 개인들—두 몸과 뇌, 심장과 영혼—사이에서 창조적으로 출현하는 것이라면, 그와 반대로 포르노는 섹스를 상품과 행위, 물리적 몸으로 축소한다. 포르노로 배운 섹스는 한정된 메뉴에서 고른 탓에 반복적이고 유연하지 못하며 오르가슴에만 초점을 맞춘다.

포르노로 성을 배운 사람은 자신의 몸이 아닌 어떤 것에서도 피드백을 감지하지 못한다. 그에게 소통과 피드백은 중요하지 않다. 어쩌면 그 가치를 아예 모를 수도 있다. 그는 관계 형성에 서툴뿐더러 관계를 이해하는 것마저 어려워한다. 메뉴판에서 관계를 고를 때는 우연한 발견이나 행운이 절대 찾아오지 않는다.

포르노로 배운 섹스는 사실상 섹스를 김빠지게 만든다. 두 사람의 성이 풍부하게 연결됐을 때 출현할 수 있는 정서적이고 인간적인 발견들은 어떻게 될까? 그런 게 없다면 밖에 나가 산책하는 것이 낫다.

더 나은 삶을 위한 접근법

○ **책임질 수 없는 섹스는 피하라.** 대가를 지불하는 섹스도 마찬가지다. 언제 어디서나 섹스를 찾으면서 섹스의 가치를 떨어뜨린다면 한 사람과 안정적인 유대를 형성하기가 어려워진다. 유대는 평등한 두 사람의 관계, 즉 어느 한쪽도 상대에게 복종하거나 무시당하지 않는 관계로부터 비롯된다. 환희와 열정을 추구하라. 당신이 잘 알고, 당신을 잘 아는 사람과 함께라면 그러한 보물을 더 꾸준히 얻게 될 것이다.

○ **쉬운 섹스를 수용하라는 사회적 압력에 굴하지 말라.** 당신은 만난 지 몇 시간이나 며칠도 안 된 남자와 잠을 자는 데는 관심이 없다. 그런데 어떤 남자가 그런 여자를 찾기 위해 당신을 그냥 지나쳤다면 당신이 잃은 것은 무엇일까? 고작 3번 전략에 몰두하는 남자와의 만남이다. 그러니 자신의 값싼 충동에 따라 행동하지 않으며, 당신과 이해관계가 맞아떨어지는 좋은 남자를 찾기를 권한다.

○ **아이들의 포르노 접근을 막으라.** 성인인 당신도 멀리하는 것은 물론이다. 질 낮은 사랑과 섹스, 음악, 유머 말고도 시장의 침입을 허락하지 말아야 할 것들이 있다.

○ **아이들의 발달을 차단하거나 중단시키거나 근본적으로 변화시키는 방법은 피하라.** 젠더는 성의 행동적 표현이고, 따라서 진화의 산물인 동시에 타고난 성보다 유동적이다. 아동기는 정체성을 탐구하고 형성하는 시기다. 아이들이 타고난 성을 바꾸겠다고 하면, 평범한 놀이와 경계 탐구 정도로만 받아들이라. 성장기에는 어떤 결과도 서두를 필요가 없다. 간성(암수 형질의 혼합)인 사람은 실제로 간성이고, 트렌스젠더인 사람은 실제

로 트렌스젠더지만, 둘 다 매우 드문 사례다. 하지만 오늘날 '젠더 이데올로기'는 여러 가지 면에서 위험성이 높으며,[48] 다수의 치료법(호르몬 치료, 수술 치료)은 되돌릴 수 없는 결과를 낳는다.

○ **태아와 아이로부터 오염물질을 멀리 두라.** 몇몇 개구리 종에서 확인된 바에 따르면, 아트라진(제초제)을 비롯한 일반적인 환경 오염 물질에 노출되면 자웅동체 개체가 증가한다. 개구리의 성 결정은 인간과 다르지만, 성과 젠더를 둘러싼 지금의 혼란스러운 문제가 우리 환경에 광범위하게 존재하는 내분비계 혼란 때문에 발생하는 것이라고 밝혀져도 그리 놀랄 일은 아닐 것이다.

○ **우리의 차이가 집단의 힘에 기여한다는 사실을 인정하라.** 만일 여자를 더 많이 끌어들이는 직업(교사, 사회복지사, 간호사 등)이 지금보다 더 가치 있게 인정받는다면, 여자가 무관심한 분야에서 동등한 남녀 비율을 요구하는 경향은 사라질 것이다. 우리가 평균적으로 다르다는 것을 인정하는 것이야말로 모든 사람에게 실질적으로 모든 기회가 활짝 열린 사회를 건설할 수 있는 결정적 첫걸음이다. 동등한 기회는 현실과 보조를 맞출 수 있는 훌륭한 목표지만, 어린이집 종사자부터 환경미화원에 이르기까지 모든 직종에서 동등한 남녀 비율을 요구한다면, 관련된 모든 사람이 실망스러운 결과를 피하지 못할 것이다.

+ + +

선호의 방향이 달라지면 선택이 달라진다.

우리가 법 앞에서 동등하다는 걸 보장하기보다

우리가 마치 똑같은 존재인 척하는 건 어리석은 게임이다.

짝짓기 체계와
부모의 역할

A HUNTER-GATHERER'S
GUIDE TO THE
21ST CENTURY

우리가 지금까지 초점을 맞춰온 개인 ─ 몸과 마음, 다리와 피, 생각과 감정을 가진 자신 ─ 은 복잡한 현상이다. 개인들이 합쳐져서 관계를 이룰 때 복잡성은 기하급수로 증가한다. 많은 동물 집단에서 개체의 상호작용과 복잡성은 초월적인 힘을 가진 것, 바로 사랑을 낳는다. 사랑은 근본적으로 중요하다. 특히 인간에게는.

자식에 대한 사랑이든, 배우자에 대한 사랑이든, 대의에 대한 사랑이든, 비록 형태는 다르지만 모든 사랑은 공통의 기원을 가지고 있다. 모든 사랑이 아름다우며, 정상적인 삶을 파괴할 수 있다. 우리가 인간 종으로 존속할 수 있었던 배경에도 사랑이 있다. 그렇다면 한 가지 의문이 고개를 든다. 사랑이란 무엇인가.

사랑이란 자기 외의 사람이나 사물을 자신이 확장된 것처럼 소중히 여기는 감정 상태다. 그렇다. 사랑, 그 알맹이는 친밀한 통합의 문제다. 진실한 사랑보다 더 강한 것은 없다.

사랑은 엄마와 아기 사이에서 처음 진화하다가 점점 날개를 펼쳐 범위를 넓혔다. 이내 성인들은 파트너 간의 사랑을 확실히 경험했고, 아빠와 자식, 조부모와 손주, 형제 사이 등 다른 형태의 사랑도 꽃을 피우기 시작했다. 이어서 친구들, 병사들 등 좋든 나쁘든 강렬한 경험을 함께한 사람들 사이에서도 사랑이 움트기 시작했다.

인간의 신화를 펼쳐보면, 자아 개념을 확장하게 유도하고 적용해서 '내집단'을 형성하고자 하는 이야기가 많이 등장한다. 착한 사마리아인 이야기는 심지어 적으로 여겨야 할 사람들 사이에서도 사랑이 가능함을 보여준다. 사랑은 더욱 진화해서 추상 개념—애국심, 신에 대한 경애, 명예와 봉사에 대한 애정, 진리와 정의—을 포함하게 됐다.

우리가 경험하는 형태의 사랑은 거의 2억 년 전, 포유동물이 파충류와 갈라질 때 처음 진화했다. 성의 진화와 함께 사랑의 진화를 이해하는 데는 알(난자)이 근본적으로 중요하다.

포유류와 파충류를 아우르는 최근의 공통 조상은 알을 낳았다. 알을 낳는 종에게 알은 부화하는 동안 배아가 굶주리지 않도록 충분한 영양분을 담고 있어야 한다. 부모가 둘 다 둥지를 떠나 어린 새끼가 남겨지거나 돌보지 않는 종이라면, 새끼들은 부화 직후부터 스스로 챙겨 먹어야 한다.

어미는 새끼들에게 도움이 되도록 판을 짜놓을 수도 있다. 예를 들어, 나비는 자신의 애벌레가 먹을 수 있는 식물 위에 알을 낳고, 말벌은 마비된 거미의 몸속에 알을 낳아 새끼들이 그 몸을 먹이 삼아 기어나오게 하고, 낙지는 부화하는 알들에 몸을 대고 죽어 자기 몸을 자식들에게 먹이로 내어준다. 하지만 부모 돌봄이 없으면 부화한 새끼들은 스스로 살아가야 한다.

최초의 포유동물은 알을 낳았다. 많은 종이 부모의 경계로 이득을 보건

했지만, 그 알들은 사랑을 필요로 하지 않았다. 하지만 알을 낳는 포유동물로서 현존하는 다섯 종—네 종의 바늘두더지와 오리너구리—은 알을 낳는 다른 종들과 상당히 다르다. 알을 낳는 포유류도 젖을 낸다. 초기에 젖 먹이기는 어설픈 과정이었다. 변형된 땀샘에서 영양가 높은 액체가 분비됐고, 이것이 어미의 피부 밖으로 새어나왔다. 후에 더 정교한 전달 체계가 진화했다. 젖꼭지였다. 하지만 젖꼭지가 있든 없든 간에 모든 포유동물은 젖으로 문제를 해결한다.

포유동물의 어미는 먹이를 구하는 동안 새끼들을 안전한 곳에 남겨둘 수 있다. 이제 모든 먹이를 (알에 담아) 미리 제공하거나 굴로 먹이를 조금씩 물어와야 하는 문제에서 해방된 것이다. 모유 덕분에 어미는 화학적으로나 영양적으로나 발달에 도움이 되는 다양한 방식으로 새끼에게 먹일 음식을 조정할 수 있었다. 처음엔 그게 다였다. 모유는 영양과 면역 문제에 대응하는 많은 진화적 해법 가운데 하나다. 그리고 훨씬 더 많은 해법을 찾는 관문이다.

일단 젖샘이 자식 키우기에 필요한 장치가 되고부터 새끼들은 어미와 만나고 어미와 함께 시간을 보낼 수 있게 되었다. 인류 역사에서 얼마 전까지는 어미와 새끼가 직접 접촉하는 것만이 영양분을 전달할 수 있는 유일한 통로였다. 그러나 여기에 사랑은 필요치 않았다. 어미와 새끼는 감정을 배제하고 자신의 역할만 담당할 뿐이었다.

하지만 복잡한 사회성과 길어진 아동기처럼 감정의 개입도 '적응적'이다. 큰 포식자라면 새끼를 보고 입맛을 다실 것이다. 무방비하고 부드럽고 병원균도 없을 어린 포유동물은 사실상 완벽한 먹이다. 그렇다면 포유동물의 어미는 다음과 같은 문제에 자주 부딪힐 것이다. 포식자가 위협할 때 새끼를 보호하기 위해 어미는 위험을 얼마나 감수해야 할까?

이는 어미마다, 상황마다 제각기 달라서 위험도를 계산하려면 더 많은 정보를 알아야 한다. 지금까지 자신은 몇 번의 번식을 했고, 앞으로는 얼마나 더 번식할 수 있을까? 맞닥뜨린 포식자가 얼마나 위험하고 자신은 싸울 수 있는 장비를 얼마나 잘 갖추고 있을까? 한 새끼를 구하려다가 죽는다면 남은 새끼들은 굶어 죽어야 할까? 모든 조건을 고려하면 사실상 이미 결론은 나와 있다. 특정 충돌로 인해 어미의 적합도는 증가할까, 아니면 감소할까? 다른 모든 조건이 동등하다면, 어미가 더 정확한 계산을 하는 계통은 그렇지 못한 계통을 경쟁에서 이길 것이다. 그리고 어미의 계산은 그런 과정을 통해 개선되고 수정될 것이다.

물론 동물들은 명시적인 의미에서 계산이라는 걸 하지 않으며, 번식의 주기, 위험, 기회와 관련된 데이터에는 접근도 할 수 없다. 어미에게는 그저 직감적으로 알고 그에 따라 행동을 조정하게끔 선택된 정신 구조가 있을 뿐이다. 이 직관적 계산을 증명하는 언어—어미가 행동의 동기를 느끼는 방식—가 감정이다. 사랑은 바로 그 감정들이 뒤섞인 강력한 합금이다.

이번 장에서 우리는 사랑이 어떻게 진화했기에 우리의 '가족 역동(가족 간 관계와 힘에 대한 인식)'을 자극하는지, 그리고 짝짓기와 나이 드는 것에 어떠한 영향을 미치는지, 마지막으로 왜 죽음을 애도하게 하는지 등을 탐구할 것이다.

‼️ 엄마와 아빠 그리고 타인

모든 포유동물은 어미의 보살핌을 받는다. 앞서 말했듯이 모성애는 가장 오래되고 근원적 형태의 사랑이다. 진정한 사랑은 모두 이 개념의 구체적 표현이다. 하지만 사랑이 진화한 동물은 포유류만이 아니다. 포유류와 완전히 별개로 사랑이 진화한 동물이 있다. 바로 조류다.

조류 가운데 많은 종이 부모와 새끼가 만나지 않는다. 호주의 야생 칠면조 부시터키Bush turkey는 어미가 둔덕에 알을 낳아두면 새끼들이 자급자족할 수 있는 상태로 부화하고 둥지를 떠난다. 뻐꾸기와 찌르레기 같은 '탁란조'는 다른 종의 새가 품고 있는 둥지에 알을 낳는다. 어느 경우에나 갓 부화한 새끼들은 미리 프로그래밍이 돼 있어야 한다.

독자 여러분이 마모셋원숭이에게 나무 위에서 사는 법을 가르칠 수 없는 것처럼, 아무것도 모르는 양부모가 새끼 뻐꾸기에게 좋은 가르침을 전해줄 리 없다. 하지만 프로그램이 내장된 새는 예외적인 사례에 속한다. 대다수 조류는 부모가 새끼를 적극적으로 돌보기 때문이다. 새끼를 양육하는 새들은 적합도 및 위험과 관련해 포유동물의 어미가 직면하는 것과 정확히 똑같은 조건에 직면한다. 작은 새들이 큰 약탈자에게 달려들어 둥지에서 멀리 쫓아내는 걸 여러분도 본 적 있을 것이다.

모든 포유류와 부모 돌봄을 원칙으로 하는 대다수의 조류는 부모가 새끼를 먹이고 보호한다. 그에 따라 새끼는 발달 면에서 무력하게 태어나도 문제가 없도록 진화했다. 어미나 아비가 곁에서 먹이고 보호해주니 스스로 할 필요가 없는 것이다.

갓 부화하거나 갓 태어난 새끼들의 무력함—**만성성**altriciality—은 그 자체가 자산은 아니지만, 그것을 토대로 특별한 일들이 가능해진다. 새끼가 부모와 긴밀히 접촉할 때(문화 전달) 뇌의 주요 프로그램이 형성될 수 있다. 이 과정은 유전자를 통한 변화보다 훨씬 빠르다. 문화 전달을 통하면 행동이 신속하게 진화할 뿐만 아니라, 주변 환경 ─ 물리적·화학적·생리적·사회적 환경 ─ 에 맞게 행동 패턴이 바뀐다.

조류와 포유류 내에서 만성성[1]은 행동 유연성 ─ **가소성**plasticity ─ 이라는 자산의 어두운 면이다. 이에 대해서는 다음 장에서 다시 논할 것이다. 행동 유연성은 프로그래밍이 전적으로 유전체에 달려 있지 않은 동물 사이에서 출현한다. 거칠게 표현하자면, 가소성은 세대 간 상호작용을 하는 종일수록, 갓 부화하거나 태어난 새끼들이 무력할수록 커진다.

동물의 부모가 새끼를 돌볼 때 주 보호자는 일반적으로 암컷이지만 예외도 있다. 자카나새와 해마의 경우 어떤 생태 조건에서는 돌봄에 관한 성역할 역전이 일어나고, 실제로 그렇게 진화한다. 암컷 돌봄이 빠진 수컷 돌봄이 드물긴 해도 아예 없는 것은 아니다.

더 일반적인 것은 양쪽이 다 참여하는 부모 돌봄이다. 백조와 북극제비갈매기, 티티원숭이와 긴팔원숭이 등 다양한 동물에게서 나타난다. 푸른요정굴뚝새나 미어캣 등 형제나 혈연이 아닌 이웃들까지 새끼 돌봄에 참여하는 종도 있는데, 이런 체계를 '협동 번식cooperative breeding'이라 한다.

비단원숭잇과는 마모셋, 타마린과 함께 신세계원숭이에 속하는 분기군으로 협동 번식이 일반적이다. 어미는 주로 쌍둥이를 낳고, 대부분의 시간과 에너지를 젖 먹이기와 식량 구하기에 쓴다. 하지만 삶의 터전인 정글의 높은 나무에서 떨어지지 않도록 새끼를 끊임없이 업고 다녀야 하고, 어린 원숭이를 끊임없이 지켜봐야 한다. 어미가 아니라면 누가 아기를 업고 다니고, 어린 것들을 지켜보겠는가?

여러 종의 비단원숭이가 어미밖에는 젖을 먹일 수 없지만, 그 외 모든 돌봄은 공동으로 맡아서 한다. 아비, 때로는 아비의 형제, 성장한 자식, 훗날 자기도 도움을 받으리라 은근히 기대하고 참여하는 암컷 등. 마찬가지로 벌거숭이두더지쥐도 협동 번식의 특징을 보인다. 새끼가 젖을 떼고 나면 부모가 아닌 보모들이 보살핀다.

개체들이 저마다 자신의 이익을 추구하는 단독 번식에서 더 복잡하고 협력이 필요한 협동 번식으로 체계를 바꾼 이유는 무엇 때문일까? 협동 번식이 진화하려면 난혼의 비율이 낮고[2] 자원이 환경에 널리 분포돼 있어서 어느 한 개체가 독점할 수 없어야 한다. 자원의 독점이 짝의 독점으로 이어진다. 실제로 자원의 시공간적 분포는 짝짓기 체계에 폭넓게 영향을 미친다.[3]

❖ 어떻게 짝을 이루는가

여기 짝짓기를 마친 백조 한 쌍이 나란히 헤엄치고 있다. 수컷이 약간 클 수도 있지만, 둘은 서로 구별하기 어려울 정도로 대단히 비슷하다.[4] 일부일처 동물의 암수는 색, 크기, 형태가 거의 비슷하다. 이번엔 코끼리바다표범을 보자. 수컷 한 마리가 암컷 수십 마리의 번식 활동을 독차지하고 있다. 코끼리바다표범의 수컷은 코도 특대 사이즈고 몸집도 암컷보다 세 배 이상 크다. 성 크기 이형성sexual size dimorphism은 척추동물의 일부다처를 가리키는 유력한 예측 변수다.

성 크기 이형성에 관한 한 인간은 코끼리바다표범보다는 백조에 훨씬 가깝지만, 우리는 백조가 아니다. 남성은 여성보다 평균 15퍼센트 더 크고[5] 힘도 상당히 세다. 이 사실은 우리 조상이 적어도 어느 정도는 일부다처였거나 난혼이었음을 말해준다.

우리의 진화적 과거를 거슬러 올라가면 일부다처제는 놀랄 일도 아니다. 현존하는 대형 유인원 중 우리를 제외한 어떤 종도 일부일처가 아니다. 하지만 호모 사피엔스는 침팬지, 보노보와 갈라진 후로 확실히 일부일처로 방향을 틀어 진화해왔다. 우리의 성적 이형성은 침팬지와 보노보보다 약하다. 또한 거의 모든 문화는 한때 일부다처제였지만, 오늘날 대다수의 사람이 일부일처제가 규범으로 정착된 문화에서 살고 있다.

포유동물 사이에서 일부일처제는 깨지기 쉬워 종종 일부다처제로 변질된다. 그럼에도 다른 체계보다 우월하다.

일부일처제가 우월한 체계라는 대담한 주장을 옹호하기 위해 다음과 같은 논리로 시작할 것이다. 일부일처제는 자녀 양육부터 협력과 공정성을 가장 많이 실현할 수 있는 짝짓기 체계다.

영장류 사이에서 일부일처제는 상대적으로 가장 큰 뇌와 관련 있다.[6] 생물군 전반에 걸쳐 암컷은 섹스를 제한하는 성이라서 파트너를 까다롭게 고를 수 있다. 일처다부제에서는 섹스 파트너가 암컷에겐 넘치는 반면 수컷에겐 부족하고, (성행위 이상의 것을 투자할 의도가 없으므로) 수컷은 대개 낮은 기준으로 섹스 파트너를 선택한다. 암컷에게 전염병의 뚜렷한 징후가 없다면, 수컷은 종이 비슷하고 뜻만 맞으면 상대를 가리지 않는다. 잡종이라도 자식을 생산할 가능성이 실낱같이 보인다면 진화적으로 무자식보다는 백배 나을 테니 말이다.

> **짝짓기 체계 유형**
>
> 짝짓기 체계는 각 성별의 구성원이 일반적으로 갖는 짝의 수를 의미한다.
> 크게 다음과 같이 나눌 수 있다
>
> - 일부일처제monogamy: 암수 개체 모두 한 번에 하나의 파트너만 있음
> - 복혼제polygamy: 암컷 또는 수컷이 동시에 여러 파트너가 있는 경우로
>   하위 유형의 존재
>   - 일부다처제polygyny: 하나의 수컷에 복수의 암컷(poly는 많음, gyn은
>   암컷을 뜻함)
>   - 일처다부제polyandry: 하나의 암컷에 복수의 수컷(andr는 수컷을 뜻함)
> - 난혼 promiscuity: 암수 모두 얼마든지 바꿀 수 있는 복수의 파트너가 있
>   음(인간의 경우 다자간 연애polyamory)

일부일처제가 존재하지 않는다면, 암컷이 번식의 부담을 모두 떠안고 수컷은 아무 생각 없이 섹스에만 열을 올리는 방향으로 흘러갈 것이다.

일부일처제가 생길 때―앞 장에서 말한 1번 전략을 암수가 똑같이 추구할 때―수컷은 성에 대한 관점과 신체 구조 면에서 암컷과 더 비슷해진다. 일부일처 수컷은 하나의 암컷만 고를 수 있고 다른 암컷과는 섹스할 기회를 얻지 못한다. 따라서 암컷이 파트너를 고르듯 수컷도 파트너를 까다롭게 고를 이유가 충분하다.

수컷이 이렇게 까다로우면 폭력을 사용하는 경향이 약해진다. 최고의 암컷에게 접근하려고 싸움을 벌이긴 해도 '하렘'을 차지하고 지키기 위해 전전긍긍할 필요가 없으니까. 하렘은 거대한 뿔과 날카로운 이빨 같은

무기와 밀접한 관련이 있다. 일부일처제인 긴팔원숭이를 일부다처제인 개코원숭이와 비교하면, 개코원숭이는 성 크기 이형성이 뚜렷하고 송곳니가 훨씬 큰 것을 볼 수 있다. 일부다처제—앞 장에서 말한 2번과 3번 전략과 관계있는 체계—는 필연적으로 수컷 간 폭력과 그 폭력을 뒷받침하는 신체 구조로 이어진다.

게다가 일부일처제에서는 개체군 안에서 거의 모든 개체가 짝을 이룬다. 짝짓기 체계와 무관하게 개체군 안의 성비가 1 대 1로 가는 경향이 있기 때문이다. 그러면 성적인 좌절에 몸부림치다 결국 폭력으로 하렘 소유자를 타도하거나(사자와 코끼리바다표범처럼) 강간을 해야만(오리와 돌고래처럼) 번식할 수 있는 성난 수컷이 누적되지 않는다. 인간 사회의 일부일처제가 가진 근본적인 의미들은 잠시 후에 짤막하게 살펴볼 것이다.

조류와 포유류는 별도로 진화한 많은 유사성에도 짝짓기 체계만큼은 뚜렷이 다르다. 일부일처제인 포유동물은 거의 없지만, 조류의 대부분은 일부일처제다. 다시 말해서, 조류는 대부분 성적 배타성—암수 한 쌍의 관계—을 길게 유지한다. 어떤 쌍은 번식기에만 유지되고, 어떤 쌍은 평생 짝짓기를 한다. 왜 이런 차이가 발생했을까?

모든 새는 알을 낳는다. 이상하게 들리겠지만, 새알은 수컷의 성적 질투를 녹이는 강력한 해독제다. 조류의 알은 수정된 후에 금방 껍질이 생기고, 또한 새끼가 금방 세상에 나오기 때문이다. 그래서 수컷 새는 짝짓기 전후에 한동안만 경쟁자로부터 암컷을 지켜내기만 하면 된다. 그러면 확실히 새끼들의 유전적 아버지가 될 수 있다.

이와는 반대로 태아를 오래 품어야 하는 포유동물은 수정과 출산의 간격이 길다. 그렇기에 수컷은 자기와 짝을 이룬 암컷이 임신 전후에 다른 수컷과 짝짓기하지 않았는지 확신할 수가 없다. 부친이 확실한지 믿지 못하는 수컷은 암컷과 유대를 유지하고 양육에 참여할 의지가 꺾인다. 조류 수컷은 부친일 확률이 높지만, 포유류는 상대적으로 그렇지 않다. 그 결과, 포유류 수컷은 (만일 아버지임이 확실하다면) 분명 옆에 붙어서 도와주는 것이 유익한데도 (확신하지 못하고) 짝과 자식을 버리고 만다. 일부일처제가 거의 모든 면에서 우월하지만, 포유동물 사이에서는 상대적으로 어렵게 진화한 면이 있다.

일단 부부간 유대가 형성되면 수컷은 선택에 직면한다. 선택한 암컷을 경쟁자로부터 보호하는 것만 할 수도 있고, 새끼를 먹이고 키우는 일에까지 기여할 수도 있다. 일부일처 동물 사이에서 부모 돌봄은 보편적이지 않지만, 드물지도 않다. 부모 돌봄은 자식이 살아서 번식기를 맞이할 가능성을 높여주는 동시에 건강한 자식을 더 많이 낳게 해준다. 둘 다 암컷과 수컷, 양쪽 적합도에 도움이 된다.

따라서 일부일처제는 사랑의 범위를 어머니와 자식의 사랑에서 유대를 맺은 부부의 사랑으로, 때로는 아버지와 자식의 사랑으로까지 넓혀준다. 일부일처제는 우정을 촉진하기도 한다. 까마귀의 친척인 갈까마귀는 평생 부부 유대를 지속하지만, 동시에 깃털이 날 무렵 또래들과 먹이를 주고받으면서 깊은 우정을 쌓기도 한다.[7]

부부 유대는 또한 유용한 노동 분업의 토대가 된다. 한부모 체계에서는 한쪽 부모(대개 어미)가 모든 일을 다 해야 하지만, 부부 체계에서는 어미의 일이 절반으로 준다. 긴부리참도요는 북극의 산란터에서 암컷이 밤 동안 알을 품고, 해가 뜨면 수컷이 그 일을 넘겨받는다.[8] 마이다스 시클리드라는 일부일처 담수어는 아비가 영토를 지키는 사이 어미는 양육에 집중한다.[9] 피그미마모셋은 어미가 가족이 먹을 식량을 확보하는 데 모든 시간을 쓰고, 아비가 나머지 일을 하면서 새끼를 키운다.[10]

인간의 경우에는 긍정적인 피드백 순환이 형성된 것으로 보인다. 아기가 더 무력하게 태어나고 아동기가 길어지면서 부모 간 유대가 더 강해진 것이다. 사랑은 그 유대가 얼마나 견고한지를 나타내는 징표다.

가족이 진화함에 따라 동기간 사랑도 진화했다. 동기간 사랑을 뒤집으면 동기간 경쟁이 있는데, 형제자매들이 서로 만나는 종 안에서 이 경쟁은 예외 없이 강력한 힘으로 작용한다. 부모가 부부 유대를 맺었다면, 자식들은 유전적으로 완전한 친형제다. 이와는 반대로 암컷이 양육을 전담하고 수컷이 2번이나 3번 전략을 구사하는 종 안에서 자식들은 피를 절반만 나눈 이복형제들이다.

순수한 유전적 관점에서 볼 때 친형제는 협력을 위한 유전적 토대가 이복형제보다 두 배 강하다. 일부일처제는 친형제가 태어나는 체계며, 따라서 자식들끼리 협력을 고취한다. 협력의 극단적인 사례로 벌거숭이두더지쥐를 들 수 있다. 이들은 개미, 벌, 말벌, 흰개미를 생각나게 하는 진사회성eusociality(다른 개체의 번식을 도울 목적으로 번식을 포기하는 속성)을 진화시켰다.

포유류의 경우, 형제들의 유전적 관계는 상당히 기이한 결과를 낳기도 한다. 임신 중에 어미가 병드는 것은 어미와 태아의 이해 갈등에서 비롯된 것일 때가 많다. 자원을 놓고 부드럽지만 팽팽한 줄다리기가 벌어지는 것이다.[11] 어미로서는 자신의 전 번식 주기에 걸쳐 다양한 자식들에게 자원을 골고루 분배하는 것이 중요한 반면, 발달 중인 태아—호르몬을 통해 어미의 혈류에 접근할 수 있고 어머니와 유전자를 반만 공유하는 존재―로서는 어미의 목숨이 위태로워지지 않는 한에서 주어진 몫보다 더 많이 빼앗아오는 게 중요하다. 일부일처제에서는 이러한 이해 갈등이 완화된다. 미래에 친형제가 태어난다면 태아에겐 동생의 생존이 미래에 이부형제가 태어날 집단에 비해서 두 배 더 중요하기 때문이다.

일부일처제가 아닌 종의 경우 아비의 관점에서 이 상황을 다음과 같이 정리할 수 있다. 수컷은 암컷의 모성 행위를 이용하고, 수컷의 유전자는 임신을 통해서 이 기생성을 계속 이어나간다.

⫶ 일부일처제가 인간에게 미치는 영향

성, 젠더, 관계, 짝짓기 체계. 이 네 가지 주제는 서로 긴밀하게 뒤얽힌 동시에 복잡성과 중요성으로 가득 차 있다. 사실, 인간 경험에 그보다 더 중요한 걸 찾아보기란 어렵다. 이미 앞에서 네 주제를 다뤘지만, 여기에서는 맥락과 뉘앙스를 조금 더 추가해서 논의하고자 한다.

생태 조건이 변하면 그에 따라 짝짓기 체계도 변한다.[12] 자원이 남아돌 때는 일부일처제가 인기를 얻는 경향이 있다. 계통·인구 차원에서 집단이 가장 빠른 속도로 자원을 획득할 수 있고, 그에 따라 능력 있는 모든 성체가 자식을 양육할 수 있는 뚜렷한 이점이 있어서다. 하지만 인구집단이 환경 수용력에 다다르고 제로섬 게임이 다시 한번 작동하면, 지위가 높은 남자가 유리해지면서 일부다처제로 가는 경향이 득세한다.

부와 권력을 가진 남자들이 여러 여자의 임신 및 출산을 지배하려고 할 때는 남성 간의 경쟁이 추진력을 얻는다. WIERD 세계에서는 이 패턴이 수면 아래 잠겨 보이지 않을 수 있다. 남자가 (대개 첫 번째 여자보다 더 젊은) 두 번째 여자와 가족을 이루기 위해 기존 가족을 버릴 때 우리는 그것을 '연속적 일부일처제'라고 부르지만, 사실상 명백히 일부다처제의 한 형태기 때문이다.

한 사회에서 일부다처제가 부상할 때, 성적 좌절에 빠진 젊은 남자들은 짝을 얻기 위해 기꺼이 큰 위험을 감수한다. 상대적으로 몇 안 되는 유력한 남성들은 일부다처로 이득을 보는 동시에 좌절한 젊은이들을 무장시켜서 해외로 내보낸다. 젊은이들은 신부를 데리고 귀환하거나 결혼할 자격이 있는 전쟁 영웅이 되는 걸 꿈꾸면서 전장으로 향한다.

이러한 군사적 모험주의를 통해서 영토와 보물을 얻을 수 있다면, 확실한 진화적 결과가 발생한다. 정복 집단이 이용할 수 있는 자원이 확대되고, 그럼으로써 집단의 규모가 커지는 것이다. 군사적 모험주의는 '자원 이전'의 개척지이며, 본질상 도둑질이다. 이에 관해서는 마지막 장에서 다시 논하겠다.

그렇지만 우리 눈에는 일부다처의 비용이 잘 보이지 않을 수 있다. 따라서 잠시 시간을 들여 짝짓기 체계(일부일처제 대 일부다처제)가 번식력과 경제적 지위에 미치는 영향을 모형화하고, 그 모델을 기존의 경험적 데이터와 비교한 결과를 조금만 더 살펴보겠다.

다른 모든 조건이 같을 때 일부일처 문화의 사람들은 일부다처 문화의 사람들보다 출산률이 낮고 사회·경제적 지위가 높다. 배우자와의 연령차도 적다.[13] 이런 현상은 여자와 소녀를 물품으로 보지 않는 관점을 어느 정도 반영한다. 반면에 일부다처제가 확고한 문화에서는 정반대 경향이 우세하다.

일부다처제는 섹스와 번식을 자유롭게 하는 동시에 부정적인 결과를 낳지 않는 난혼에 대한 환상과 자주 결합한다. 성 혁명은 그러한 환상을 지지하는 듯 보이는데, 이는 두 가지 이유에서 잘못된 생각이다. 첫째, 산아 제한이 없는 조건에서 난혼은 비용 지불 없이 아이를 낳을 수 있는 남자에게만 좋고, 육아의 짐을 전부 떠안아야 하는 여성에겐 극히 위험하다. 둘째, 난혼은 일부다처제로 변하는 경향이 있다. 유력한 남자들이 연속적으로나 동시적으로 여러 명의 번식 파트너를 독점하는 지위에 오르기 때문이다.

산아 제한은 번식의 방정식을 좋은 쪽과 나쁜 쪽으로 동시에 변화시킨다. 여자는 임신과 육아라는 힘든 노동을 피할 수 있지만, 남자에 대한 가치가 확연히 줄어들고, 그와 동시에 남자가 책임지기를 더 꺼리게 된다.

산아 제한이 나타나기 전에 여자(그리고 이들의 가까운 친족)는 번식 가능성을 철저하게 방어했다. 아기 키우기는 정말 힘든 일이었다. 따라서 남자에게 도와달라고 당당하게 요구할 수 있는 여자가 그러지 않는 것은 어리석은 일이었다. 그런 세계에서 남자는 앞으로 책임질 여자에게 좋은 인상을 심어주고픈 동기가 충분했다. 오늘날 우리 사회에서 여자는 한부모가 될 위험을 피하고 자유롭게 섹스를 즐길 수 있지만, 장기적인 책임을 놓고 거래할 땐—특히 남자들이 단기 게임을 추구하는 3번 전략에 빠져 있다면— 근본적으로 불리한 위치에 서게 된다.

이 거래는 남자가 더 유리하고, 특히 육체적 쾌락이란 면에서 쉬운 섹스는 남자라면 그냥 지나치기 어려운 상금이다. 하지만 앞장에서 논의했듯이, 문제의 이 섹스는 상금이 적어서 순간에는 뿌듯하지만 장기적으로는 무의미하다. 남자는 육체적으로 많은 여자에게 성적인 가치를 인정받왔다고 느낄 수 있지만, 잠재의식에서는 그러한 인정의 관문이 너무 낮아서 무의미하다는 걸 알고 있다. 그래, 그저 섹스야. 얄팍하고 흔해 빠진 쓸모없는 섹스.

여자도 의식적으로 책임의 부담 없이 섹스를 즐기고 싶을 수 있다. 하지만 상대적으로 잠자리를 같이한 남자와 사랑에 빠지는 성향이 내장돼 있다. 진화적으로 섹스, 아기, 책임이 떼려야 뗄 수 없이 달라붙어 있기 때문이다.

섹스와 오르가슴은 여자의 뇌에 옥시토신을 분비시키고 상대와의 유대감을 조성한다. 남자에게 그런 작용을 하는 호르몬은 옥시토신이 아니라 바소프레신이지만 사정은 비슷하다(인간의 성행위와 사회적 행동에서 두 호르몬이 하는 역할은 충분히 연구됐지만, 부부 유대와의 관련성은 일부일처제를 고수하는 프레리들쥐를 통해 더욱 심층적으로 보고되었으며, 두 호르몬과 부부 유대의 관련성에 대해 우리가 아는 지식 대부분은 그 연구에서 비롯되었다).[14]

남녀의 번식 투자는 원래부터 기울어져 있었고, 이 점을 감안할 때 적어도 남자와 관련해서 그 체계는 이보다 훨씬 더 복잡할 것이다. 당신이 2번이나 3번 전략을 구사하는 남자라면, 사랑에 빠지는 데는 그 전략이 유리하지 않다는 사실을 고려하자.

매우 잘못됐고 비난받을 일이지만, 두 전략은 역사를 통틀어 남자에게 효과가 있었고, 그에 따라 몇몇 상황에서는 선택의 호의를 누렸다. 그런 전략은 섹스 파트너와 만나는 즉시 침대행으로 이어지는데, 방금 만난 여자와 섹스하는 중에는 바소프레신이 분비되지 않거나, 극히 소량만 분비될 것이다.

오늘날 가벼운 섹스가 넘쳐나다 보니 많은 남자가 다양한 영역에서 성공해야 할 크고 중요한 동기를 하나 잃게 됐다. 동시에 많은 사람의 눈에 진정으로 의미 있어 보이는 가치 있는 헌신과 책임 앞에서 변덕을 부리고 경박스러워졌다. 여자 또한 몇 가지 구속에서는 분명 자유로워졌지만 미숙한 성의 세계, 즉 가볍고 의미 없는 섹스를 되풀이하는 무한 게임에 빠져들었다.

이 게임의 승자는 누구일까? 두 부류의 남자가 이득을 본다. 파트너를 여럿 둘 수 있는 부유하고 유력한 남자와 섹스를 위해 여자에게 책임을 다할 것처럼 굴면서 아무런 투자도 하지 않는 남자. 그중 어떤 남자는 여자에게 성으로 답례해줄 것을 제안하고, 이때 여자는 손해 보지 않고서는 빠져나올 수 없는 처지가 되곤 한다. 어쩌다 보니 우리는 결함이 큰 짝짓기와 데이트 시스템을 왕과 비열한 남자에게 전리품을 갖다 바치는 시스템으로 대체하고 말았다.

우리는 모두 곤경에 처했다. 헌신적인 관계는 그 자체로 좋을 뿐만 아니라 건강한 자녀 양육에도 대단히 중요하다. 하지만 오늘날의 짝짓기와 데이트 시장에서 여자가 가벼운 섹스를 정상으로 인정하지 않으면 무시당하는 경우가 많다. 반면에 가벼운 섹스를 받아들이면 무심결에 헌신에 대한 걱정에 불이 붙게 된다.

이런 상황에서 남자는 여자를 희생시키고 이익을 취하는 것처럼 보일 수 있고, 어느 정도는 사실이다. 하지만 남자들의 횡재는 착각이다. 남자들이 책임지지 않는 섹스를 찾도록 설계된 건 사실이지만, 사랑이 넘치는 파트너십 또한 중시하도록 설계돼 있기 때문이다. 가벼운 섹스는 그걸 파괴한다.

남성과 여성은 상호 보완적이며, 둘 사이에는 건강하고 본능적인 긴장이 존재한다. 물론 인간과 동물에게 존재하는 동성애의 영향과 진화에 대해서도 할 말이 많다. 다만 지면 관계상 짧게 우리가 우려하는 바를 간단히 밝히고자 한다.

레즈비언과 게이는 동성에게 끌린다는 점에서 똑같이 동성애에 들어가지만, 진화적 기원에 있어서나 관계의 추이 면에서 볼 때 양쪽의 차이는 크고 앞서 살펴본 남녀의 차이와도 일치한다. 게다가 여성이 여성에게 끌리고 남성이 남성에게 끌리는 두 가지 형태의 동성애는 모두 '적응'이다.

그럼에도 인간의 전형은 이성애이며, 그 이유는 사회적으로 구성된 것이 아니기 때문이다. 고루하다 할지라도 가장 좋은 짝짓기 체계는 일부일처제다. 유능한 성인을 더 많이 키우고, 폭력과 전쟁에 호소하는 경향을 감소시키며, 협력을 충동질하기 때문이다.

⁝⁝⁝ 어른과 노화

21세기의 과도한 새로움 때문에 가장 위태로워진 것을 꼽자면 바로 육아일 것이다. 그 원인을 파악하기 위해 육아와 관련 있지만 얼핏 보면 무관해 보이는 다른 경로로 나아가보자.

인간의 노화를 막아보겠다고 야단법석을 피우는 사람들이 있다. 헤로도토스와 폰세 데 레온*부터 부유한 현대인에 이르기까지, 수많은 사람

---

*

Ponce de León. 15~16세기의 스페인 탐험가.

이 허구와 역사 보고의 형식으로 젊음의 샘에 관한 이야기를 남겼다. 영원히 사는 것은 인간의 오래된 욕망이다.

다른 모든 조건이 동일하다는 가정하에서 번식 성숙기reproductive maturity (성년)에 사망하는 비율로 추정할 때, 인간의 몸이 스스로 유지되고 충분히 치유할 능력이 있다면 모든 인간의 절반이 무려 1,200살까지 살 수 있다.[15] 그렇다면 의문이 생긴다. 그건 얼마나 어려운 문제일까? 이에 대한 답은, 보기보다 대단히 어렵다는 것이다.

하지만 이 장의 맥락을 위해, 신체 노화가 결국 암이나 감기를 치료하는 것보다 훨씬 더 쉽게 해결할 수 있는 문제라고 상상해보자. 더 나아가 뇌의 노화 역시 어떻게든 치료될 수 있다고 상상해보자. 정신은 어떨까?

그게 그거 아니냐고 할 수 있겠지만, 아니다. 뇌와 정신은 동의어가 아니다. 정신은 뇌의 산물이다. 뇌는 하드웨어고 정신은 소프트웨어다. 하드웨어의 기능이 완벽할지라도 소프트웨어와 파일이 심하게 망가졌다면 그 하드웨어는 거의 무가치하다. 정신을 재편하지 않고 뇌만 고친다면—뇌의 물리적 병변을 모두 떨쳐버릴 수 있다 해도—기나긴 여생의 대부분은 노쇠한 정신이 젊은 몸에 갇혀 비틀거리는 악몽 같은 시나리오를 피하지 못할 것이다.

인간의 정신은 용량이 제한돼 있다. 쓸모없는 기억으로 가득 채우고 싶지 않다면 지나간 것은 잊어야만 한다. 그런데 그 과정에서 우리는 스스로 경험한 사건들을 제대로 증언하지 못하는 불확실한 존재가 된다. 나이가 지긋해지면 아무리 영민한 사람도 인지에 결정적인 균열이 생긴다. 수백 년짜리 예산을 세워야 한다면, 그 과정에서 얼마나 더 많은 균열이 일어나겠는가?

인간은 가장 오래 사는 육상 포유동물이다. 많은 사람이 이 행성에서 80년이 넘는 유효 수명을 누리지만, 노화 문제에 대한 진화의 근본적인 해결책에 비하면 보잘것없다. 진화적 해법을 통해서 우리는 사실상 **불멸**에 접근했다. 바로 우리의 후손이다.

우리는 수십 년에 걸친 학습을 통해 인간 세계에서 효과적으로 기능할 수 있는 기술과 지식을 습득하지만, 힘들게 성취한 이 프로그램은 자연의 거센 힘에 쉽게 굴복하는 몸 안에 갇혀 있다. 유전체가 우리에게 신경학적 프로그램을 내장해준다면, 태어날 때부터 어떻게 어른이 되는지를 알고 그 길을 따라갈 수 있을 것이다. 더욱이 부모 돌봄이 필요한 유기체에도 상당한 양의 사전 프로그램이 내장돼 있다.

예를 들어, 말은 태어난 지 몇십 분 만에 세계를 감지하고, 네 발로 서고, 거의 성체처럼 돌아다닌다. 만일 우리의 삶이 말처럼 단순하다면 우리도 그렇게 할 수 있으리라. 하지만 그렇다고 해서 새끼 망아지가 배울 게 전혀 없다는 뜻은 아니다. 그들도 무리 안에서 사회적 역할을 배워야 하고, 환경 안에서 위험과 기회의 지도를 숙지해야 한다. 하지만 '야생마'라는 존재의 기초적인 변수들은 환경에 상관없이 비슷하다. 덕분에 말의 특징은 조숙성이다. '많은 능력을 일찍 갖춘다'는 뜻이다.

인간은 정반대다. 인간의 생태적 지위는 **생태적 지위의 전환**이다. 우리의 생태적 지위는 근본적으로, 때로는 놀라우리만치 짧은 시간에 변화한다. 내륙 깊은 곳에서 대형 동물을 사냥하는 북극의 사냥꾼과 해안에서 해양 포유류를 사냥하는 집단의 차이를 다시 한번 생각해보자. 그들의 전문성은 근본적으로 다른 기술들을 필요로 한다. 따라서 각 개인이 효과적인 사냥 비결을 스스로 발견해야 한다면 그러한 전문성은 불가능할 것이다.

이 난제의 해법은 우리에게 너무나 익숙해서 어떤 사람도 경이롭게 생각하지 않는다. 오메가 원칙을 떠올려보자. 값지고 오래 지속되는 문화적 특성은 적응적이라 생각해야 하며, 문화의 적응 요소는 유전자로부터 독립적이지 않다.

어른들은 이 두 번째 유전을 통해서 영속적인 지식과 지혜를 전달한다. 우리는 그것을 문화라 부른다. 두 번째 방식은 유전적이라기보다는 인지적이고, 문화는 유전자보다 빨리 변하기 때문에 우리가 이용하는 생태적 지위는 엄청난 속도로 변할 수 있다. 이 문화적 유연성 덕분에 인간 집단은 마치 몸 안의 기관처럼 과제를 나눠서 처리하고, 커다란 몸을 통일성 있게 유지한다. 이 몸들이 이제 물리적 풍경으로 흩어져서 특정 지형에 맞게 행동을 살짝 개조하고, 완전히 새로운 식량원을 과감히 받아들인다.

포르투갈 중부의 셰일 구릉지대는 농사짓기가 정말 힘든 곳이다. 그래서 부모가 농사에 매진하고, 조부모가 아이를 양육한다.[16] 그렇다면 포르투갈에서 폐경은 적극적인 자녀 양육이 시작되는 지표일 수 있다. 폐경으로 직접적인 번식은 못하지만, 자식들과 손주들에게 지혜와 보살핌을 제공하는 건 위대한 재능일 수 있다.

안다만 제도의 모켄족 삶은 바다와 깊이 관련돼 있다. 2004년 박싱데이*에 쓰나미가 밀려왔을 때, 신이 분노하면 쓰나미가 몰려온다는 이야기 덕분에 여러 마을이 큰 화를 면할 수 있었다. 엄청난 비극이 휩쓸고 지나간 뒤 한 노인이 말했다. 신의 분노가 아니라 어렸을 때 미얀마에서 비

---

*Boxing Day. 크리스마스 뒤에 오는 첫 평일인데 영국 등에서는 공휴일로 지정하고 있다.

슷한 재난을 겪고 살아난 이야기를 공개한 것이다.[17] 이런 지혜는 낡은 것이 아니다. 나이가 많으면 많을수록 세상이 바뀌는 사건들을 몸소 경험한 적이 많아, 어떻게 이해하고 대처해야 하는지를 더 많이 알고 있을 가능성이 높다. 인류 역사에서 어른들의 지혜는 오래됐고 필수적이다.

우리는 이렇게 자식에게 돌아가는 방식으로 인간의 노화 문제를 해결한다. 유용한 기술, 기억, 지혜를 어린 몸속에 업로드하고, 그 어린 몸은 내장된 프로그램을 가동해서 인지 꾸러미를 필요에 맞게 활용하고 확장하고 수정한다. 오래 살고 싶고, 자손이 앞으로 잘 사는 것을 보고 싶은 마음은 우리의 순전한 본능이다.

⁝⁝⁝ 종을 뛰어넘은 사랑

노화의 해결책이 불멸이 아니라 아이들이라는 생각이 부담스럽다면, 다음과 같이 물어보자. 우리는 반려동물을 사랑한다. 그들도 우리를 사랑할까?

인간은 수십 종의 동물을 가축화했다. 가축화의 목적은 대개 식량 공급 및 인간을 위한 노동력 제공에 있었다. 처음엔 순전히 실용적이었던 이 관계 중 일부—쥐를 잡는 고양이, 집을 지키는 개—는 차츰 종을 뛰어넘은 우정으로 발전했다. 고양이는 개보다 훨씬 나중에 친구가 된 만큼 더 야생적이고 본능에 충실하지만, 같은 공간을 공유하는 환경에서는 인간과 강한 유대를 형성한다. 하지만 개는 우리가 농사를 짓기 전부터 우리 곁을 지키며 가축화되고 있었다. 수렵채집을 하며 살던 시절에도 인간에

겐 이미 네 발 달린 친구, 개가 있었다.[18]

개는 여러 면에서 인간의 산물이다. 우리와 개는 아주 오랫동안 공진화해서 이제 개들은 인간의 행동, 언어, 감정에 주파수가 맞춰져 있다. 어쩌면 인간도 어느 정도는 개의 산물이라고 주장할 수 있지 않을까.

당신의 반려동물은 당신을 사랑할까? 물론 사랑한다. (예선 통과 자격: 당신의 반려동물이 포유류이거나 앵무새를 포함한 몇몇 조류에 속한다면, 녀석들은 당신을 사랑한다. 당신의 반려동물이 도마뱀붙이나 비단뱀이나 금붕어라면, 그놈들은 당신을 사랑하고 싶어도 그러지 못할 것이다.)

사랑은 헌신이 필요한 모든 진화적 관계 속에서 발전한다. 우리는 반려동물을 사랑하고, 그들은 우리를 사랑한다. 특히 개는 당신 곁에 붙어 다니면서 당신이 혼자가 아님을 알게 해주는 '사랑 발생기'다. 개는 당신을 따라다니는 사랑이다.

개와 고양이가 서로, 그리고 우리 인간과 어떻게 어울리는지 관찰해보라. 그들은 언어를 사용하지 않지만, 나름의 방식으로 의미와 감정을 전달한다. 당신이 개에게 공 던져주기를 멈출 때 개가 실망하거나, 고양이가 당신 무릎 위에 앉는 것을 좋아한다는 사실은 의심의 여지가 없다. 우리의 감정—사랑, 두려움, 슬픔—을 되뇌어보고 이 단어들을 동물에게 적용할 때, 어떤 사람은 동물을 사람처럼 대한다고 질책할지도 모른다.

동물의 감정을 연구하면서 평생을 보낸 프란스 드 발Frans de Waal이 지적했듯이, 그러한 질책은 인간이 단순히 예외적인 존재일 뿐만 아니라 우리와 조상을 공유하는 다른 동물들과는 완전히 다르다는 가정[19]에 뿌리를 두고 있다. 다른 동물에게도 감정과 의도가 있다고 볼 때는 조심할 필요가 있다. 그 말을 우리 인간에게도 적용해야 하기 때문이다. 하지만 다른 많은 동물도 계획을 세우고, 슬퍼하고, 사랑하고, 궁리한다는 사실은 의심의 여지가 없다.

반려동물과 상호작용을 할 때 우리는 말없이 그들의 신호를 읽는다. 가끔 소리를 줄이는 것은 사람들과 상호작용을 할 때도 유용하다. 동물학자가 돼보라. 또는 언어가 진화하기 이전의 인간처럼 행동해보라.

우리는 진짜 감정을 감추기 위해, 남을 속이기 위해, 현 상황의 자취를 감추기 위해 언어를 사용하곤 한다. 사람들, 특히 낯선 사람을 멀리서 가만히 지켜보면 그 상황의 감정을 비교적 쉽게 읽을 수 있다. 사람의 말이 아니라 행동에 주목해보라. 당신의 개가 그렇게 한다. 개는 당신의 사소한 약점을 눈감아줄지언정 당신이 꾸민 이야기에 속아 넘어가지는 않는다.

⋮ 상실과 애도

오비디우스의 《변신이야기》를 보면 노부부 바우키스와 필레몬이 나온다. 평생 가난하게 산 이 노부부는 없는 살림에도 사람들에게 관대했다. 부부의 고결함을 알아본 신들이 이들에게 가장 바라는 소원이 무엇이냐고 물었다. 두 사람은 한날한시에 죽었으면 좋겠다고 답한다. 그러면 다른 한 사람이 죽는 것을 안 봐도 될 테고, 홀로 남겨지는 일도 피할 수 있으니까 말이다. 신들은 이들의 소원을 들어주었고, 부부는 참나무와 보리수가 되어 서로 가지를 얽으며 함께 있게 된다.

제우스*가 방해하지 않는다면, 애도를 피하는 유일한 길은 사랑 없이 사는 것이다. 애도는 여러 종에서 여러 번 진화했는데, 전부 부모 돌봄이 있는 고도의 사회적 유기체였다. 추정하건대, 침팬지의 애도는 인간의 애도와 기원이 같다. 하지만 개의 애도는 기원이 다르다. 우리와 개의 최근 공통 조상은 특징을 알 수 없고, 사회 구조가 거의 없거나 전혀 없는 정체불명의 작은 포유동물이기 때문이다.

개의 애도 방식을 보여주는 가장 유명한 이야기는 1923년 일본에서 태어난 잘생긴 아키타견, 하치의 사례일 것이다. 하치는 열차로 통근하는 농학과 교수 우에노 히데사부로上野英三郎에게 입양되었다. 매일 우에노 교수가 돌아올 시간이 되면 하치는 역에서 그를 만나 함께 집으로 걸어오곤 했다. 그러던 어느 날, 우에노 교수가 돌아오지 않았다. 강의 중에 뇌출혈로 사망한 것이다. 그럼에도 하치는 매일 기차역으로 나갔고, 죽을 때까지 10년간 주인을 기다렸다.

갯과 동물─늑대와 개─의 애도는 우리와 별개로 진화했다. 코끼리도 범고래도 죽음을 슬퍼한다. 이 모든 경우에 애도는 따로따로 진화했지만, 반응은 대단히 비슷하다. 모두 다 절친의 죽음에 대한 극단적인 감정 반응이며, 지속 기간과 표출 형태를 예측할 수가 없다.

애도는 기둥 하나가 사라진 세계에 적응하도록 우리의 뇌를 재조정한다. 애도를 통해서 우리는 이해를 재구성한다. 이제 그 사람(또는 동물)에게서 지혜나 위로를 구할 수 없기 때문이다. 하지만 우리는 여전히 그 관계를 떠올리며 배우고 위안을 얻을 수 있다. 떠난 이와의 관계를 발전시킬 수는 없어도 기억할 수는 있다.

●
제우스는 그리스신화에 나오는 신으로, 신화 속에서 바람둥이로 그려진다.

애도는 상호의존의 불리한 면이다. 또한 사랑의 불리한 면이다.

현대인은 아이들을 애도로부터 보호하려고 너무 애쓴다. 실제로 어떤 부모들은 아이가 무서워하거나 불편해할지도 모른다는 이유로 조부모 장례식에 못 오게 한다. 자녀 양육에 있어 이런 두렵고 걱정스러운 태도는 도리어 아이의 마음에 두려움과 불안을 심어준다.

다음 장에서 우리는 아동기의 특징을 살펴보고, 진화적 해법으로 자녀를 독립적인 아이로, 탐험을 좋아하고 사랑이 넘치는 아이로 키우는 법을 탐구하고자 한다.

○ **애도는 내게 맞는 방식으로 시간을 갖고 슬퍼하라.** 가장 깊고 이른 슬픔의 한가운데서도 때로는 기쁨이 찾아오고 때로는 떠나간 사람이 생각나지 않을 것이다. 슬픔이 밀려왔다 빠져나가고, 점차 시간이 지남에 따라 그 힘은 약해지겠지만 결코 완전히 사라지지는 않을 것이다. 어찌 됐든 당신의 추억과 성향을 존중하라.

○ **사랑하는 사람이 죽었다면 그 사람 곁에서 시간을 보내라.** 시신 수습도 못하는 상황에서 사랑하는 사람을 잃었다면 더 오랜 슬픔에 시달릴 수 있다. 죽은 사람을 보고 그 옆에 앉아서 이야기를 나눌 때 우리의 슬픔이 닻을 내리고 신경이 재조정될 수 있는 토대가 마련된다.

○ **대화할 때 소리를 낮추고 행동을 주시하라.** 특히 낭만적인 파트너와의 상호작용을 이해하고자 할 때는 동물학자처럼 행동하라. 귀를 닫고 눈으로 행동을 보기 시작하면 실제 감정을 더 많이 알 수 있다.

○ **나의 감정 상태도 동물학자처럼 들여다보라.** 상대에 대해 경멸이나 혐오가 인다거나 계속 화가 난다면, 그 감정은 사랑과 양립할 수 없다는 것을 명심하라.

○ **가능하면 데이트앱은 피하라.** 수십 억 인구가 사는 세계, 도시인들이 매일 익명으로 타인과 상호작용하는 환경에서 데이트앱은 거의 무한한 수의 선택지를 분류하기에 좋은 수단이다. 하지만 위험도 만만치 않다. 수많은 후보를 보다 보면 한 사람과 깊이 사귀는 것이 따분해질 수도 있으며, 이런 기회의 바다에서는 완벽한 상대에 대한 환상이 생길 수도 있다. 오랫동안 애인을 계속 바꾸다 보면 '완벽한 사람'이 나타날 거란 착

각에 빠지기 쉽다. 발전시킬 가치가 있는 관계라고 생각되면 일찍 그리고 자주 실질적인 상호작용을 하는 것이 가장 좋다.

○ **공동 양육을 추진하라.** 조부모, 형제자매, 친구들을 양육에 참여시키자. 집 안에 성인 여자 또는 성인 남자밖에 없다면, 공동 양육자의 성이 이와 반대일 때 아이들에게 특히 도움이 된다.

○ **가능하면 모유를 먹이자.** 모유로 키운 아기는 젖병으로 키운 아기보다 성년기에 입천장의 형태가 더 좋고, 치아가 더 고르게 배열된다.[20] 또한 모유에는 다양한 영양분과 유전적 정보가 들어 있다. 예를 들어, 모유에는 아기의 수면–각성 주기와 관련된 단서가 들어 있다. 모유 수유를 할 때 유축기를 사용한다면, 아이가 잘 시간에 젖을 짜두었다가 원하는 시간에 먹이면 아이를 재우는 데 도움을 받을 수 있다. 다른 말로, 체스터튼의 모유를 마음에 새기라.[21]

+ + +

진화적 해법을 통해서

우리는 사실상 불멸에 접근했다.

바로 우리의 후손이다.

아동기와 양육법

A HUNTER-GATHERER'S
GUIDE TO THE
21ST CENTURY

아동기는 탐험의 시기다. 규칙을 배우고 깨고, 새로운 규칙을 만드는 시간이다.

우리 큰아들 잭은 다섯 살일 때 계단을 내려가는 새로운 방법을 선보였다. 커다란 고무공과 매트리스를 이용한 것이다. 효과는 좋았지만 잠시뿐이었다. 팔이 부러지는 바람에 상완골에 금속핀을 집어넣어 성장판을 고정시키는 수술을 하고, 6주가 지나 다시 핀을 제거하는 수술을 했다. 아이는 보란 듯이 나았고, 여전히 새로운 지혜를 발휘하며 혁신을 이어나갔다.

어미를 따라 나무 사이를 헤쳐나가는 어린 오랑우탄은 자기가 건너뛰기에 너무 큰 간격을 만나면 낑낑거리며 어미를 부른다. 어미는 돌아와 다리를 놔주고 어떻게 건너면 되는지를 보여준다.[1]

부모로부터 독립한 어린 까마귀는 장기적인 파트너를 만나 부부 유대를 맺기 전에 큰 사회 집단에서 몇 년을 보낸다. 이 기간에 협력관계를 맺기도 하지만 갈등도 빚는다. 친구들과 화해하는 법을 터득한 까마귀는 공

격을 덜 받는다.[2]

이모Imo라는 이름의 어린 일본원숭이가 고구마를 바닷물에 담가 씻는 법을 처음 선보였을 때 무리의 성체들은 금세 알아차리지 못했다. 원숭이들은 일본의 작은 섬에 모여 살았지만, 이후 5년간 이모의 행동을 따라한 성체는 단 두 마리였다. 반면에 어린 원숭이, 즉 아이들과 청소년들은 이모를 지켜보고 기술을 터득했다. 5년 후에는 거의 80퍼센트에 달하는 어린 원숭이가 이모와 같은 방식으로 고구마를 씻었다.[3]

우리는 아동기에 살아가는 법을 배운다. 또한 내가 누구인지 배우고 미래에 어떻게 될지 꿈꾼다.

인간은 '빈 서판書板'은 아니지만, 지구 모든 생물 중에 가장 많이 비어 있는 편이다.[4] 우리는 지구 생물 중에 아동기가 가장 길고,[5] 다른 어떤 종들보다 더 많은 가소성을 갖고 태어난다. 돌판에 새겨진 명령이 가장 적다는 뜻이다.

이러한 사실을 뒷받침하는 중요한 증거를 인간이 남아메리카와 북아메리카를 점유한 과정에서 찾아볼 수 있다. 얼마 안 되는 조상이 석기 시대의 기술을 가지고 신세계로 들어왔는데, 두 대륙에 걸쳐 수백 가지 문화로 분화됐고, 그 과정에서 문자와 천문학, 건축과 도시국가가 발달했다. 이러한 변화는 유전자 덕분이라고 하기에는 너무 빨랐다. 변화는 모두 소프트웨어로부터 비롯된다.

언어 습득 능력은 하드웨어다. 거의 모든 아기는 잠재적인 언어 능력을 가지고 있다. 하지만 아기가 어떤 언어를 사용할지는 전적으로 주변 환경에 달려 있다. 이건 소프트웨어. 게다가 주변 환경에 없는 음소와 음조를 알아듣고 조음하는 능력(발음 기관을 움직이는 것)도 구체적 인종이나 계통과는 무관하게 금방 사라진다.

우리는 실제로 사용하는 뇌세포의 양보다 더 큰 잠재력을 갖고 태어난다. 이와 마찬가지로 우리가 사용하는 언어보다 더 큰 언어 잠재력을 갖고 태어나는데, 잠재력의 일부가 아동기에 사라진다. 우리는 폭넓은 잠재력을 갖고 세상에 나오지만, 시간이 지날수록 그 폭이 좁아진다.[6]

이렇게 초기 잠재력이 줄어드는 것은 겉으로 보기에 엄청난 낭비일 수 있다. 우리는 도대체 왜 그러는 걸까? 이에 대한 답은, 우리는 태어날 때 '탐험 모드'에 맞춰져 있다는 것이다.

우리는 정확히 어떤 뉴런을 쓰게 될지, 어떤 언어를 사용하게 될지를 사전에 예측할 수 없기에 수용력 과잉으로 태어난다. 그 덕에 우리는 사전 지식 없이 어떤 세계에 태어나도 정신을 최적화할 수 있다. 주변 세계를 탐험하고, 그 비밀을 알아내고, 그에 따라 우리의 정신을 조직한다. 그리고 이 일을 다 하고 나면 신진대사에 방해가 되지 않도록 넘치는 능력을 미련 없이 버린다. 비용만 들고 보상은 없기 때문이다.

인간은 사회적이다. 수명이 길고, 몇 세대가 겹쳐서 조부모와 부모, 자식이 같은 시간과 같은 공간에 모여 살 수 있다. 다른 유인원과 이빨고래류(돌고래와 범고래), 코끼리, 앵무새와 까마귓과(까마귀와 어치), 늑대와 사자 등도 이러한 특징이 있다.

사회적이고 수명이 길며 세대가 겹치는 종은 대체로 아동기가 길다. 인간 종의 아동기처럼 다른 종들의 아동기에서도 떼쓰기와 놀이, 감정적 깊이와 인지력을 볼 수 있다. 그리고 성체가 되면 인간에게서 볼 수 있는 수준의 사회적 복잡성을 드러낸다. 긴부리돌고래는 공을 들여 집단 사냥을 연출하고,[7] 뉴칼레도니아까마귀는 친구들과 정보를 공유하며,[8] 코끼리는

죽음을 애도한다.[9]

　동물은 아동기를 거치면서 환경에 대해 배운다. 따라서 아이들에게서 아동기를 빼앗으면—아이들의 놀이를 짜주고 시간을 정해둠으로써, 아이들을 위험과 탐험으로부터 과보호함으로써, 갖가지 화면과 알고리즘 및 안정제로 아이들을 통제하고 진정시킴으로써—분명 아이들은 성인이 되었을 때 그 능력을 충분히 발휘하지 못할 것이다. 아무리 좋은 의도에서 비롯됐을지언정 이러한 행위는 조잡하고 기초적인 하드웨어를 인간의 소프트웨어가 세련되게 다듬는 과정을 가로막는다.

　아동기가 없는 동물은 하드웨어에 더 많이 의존해야 해서 유연성이 떨어진다. 철새 중에 언제, 어디로, 어떻게 이동해야 하는지를 선천적으로 아는 종들—오로지 태어날 때부터 주어진 교본에 따라 이동하는 새들—은 간혹 대단히 비효율적인 경로를 선택한다. 이동하는 방법이 내장돼 있기 때문에 쉽게 수정하지 못하는 것이다. 그래서 호수가 말랐어도, 숲이 농지가 됐어도, 기후 변화로 산란지가 더 북쪽으로 이동했어도 이 새들은 계속 낡은 규칙과 지도에 근거해 비행한다.

　이에 비해 아동기가 긴 새들과 부모와 함께 이동하는 새들은 가장 효율적인 경로를 찾아서 이동하는 경향이 있다.[10] 아동기가 있으면 문화적 정보 전달이 용이하다. 문화는 유전자보다 더 빨리 진화한다. 변화하는 세계에서 아동기는 우리에게 유연성을 선사한다.[11]

공중제비하면서 교차로 건너기*

공중제비에 대한 인간의 욕망은 이족 보행만큼이 오래됐다. 공중제비를 익히는 과정이 공개되기 시작한 건 훨씬 나중 일이다. 유튜브에는 한 젊은이가 공중제비로 두 바퀴 돈 뒤 정확히 착지하는 연습 장면이 시간대별로 여럿 올라와 있다.

도전하기 위해서는 먼저 마음을 단단히 먹어야 하고, 이후로는 며칠이나 몇 주 또는 몇 달에 걸쳐 끊임없이 시도해야 한다. 부상의 위험을 감수해야 하고, 실패했더라도 포기하지 말아야 한다. 성공하기까지 얼마나 오래 걸릴지 장담할 수도 없고, 지름길 같은 것도 없다. 이 모든 과정을 받아들이지 않는다면 공중제비는 그저 희한한 묘기로 남을 뿐이다.

강의실에 앉아 공중제비에 관한 수업을 듣는다고 해서 공중제비를 할 수 있게 되진 않는다. 공중제비에 관해 물으면 대답할 수는 있겠지만. 전문 기술이 없어도 전문가처럼 이야기할 수는 있는 법이다.

아이들은 관찰과 경험을 통해 학습한다. WEIRD 세계를 포함한 여러 문화에서는 갈수록 더 직접적인 가르침에 무게를 두고 있지만(학교라는 공인된 기관을 통해서), 나바호족이나 이뉴이트족의 문화에서는 가능한 한 아이들을 가르치지 않는다.[12]

아이들은 부모, 형제자매, 친척, 친구들로부터 배운다. 형제자매는 예로부터 교정의 교본이었다. 동생이 어떤 일을 서툴게 하거나 틀린 판단을

---

* 교차로를 솜씨 있게 통과한다는 뜻으로, 실제로 번잡한 교차로에서 공중제비를 하는 것이 젊은이들 사이에서 유행인 데가 있다고 한다.

하면 잔인하리만치 솔직한(때로는 그냥 잔인하기만 한) 경향이 있으니까 말이다. 아이들이 다른 아이들에게 적절한 행동에 대한 자신의 관점을 강요하는 것이 어른들 눈에는 심술궂어 보일지도 모르겠다.

하지만 아이들은 무리 지어 자유롭게 뛰어다니고 원칙이 없는 놀이에 참여할 때 폭력과 놀림이 약해지는 경향을 보이고,[13] 모두가 유효한 규칙을 만들고 따르는 방법을 터득한다. 이는 놀이가 관찰된 모든 문화에서 발견된다. 위험할 수 있음에도 어른의 감독 없이 자유롭게 놀이에 참여한 아이들은 싸움이 일어나면 저희끼리 즉시 해결하고 좀처럼 문제를 일으키지 않는다.[14]

요즘 학교에서 휴식 시간에 벌어지는 상황은 이와 사뭇 다르다. 모든 놀이는 어른의 감독하에 이뤄진다. 아이들이 인원과 방식을 정해서 게임을 하거나 만들려고 하면 곧바로 이를 차단하고('배제한다'는 이유로), 아이들이 말다툼을 벌이기라도 하면 즉시 어른이 끼어들어 중재한다.[15]

차들이 쌩쌩 달리고 교통법을 제멋대로 지키는 분주한 대도시, 에콰도르의 키토. 네 살쯤 되어 보이는 작은 아이가 혼자 복잡한 교차로를 걸어가고 있었다. 차들이 운행하는 몇 개 차선을 가로지른 아이는 완전히 안전하게, 단 한 대의 차도 멈춰 세우지 않고 작은 가게로 들어가 과일 한 봉지를 사들고는 다시 차선을 가로질러 아파트로 들어갔다. 필시 그 아파트에 아이에게 먹을 것을 사오라고 시킨 이가 있었을 것이다. 엄마든 이모든 삼촌이든.

그 당시 우리 아이들은 열한 살과 아홉 살이었다. 과연 우리 아이들이 혼자 그 교차로를 건널 수 있었을까? 전혀 아니었다. 그때까지 우리 아이들은 그런 상황에 단 한 번도 노출된 적이 없었다. 그러니 위험을 어떻게 미리 알 수 있었겠는가. 하지만 아이들은 아마존 열대우림에 대해서는 이미 알고 있었다. 우리가 정글을 탐험하게 해준 덕분이다. 반대로 이번에는 키토의 아이가 달랐을 것이다. 그 아이는 아마존에서 시간을 보낸 적이 없었을 테니까 말이다.

아이들에게 스스로 결정하고 실패할 수 있는 공간을 충분히 허락하는 동시에 실질적인 위험으로부터 보호한다는 것은 참으로 어려운 일이다. 우리의 사회적 진자는 한 방향으로, 아이를 모든 위험과 피해로부터 보호하려는 쪽으로 너무 기울어져 있다. 이러한 인식의 틀 안에서 아이들이 자라난 결과, 많은 사람이 세상은 위험한 것투성이고 안전한 공간이 필요하며 말은 곧 폭력이라고 느낀다. 이에 반해 다양한 신체적·심리적·지적 경험에 노출된 아이들은 스스로 가능성을 배우고 발전적인 사람으로 성장한다.

아이들이 신체적·심리적·지적 영역에서 불편함을 경험하는 것은 꼭 필요한 일이다. 이러한 경험이 없으면 아이들은 성인이 돼서도 실제로 어떤 것이 해로운지 구별하지 못한다. 결국 어른의 몸에 갇힌 아이가 되는 것이다.

아이들은 성년기에 필요한 기술을 습득하고 그렇게 원하도록 완벽하게 설계돼 있다. 현대인은 그 자연스러운 과정을 지나치게 방해한다. 우리가 내버려둔다면 아이들은 스스로 프로그램을 실행한다. 그에 맞춰 어른들은 아이들이 성장하고 있는 환경의 로드맵을 제공할 수 있다. 단 시장이 끼어들지 않는다면 말이다. 이 문제에 대해서는 마지막 장에서 다시 논할 것이다.

권위 있는 육아서로 포장된 위약을 신봉하는 것이 오늘날 좋은 양육의 징표가 되었지만, 이런 경향은 하루빨리 사라져야 한다(물론 우리도 어느 정도는 양육 지침을 제공하는 권위자처럼 말하고 있다는 걸 잘 알고 있다). 아이에게 탐험과 모험을 허락하고, 아이가 스스로를 믿도록 올바르게 키우면 주변에서 눈을 흘긴다.[16] 우리 사회는 거꾸로 가고 있다.

가소성과 환경 적응

양육은 사랑과 놓아줌의 상호작용이다. 아이를 붙잡는 동시에 탐험할 자유, 더 나아가 떠날 자유를 주는 것이다.

생물학에 **가소성**이란 말이 있다. 여기서는 **표현형 가소성**Phenotypic plasticity을 말하는데, 동일한 물질에서 나올 수 있는 결과가 많다는 것을 의미한다. 간략히 말해서, 유전자형(예를 들어 갈색 눈동자의 대립 유전자)은 표현형(실제 갈색 눈동자)을 낳는다. 유기체의 관찰 가능한 형태가 표현형이다. 하지만 많은 특성상 특정 유전자형은 **일련의** 가능한 표현형들에 대한 정보를 인코딩(암호화)하고,[17] 그중에서 실제로 어떤 표현형이 될지는 분자·세포·임신기·외부 환경과의 상호작용이 결정한다.

표현형 가소성에 힘입어 개인은 변화하는 환경에 실시간으로 반응하고, 유전자의 의해 정해진 패턴과 생활 방식으로 끌려 들어가지 않는다.

지배적인 야생 하이에나의 두개골은 크고 튼튼하다. 특히 이마의 시상 능이 크고, 관골궁이 넓적하다. 두 조직 모두 근육이 부착하는 부위로, 이빨로 우위를 점하는 상황에서 대단히 요긴하게 쓰인다. 하지만 감금 상태로 태어나고 자란 하이에나는 두개골에 그런 조직 구조가 형성되지 않는다.[18] 야생과 감금 상태라는 환경의 차이가 몸의 형태morph를 좌우하는 것이다.

이런 맥락에서 어렸을 때부터 부드러운 가공식품을 먹으며 자란 사람은 단단하고 거친 음식을 먹으며 자란 사람보다 성년기에 더 작은 얼굴을 갖게 된다.[19]

쟁기발개구리과의 올챙이는 천천히 자라서 잡식성 형태가 될 수도 있지만, 금세 말라버리는 웅덩이에 밀집한 상태에서 시간과 공간이 부족하면 더 크고 무서운 육식성 형태로 자라나서 서로를 잡아먹는다. 쟁기발개구리과 올챙이가 어떤 형태로 자랄지는 전적으로 환경에 달렸다.[20]

기온이 올라갈 때 금화조는 부화하지 않은 새끼들에게 이 사실을 알린다. 어미가 밖에 온도가 높다고 '말해주면' 깨어난 새끼들은 먹이 구걸 행동을 바꾸고, 성체가 됐을 때 더 따뜻한 둥지를 선호한다.[21]

심지어 우리에게 결정적으로 중요한 대동맥궁도 마찬가지다. 산소가 포함된 혈액을 심장에서 몸으로 보내는 이 첫 번째 동맥 분지는 인구집단 내에 일반적인 해부 구조가 몇 가지 있으며, 아주 비슷한 유전적 출발점에서 각기 다른 구조가 발달한다.[22]

가소성은 표현형의 모든 후보에게 기회를 주고 단순히 규칙을 부여할 뿐 정확한 결과물은 지정하지 않는다. 이러한 가소성 덕분에 우리는 문자 그대로든 은유적으로든 새로운 영토를 탐험할 수 있으며, 복잡성의 수준이 높아질수록 탐험의 범위는 더욱 넓어진다.[23]

인간에게 가소성이 명확히 드러나는 영역은 문화에 따른 다양한 육아 방식이다. 타지키스탄에서는 젖을 먹거나 걸음마하는 아기를 전통 요람인 가흐보라gahvora에 몇 시간씩 가둬둔다. 가흐보라는 가보로 취급돼 다음 세대로 전해진다. 타지키스탄에서 아이들은 가정생활의 중심으로 어머니, 할머니, 이모, 이웃들이 항상 보살펴준다. 아기가 울면 즉시 먹을 것을 주거나 노래를 불러주거나 달래준다.

이런 훈훈함과는 반대로 아기는 태어나고 몇 주 뒤에 가흐보라로 옮겨진다. 가흐보라에는 대소변을 볼 수 있는 깔때기와 구멍이 있다. 아기는 여기에 눕혀져 상하체가 끈으로 단단히 묶인다.[24] 요람에 묶인 아이는 머리만 움직일 수 있을 뿐이다. 유아기에 기거나 걷는 경험을 거의 하지 못한 이 아이들은 다른 문화권의 아이들처럼 걸음마를 일찍 시작하지 못한다. 세계보건기구는 대체로 아이가 태어난 지 8~18개월 정도에 걷기 시작한다고 보고하지만,[25] 타지키스탄 아이들은 두세 살이 돼서야 걸을 수 있다.[26] 타지키스탄 아이들이 늦되거나 신체적으로 모자라서 그런 걸까? 결코 그렇지 않다.

정반대로 케냐의 시골 마을 아이들은 다른 문화권의 아이들보다 일찍 앉고 일찍 걷는다.[27] 케냐 아이들은 선천적으로 위대하게 될 운명인 걸까? 운동 능력이 일찍부터 발달했으니 다양한 영역에서 신체적 기술이 일찍 발달할까? 역시나 그렇지 않다.

양육에 대한 문화 간 차이는 인간이 가진 엄청난 가소성을 여실히 보여준다. 케냐 아기들은 다른 문화권의 아기들보다 일찍 걷지만, 다른 문화권의 아기들도 심각한 장애가 없는 한 충분히 일찍 걸음마를 뗀다.

대부분의 WEIRD 부모들은 아이에게 집중하기보다 쉽게 기록할 수 있고 남에게 전달할 수 있는 지표에 집중한다. 우리 아이가 **언제** 처음 웃는지, **언제** 말을 하는지, **언제** 걸음을 떼는지. 일단 이런 지표가 눈앞에 보이면, 그 언제가 건강을 나타내는 기준이 아니라 미래의 능력을 말해주는 결정적 기준이라고 착각한다. 여기서 또다시 쉽게 측정할 수 있는 것들— 칼로리, 크기, 날짜—이 부정확한 대용물로 등장해서 체계의 건강에 대한 폭넓은 분석을 밀어낸다.

정해진 표준에 **언제** 도달하느냐가 건강과 진척의 주된 잣대라는 그릇된 관념을 믿을 때 우리는 위험이 두려운 현시대의 포로가 된다. 우리 아이가 표준 미달인 건 **위험**하다. 그럴 땐 아이를 들볶아 자의적인 기한에 맞추지 않으면 **위험**하다. 부모가 이런 것에 집중하게 되면 아이들의 마음에 두려움이 자라고, 위험에 대한 반감이 자리 잡게 된다.

취약성과 반취약성

인간은 취약하지 않다.[28] 극복할 수 있는 위험에 노출되면 한계가 늘어나면서 더 강하게 성장한다. 최고의 자신이 되기 위해서는 성인이 되는 동안 신체적·심리적·지적 불편함과 불확실성에 노출될 필요가 있다.

정자와 난자가 수정된 직후, 접합자는 믿을 수 없이 취약하다. 임신 중 초기 유산 비율이 꽤 높을뿐더러[29] 유산이 너무 일러 임신한 사실조차 모르는 경우도 허다하다. 접합자는 하루하루 더 강하고 튼튼하고 유능해지지만, 갓 태어난 아기는 흔들리고 구를 준비조차 돼 있지 않다. 인간은 태어날 때부터 너무나 미성숙해서 오랫동안 적극적인 부모 돌봄이 필요하다.

극도로 취약한 접합자에서 상당히 취약한 아기가 되고, 훨씬 더 취약한 아이와 청소년이 되는 과정에서 개인과 부모의 목표는 개인이 그냥 강해지는 것이 아니라 반취약성(충격을 받으면 더 단단해지는 성질)을 갖게 되는 것이다. 이때 필요한 조건 중 하나가 발달이 **연속성**을 갖도록 재조직하는 것이다.

태아가 알코올에 노출되지 않도록 임신 중에는 술을 멀리하는 것처럼, 우리는 젖을 먹거나 걸음마하는 아기에게도 알코올을 주지 않는다. 하지만 시간이 지날수록 그 선은 점점 더 희미해지고, 어느 정도 컸을 때는 이제 술을 마셔도 된다고 생각한다. 해부적·생리적 체계가 충분히 발달해서 음주에 따르는 곤혹과 피해를 해결할 수 있기 때문이다.

이러한 이유로 우리는 가능한 한 자궁에 있는 아이를 신체적 위험이나 감정적 위험에 노출시키지 않는다. 출생은 분명한 선이자 명확한 경계로 보인다. 하지만 아기를 위한 명확한 선을 줄여나갈수록 아기는 더 강하고 반취약성이 높은 개인으로 성장한다.

복잡계의 수많은 규칙처럼 '아이를 위험과 도전에 노출시켜라' 하는 것도 맥락에 의존하는 원칙이다. 성장하는 동안 아이는 점점 더 큰 위험을 맞닥뜨리면서 반취약성을 강화해나가지만, 그렇다고 해서 대책 없이 아이를 깊은 수렁에 던지는 일은 없어야 한다. 무엇보다 아이가 사랑받고 있다는 것, 부모가 뒤에 있다는 것, 곤경에 처한다면 온 힘을 다해 아이를 구하리라는 것을 확실히 알려주어야 한다.

아이들이 어릴 때 강한 유대를 쌓자. 앞에서 보았듯이 그 방식은 문화에 따라 천차만별이다. 우리는 '애착 양육'을 지지한다. 아이와 함께 세계를 돌아다니면서 당신과 같은 것을 보게 하고, 말 그대로 당신과 접촉하게 하라. 아기와 함께 잠을 자라. 아기가 울 때는 혼자가 아니라는 것을 확신시켜라. 그렇게 자란 아이는 무슨 일이 닥쳐도 누군가, 즉 부모가 뒤에

있다는 것을 알기에 더 넓은 세계로 나가 모험을 할 자신감을 일찍부터 갖게 된다.[30]

회복력을 키워준답시고 아기를 어두운 방에 혼자 남겨놓고 스스로 진정하게 한다면, 그 부모는 눈앞의 아기가 어떤 존재인지를 이해하지 못한 것이다. 수백만 년에 걸친 인간 진화의 역사를 샅샅이 훑어봐도 혼자 방에 있는 아기에게 안정감을 줄 수 있는 건 찾아보기 어렵다. 그때 나오는 절규는 부모를 미치게 하는 수단일뿐더러 자기가 안전한지 아닌지를 확인하는 방법일 수 있다.

당장은 아기가 많은 걸 배우지 않는 것처럼 보일 수도 있다. 하지만 아기가 연결하고 있는 신경회로가 시간이 흐른 뒤 "난 뭐가 뭔지 모르겠어"가 아니라 "난 보살핌을 받아서 자신 있고 안전해"라는 입장이 되면 분명히 다르게 보일 것이다. 전자에서는 두려움과 불안이 흘러나올 수 있다.

사실 아기는 지금 자기가 무엇을 왜 하고 있는 전혀 모른다. 그렇다고 그것이 실제가 아니거나 진화적이지 않은 건 아니다. 달팽이 껍데기에서 보이는 미적분에 관련된 지식은 실제적이지만, 제정신을 가진 사람이라면 달팽이가 의식적으로 미적분을 한다고 단정하진 않는다.

아이는 어릴수록 자기가 더 안전하고 무사하다는 걸 알아야 한다. 더 많은 기량과 세상에 나가 탐험할 수 있는 내적인 강인함과 회복력은 이러한 안정감에서 나온다. 부모는 자기가 자식을 사랑한다는 걸 알고, 자식을 보호하기 위해 기꺼이 방패 역할을 하겠지만, 아이가 그 마음을 알고 있다고 생각해서는 안 된다. 작은 유충 형태에서는 아직 모른다. 아이가 받아들일 수 있는 정보는 이것뿐이다. 요구 사항을 알릴 때 충족이 되는가? 내가 부를 때 부모가 곁에 있다는 증거가 나오는가?

당연히 아이들은 이 시스템을 테스트하는 법과 부모와 게임하는 법을 금방 익힌다. 부모와 아이는 길고 지루한 싸움에 돌입한다. 아이는 부모의 수를 읽고 부모의 행동을 조작하도록 선택돼 있다. 사실, 조작은 태어나기 전부터 시작된다.[31] 태아는 선택된 프로그램에 따라 어머니에게서 자원을 뽑아 쓰고, 어머니는 선택된 프로그램에 따라 자원을 공급하는 동시에 본인의 건강과 미래의 또 다른 자식을 위해 일부를 남겨둔다.[32]

아이들에게 불변의 규칙은 먹히지 않는다. 규칙은 아이가 성장하는 동안 발 빠르게 변할 수 있어야 하고, 아이의 필요와 전술에 민감해야 한다. 따라서 최대한 일찍, 다시 말해서 아이가 당신의 말을 알아들을 수 있는 시기보다 훨씬 이전에 성숙하고 책임감 있는 존재에게 하듯 아이와 이야기하라. 아이의 행동에, 성장에 따라 늘어나는 아이의 요구에 적절한 책임을 부여하라. 아이에게 가짜로 위협하지 말라("계속 그러면 차 돌릴 거야"). 사랑받고 있다는 것을 항상 느끼게 하라.

운과 타이밍은 가족이 어찌할 수 없고, 계획과 양육이 아무리 좋아도 성공은 보장되지 않는다. 이 점을 충분히 이해했다면, 이제 우리 부부가 어떻게 아이들을 대하는지 이야기해보겠다.

아이들이 초등학교에 다닐 때부터 우리는 아이들 스스로 아침과 점심을 준비하게 했다. 매일 강아지 밥을 주게 하고, 일주일에 한 번씩 빨래를 하게 했다. 그리고 아이들을 점차 다양한 위험에 노출시켰다. 그렇게 열살이 되자, 아이들은 워싱턴주 동부에 있는 산에 오르고, 아마존 숲에서 산호뱀을 만나고, 여러 장소에서 서핑을 했다. 아이들이 웬만큼 다쳤을 때 우리는 "아야 하는 데"에 반창고를 붙여주지 않았다. 대신에 아이들이 자전거를 타다가 넘어지거나 나무에 오르다 떨어지면 툭툭 털고 일어나서 다시 해보라고 격려했다.

아이들이 더 어렸을 때는 안고 다니고, 함께 잠을 자는 등 늘 접촉하며 살았다. 현재 우리 아이들은 모험심 강하고 예의 바르며 유머 감각도 있고 정의감을 아는 사람이 되었다. 좋은 규칙은 존중할 줄 알고, 나쁜 규칙은 의심할 줄 안다. 우리는 아이들에게 부모도 가끔 실수로 나쁜 규칙을 부여할 수 있다고 말했다. 또한 우리는 완전히 아이들 편이며, 우리 규칙이 왜 그래야 하는지 물어보는 건 좋지만, 단지 규칙을 어기기 위해서 우기는 건 역효과를 낳는다고 덧붙였다. 다행히 아이들은 규칙을 거의 어기지 않는다.

WEIRD 부모들이 정한 규칙을 아이들이 곧잘 어기는 경우가 있는데 바로 취침 시간이다. 아이가 취침 시간 이후에 방을 벗어나지 않는 횟수를 어떻게 늘릴 수 있을까? 어떻게 해야 부부의 여유 시간을 확보할 수 있을까?

우리 아이들은 아기였을 때 우리 침대나 옆 침대에서 잠을 잤다. 덕분에 아이들이 울면 즉시 반응할 수 있었다. 때로는 끝없이 울 것 같았지만, 성장할수록 우는 횟수가 줄어들었다. 아이방을 마련해주고 나서는 잠들기 전 아이들에게 책을 읽어주는 등 우리 가족만의 야간 의식을 거행했다. 단 잘 시간은 잘 시간이고, 우리와 게임을 해선 안 된다는 점을 분명히 설명했다. 잘 시간이 되면 우리는 아이들을 침대에 눕혔고, 한번 누운 아이들은 밤중에 나와 투정부리는 일이 없었다.

놀이에 숨어 있는 것

인간은 경쟁과 협력의 동물이다. 둘 중 하나라도 없으면 인간이 아닐 것이다. 그리고 아이들의 무질서한 놀이에는 이 두 가지 특성이 모두 나타난다.

믿을 만한 이론에 따르면, 어린 포유동물은 놀이를 통해서 예측할 수 없거나 통제할 수 없는 상황에서 이용할 신체적·감정적 유연성을 발달시킨다.[33] 어린 황금사자타마린—작고 오렌지색 털을 가진 브라질 원숭이—은 거칠고 떠들썩하게 놀이를 한다. 이 놀이는 에너지가 들 뿐만 아니라, 어른이 아이들을 대신해서 경계를 서야만 한다. 매, 큰고양잇과 동물, 뱀 같은 포식자가 실제로 이 작은 원숭이들을 노리기 때문이다.[34] 비용과 위험이 큰데도 이렇게 복잡한 놀이가 있는 것으로 보아 놀이는 적응이 분명하다(3장에서 소개한 적응의 3단계 테스트를 떠올려보라).

놀이는 다양한 형태로 나타난다. 크게 볼 때 놀이는 물리적 세계나 사회적 세계 또는 두 세계의 어떤 조합을 탐험하는 방식이 대부분이다. 만지작거리기, 즉 물체를 가지고 여유 있게 이리저리 돌려보거나 분해하고 다시 맞춰보는 것. 이는 대단히 가치 있는 일이다.

우리는 장난감 매장을 기억하는 세대로, 라디오색RadioShack은 그런 탐험을 가능케 하는 곳이었다. 기계(자동차부터 토스터에 이르기까지)가 전자로 대체됨에 따라 그러한 장소가 쇠퇴하고 사라졌다는 것은, 21세기의 아이들은 그런 종류의 놀이에 몰입하기가 어려워졌음을 의미한다. 하지만 즐기고 몰입할 가치는 충분하다. 기계적 공간을 탐험하는 건 물리적 공간을 탐험하는 것 못지않게 중요하다.

여자아이들은 대개 사회적 공간을 탐험하고 싶어 한다. 많은 아이가 티 파티를 열어서 사람이나 동물 인형에게 초대 손님 역할을 맡기고 그들의 말과 의도를 연기한다. 나중에 상호작용하게 될 진짜 손님을 미리 맞이하는 것인데, 이 역시 값진 탐험이다.

형식을 갖춘 스포츠에는 이 두 가지가 결합돼 있다. 특히 팀 스포츠는 신체적 경험과 사회적 경험을 재미있고 창의적인 방식으로 결합해 어린 운동가들에게 가치 있는 토대를 제공한다. 하지만 팀 스포츠가 자유로운 놀이나 세계와의 신체적인 드잡이, 흔히 말하는 '일'을 완전히 대신할 수 있는 건 아니다.

일은 의무적이고, 아이들은 일을 함으로써 성장한다. 예를 들어, 여기 누군가가 세운 울타리가 있다. 울타리를 세우는 걸 한 번도 해보지 않은 사람은 쉽게 그 일이 간단하거나 시시하다고 생각할 수 있다. 화이트칼라 가정에서 부모가 스포츠를 할 수 있는 특별한 시간에 특별한 장소로 아이들을 실어 나른다면, 진짜 육체노동은 필수가 아니라 선택이라는 착각이 자리 잡을 수 있다. 그건 계급 상승 욕구에는 도움이 될지 몰라도(그리고 당신이 현재 어떻게 살고 있는지를 비춰줄 순 있겠지만) 자녀에게는 도움이 되지 않는다. 스포츠는 가치 있지만 육체노동을 완전히 대체해서는 안 된다.

스포츠도 육체노동도 가치 있지만, 하향식 규칙이 없는 단순한 놀이는 그 이상이다. 동네에서 아이들이 생각나는 대로 규칙을 만들어 즉흥 게임을 하거나 주변에 있는 도구와 놀이터에 맞춰 기존 게임의 규칙을 수정할 때, 아이들은 놀이로부터 중요한 진리를 배우는 중이다.

나이와 기량이 다양하면 더 많이 배운다. 연령이 혼합된 그룹에서 나이가 어린 아이들은 혼자서는 할 수 없는 활동이나 아직 대비가 덜 된 활동을 할 수도 있고, 또래들이 제공할 수 없는 조언과 정서적 보살핌도 받을 수 있다. 나이가 많은 아이는 육아, 지도, 조언하는 법을 훈련할 수 있고, 때로는 창조적 활동의 영감을 얻기도 한다.[35]

체스터튼의 울타리를 기억하라. 성가신 물건이라도 그 목적을 알기 전에는 치우지 않는 것이 바람직하다. 체스터튼의 놀이를 기억하라. 소란스럽고 종잡을 수 없어도 그 의미를 알기 전에는 막지 않는 것이 바람직하다.

✦ 반응하지 않는 무생물은 위험하다

무생물에게 아이를 맡기지 말라. 살아 있는 것처럼 움직이고 소리 내지만—드라마든 애니메이션이든—실제로 살아 있진 않고, 그래서 살아 있는 존재에 반응하지 않는 것과 아이를 홀로 함께 두면 아이는 잘못된 가르침을 고스란히 습득한다.

오늘날 자폐스펙트럼 진단이 급증하는 이유는 무엇일까?[36] 우리가 추정하기에 이 문제는, 살아 있는 것처럼 보이지만 살아 있지 않은 생명체들이 나오는 화면을 아이들이 넋을 잃고 바라보면서 자라는 현상과 관련 있다. 살아 있는 것처럼 보이는 그 생명체는 아이의 눈길이나 몸짓, 질문에 반응할 수도 없고 실제 반응하지도 않는다. 따라서 이 세계는 정서적 반응이 돌아오는 곳이 아니라는 메시지를 발달 중인 아이 뇌에 전달한다.

아이는 이 세계를 어떻게 이해할까? 어떻게 미묘한 마음이론을 발전시킬 수 있을까? 다시 말해서, 타인에게도 마음 상태가 있다는 것을 알고 타인의 욕구와 견해가 나 자신의 것과 다를 수 있다는 이해 능력을 어떻게 발전시킬 수 있을까?

다른 사람이 나와 다른 동시에 나와 동등하게 존중받고 공정하게 대우받아야 한다는 것을 인식하는 능력은 인간에게만 있는 것이 아니다. 예를 들어, 개코원숭이도 복잡한 마음이론을 보여준다. 개코원숭이 암컷은 다른 암컷이 위협적인 소리를 낼 때, 그들이 최근에 주고받은 사회적 상호작용에 근거해서 그 소리가 자신에게 향한 것인지 아닌지를 정확히 판단한다. 개코원숭이는 다른 개체가 음식을 바라볼 때 빼앗길 위험이 있는 듯하면 그 음식을 방어한다.

그렇지만 개코원숭이는 인간에겐 너무 뻔해 보이는 어떤 과제에는 또 실패한다. 여기 어미들은 보통 자식을 배에 안고 다니는데, 물을 건너 다른 섬으로 갈 때에도 계속 배에 안고 가는 바람에 간혹 새끼가 익사한다.[37]

인간은 다른 어떤 종보다 마음이론을 더 많이, 더 복잡하게 사용한다. 우리는 무생물과 생물을 다르게 대하고, 반응하지 않는 것에겐 의도를 묻지 않는다. 아기를 무생물에게 맡기면, 타인이란 존재는 존중하고 공정하게 대해도 반응하지 않는다거나 그렇게 대할 가치가 없다는 메시지를 받게 된다.

함부로 약을 먹이지 말라

위험과 놀이를 차단하는 것(헬리콥터 양육)과 TV 및 휴대폰 화면을 베이비시터로 이용하는 것에 더해, 요즘은 수시로 먹는 다양한 약제도 우리 아이들을 망가뜨리는 사회적 재난의 주범이다.

지난 몇십 년간 기분을 전환하고 행동을 교정하는 약물을 아이에게 처방하는 경우가 눈에 띄게 늘었다.[38] 추정컨대, 아이들이 학교 문화를 거부하는 반응도 한 이유일 것이다(이에 대해서는 다음 장에서 더 깊이 탐구할 것이다). 점점 더 많은 남자아이가 ADHD로 진단받고 각성제를 처방받는다. 집중력을 올리는 약, 나란히 줄을 맞춰서 똑바로 앉아 있는 힘을 길러주는 약을 먹는 것이다. 우리의 섬세한 문화적 감수성에는 거친 놀이가 어울리지 않다고 단언하기에, 많은 부모가 아이들이 약을 먹어서라도 고분고분해지길 바란다.

한편 여자아이들은 '연기'하는 성향이 감소하는 동시에 불안에 떠는 경향이 늘면서 항불안제와 항우울제를 처방받는 경우가 증가하고 있다.[39] 대개 학교는 남학생보다 여학생의 생활 및 학습 방식에 더 적합하지만, 그렇다고 해서 학교가 여자아이들 건강에 더 좋은 것도 아니다.

남자아이들이 주로 진단받는 병은 대개 학습장애로 분류되는데, 최근에는 보다 순화된 용어인 **신경다양성**neurodiversity으로 불린다. 신경다양성에는 두 가지 특징이 있다.

첫째, 드물고 극단적인 사례를 제외하면 '신경다양성'을 보이는 많은 사람이 다른 영역에서 높은 통찰력이나 기량을 발휘할 수 있는 맞거래 이득을 본다. 또한 대다수 사람과 다르게 세계를 바라보는 '희귀한 표현형rare phenotype'이라는 점에서도 가치가 있다.

이 논리는 자폐스펙트럼 장애인, 특히 장애가 있음에도 큰 문제 없이 살아가는 사람들뿐만 아니라, ADHD와 난독증, 난필증, 색맹, 왼손잡이 등인 사람들에게도 적용된다.[40] 선택할 수 있다면, 사람들은 그들 자신이

나 자녀들에게 이런 특성이 있는 것을 조금도 바라지 않겠지만, 선호는 개인과 사회에 실제로 유익한 것이 무엇인지보다는 맞거래—특히 수수께끼와 같은 지적 맞거래—에 대한 우리의 무지와 오해를 드러낸다.

둘째, 학습 차이는 본래 좋거나 나쁜 것이 아니고, 한 걸음 더 나아가 나쁜 교육 관계를 깨뜨리는 데 도움을 준다. 좋은 사제 관계는 자유로운 반면, 나쁜 사제 관계는 파괴적이다. 그런데 이 현상은 교육을 정량화해서 교사를 총체적인 교육자가 아니라 물개 조련사로 만드는 제도에서 더 많이 발생한다.

일단 교육이 특정 목적에 봉사하게 되면—진부하고 일반적인 선택을 하도록 사람을 떠밀면—그 편협함 자체가 독이 된다. 학습장애가 있는 사람은 편협한 길을 따라가야 한다는 압박에서 벗어날 수 있지만, 교육의 길에 들어선 사람은 자기 자신의 노력을 한 방향에 쏟아부어야 한다. 우리가 제시하는 관점에서 본다면, 지금과 같은 계량적 체계—지혜나 가능성을 드러내지 못할 때가 너무 많은 체계—의 편협성이 보일 뿐만 아니라, 더 나은 대안적인 미래와 다양한 경로를 통해 성공과 생산성, 반취약성에 이를 수 있는 미래가 보일 것이다.

하지만 제약산업은 신경다양성에서 또 다른 기회를 발견했다. 너무 많은 학생과 너무 적은 자원이 공존하는 학교에서는 조용하고 유순한 학생이 적합하단 이유로 오늘날 많은 학생의 신경다양성을 약으로 억누른다.

대학에서 15년간 학생들을 가르친 경험에 의거해, 우리는 분기마다 워싱턴 동부의 용암 지대, 산후안 제도, 오리건주 해안에서 며칠간 현장학습을 할 때는 사전에 학생들에게 건강 이력을 받는다. 2008년과 2009년에 우리의 수업을 듣는 학생 중 절반 이상이 어렸을 때 기분전환 약물에 의존했거나 여전히 의존하고 있었다. 남학생은 대체로 각성제였고, 여학생은 항불안제와 항우울제였다.

이후 몇 년에 걸쳐 그 숫자는 약간 줄어들었고(의사들이 사춘기 차단제인 트랜스 호르몬을 처방하는 사례가 늘어난 기간이었음에도), 의사의 처방 약에 의존하는 학생은 절반 이하로 떨어졌다. 그중 많은 학생이 약을 끊기 위해 적극적으로 노력했으며, 일부는 용케도 성공했다.

∷ 소셜미디어에서 잊힐 권리

나비는 애벌레 시절을 기억할까? 인간은 걸음마 단계에서 유아로, 10대 초반에서 10대 후반으로 넘어가는 동안 계속 변화를 겪는다. 하지만 변하는 것은 아이의 신체 구조와 생리 작용만이 아니다. 뇌가 변화함에 따라 심리도 변한다. 이 변화, 즉 우리가 어른이 되는 법을 배우는 과정이 바로 아동기의 핵심이다.

영속적인 것들이 남아 이전 시기를 떠올리게 하는 시대에는 아이로 살기가 특히 더 어렵다. 열세 살이 되어 여섯 살 때 사진을 보면 아이는 지금 여기 있는 내가 그때와 같은 사람인 동시에 다른 사람이라는 걸 알게 된다. 인간으로서 우리는 평생에 걸쳐 계속 변할 수 있고, 실제로도 계속 변하지만, 가장 집중적으로 변하면서 정체성이 형성되는 시기가 바로 아동기다.

변한다는 사실만으로 우리는 유아기의 나와 아동기 후반의 나를 잘 화해시키지 못한다. 하지만 더욱 어려운 것은 아동기 후반의 나와 젊은 성인이 된 나를 화해시키는 일이다. 여러분은 아동기 후반에 이미 성인이 됐다고 생각했을 테지만 말이다. 과거의 양상이 기록으로 남아 우리에게 상기시킬 때 이런 화해는 더욱 어려워진다.

과거의 사진을 우연히 봐도 이럴진대, 소셜미디어는 이보다 더하다. 과거의 나와 업데이트된 새로운 나와의 화해를 몇 배나 어렵게 한다. 당신이 요즘 WEIRD 세계에서 중산층으로 사는 청소년이라면, 분명 당신의 과거를 소셜미디어에 남겼을 것이다. 물론 그 포스트는 좋게 봐서는 기획된 것이고, 나쁘게 봐서는 완전 거짓말일 것이다.

요즘 아이들은 자기 자신의 과거 버전과 경쟁하고 있다. '진정한 자기 자신이 돼라'는 요구와 항상 올바르게 행동하라는 서구의 문화적 규범이 결합하는 통에, 성인의 모습이 되어가고 있는 아이들은 소셜미디어에 올린 과거의 포스트를 볼 때마다 당황스럽고 위축된다.

10대 초반부터 당신과 친구들이 소셜미디어에 올린 사진들을 마주치는 것이 업데이트된 지금의 당신과 충돌한다면, 이는 소셜미디어를 일찍 시작할수록 더 나빠질 뿐이라는 걸 의미한다. 과도한 소셜미디어의 부작용은 당신의 정체성을 흔들고 혼란스럽게 한다.

현대성으로 인해 우리는 과거 같으면 일시적이었을 상태와 단단히 묶이고 있다. 고대 그리스인이 제기한 '테세우스의 배'라는 철학적 질문을 생각해보자. 시간이 흐르면서 이 배의 판자가 썩어나가 하나씩 다른 판자로 교체하고, 그렇게 해서 원래의 판자를 모두 교체했다면, 그건 여전히 테세우스의 배일까? 사실상 같은 배일까?

배 말고 개인에게 있어 이에 대한 답은 어떤 의미에서는 둘 다고, 다른 의미에서는 아닐 것이다. 그렇다. 우리는 태어나서 죽을 때까지 한 줄로 이어진 생애를 살아간다. 하지만 아동기에서 성인기로 이동할 때 가장 심한 변화가 일어난다는 점을 고려할 때, 우리는 과거의 우리가 아니다. 따라서 과거의 정체성을 고집한다면 미래가 그만큼 제약될 것이다.

그래서 나비는 애벌레 시절을 기억할까? 기억하지 못한다. 이때 기억의 불완전한 속성은 프로그램상 결함이 아니다. 나비는 애벌레 시절을 기억할 필요가 없다. 마찬가지로 성인도 자기가 어렸을 때 이 세계를 어떻게 생각했는지 정확히 기억할 필요가 없다. 그런 기억은 좋은 삶을 사는데 불필요하다. 특히 과거의 정확한 모습을 반영한 것이 아니라 조작된것이라면 더욱 그렇다.

현재에 집중하지 않고 지금과 달랐던 어릴 적 내 모습이 어땠는지, 내가 어떻게 생각했는지, 소셜미디어에 어떤 생각들을 올렸는지를 계속 떠올린다면 그때마다 우리의 성장 가능성은 한 뼘씩 줄어들 것이다. 아이들만 그런 게 아니다. 성인도 마찬가지다.

○ **내 아이가 옆집 아이에게 뒤처지지 않을 거라고 기대하지 말라.** 어떤 발달 '지체'는 그야말로 신체장애나 신경장애를 암시한다. 하지만 발달은 대단히 유연하기에 예상했던 순서나 정해진 시기에 이뤄지지 않을 때가 있다. 아이가 2학년이 됐는데도 읽기를 못한다고 해서 두려워 하지 말라. 아이가 커서 문맹이 될 확률은 극히 낮다. 빠르다고 해서 반드시 좋은 건 아니다. 일찍 걷고, 일찍 말하고, 일찍 읽는 아이가 잘 적응하고, 영리하고, 생산적인 성인이 되는 건 아니다.

○ **아이에게 물리적 세계와 씨름하도록 장려하라.** 이를 위해서는 물리적 세계의 모형을 만들어주는 것이 일반적이지만, 쉽고 재미있게 갖고 놀 수 있는 장난감을 활용하는 것도 좋은 방법이다. 실수를 허용하라. 사고가 나거나 넘어지거나 작은 상처가 날 것을 예상하라. 더 큰 상처가 날 수도 있음을 염두에 두라. 다른 사람이 알게 된 것을 듣는 것만으로는 배우지 못한다는 것, 특히 물리적인 사실에 관해서는 더욱 그렇다는 점을 기억하라. 사실은 아이가 직접 탐구해야 한다.

○ **반응하지 않는 무생물에게 아이를 맡기지 말라.** 만화영화든 유튜브 영상이든 게임이든 그 물체가 살아 있는 것의 가면을 쓰고 있다면 더욱 조심하라.

○ **어른의 감독 없이 놀게 하라.** 최대한 일찍 그리고 자주 아이들이 주도적으로 놀게 하자. 게임과 스포츠를 할 때도 정해진 규칙이 있다면 아이에게 설명해주자.[41]

○ **약속은 끝까지 지켜라.** 긍정적인 약속이든. 부정적인 약속이든. 위협

(예를 들어 "계속 소리 지르면 장난감을 뺏을 거야")을 한 뒤에 그걸 실행하지 않는 경우가 없게 하라. 위협은 애초에 하지 않는 것이 좋지만, 일단 한다면―모든 사람이 종종 그런다―반드시 그 말을 실행하라.

○ **불변하는 규칙은 결국 무시당한다.** 성인이 된다는 것은, 어떤 면에서는 삶이, 나아가서는 사회 체계가 어떻게 돌아가는지, 그 약점이 무엇인지, 그 약점을 어떻게 이용할지를 터득하는 과정이다. 아이들은 태어난 가정에서 그러한 귀중한 자산을 배운다. 당신이 부모라면 아이들이 불만을 말할 때 귀를 기울이고, 어릴 때부터 진지하게 대하고, 아이나 당신 자신이나 그 밖의 누구 앞에서도 아이가 자식이 아닌 친구인 듯 보이게 행동하지 말라.

○ **헬리콥터처럼 보살피지 말고 제설차처럼 장애물을 치워주지 말라.** 아이의 실수를 허용하라. 동시에 분명한 규칙을 만들라. 우리는 다음과 같은 규칙을 정했다. "팔, 다리, 손목, 발목이 부러지는 건 괜찮다. 하지만 머리가 깨지거나 허리가 부러지거나 감각이 무뎌지는 건 안 된다." 이에 아이들은 어떤 종류의 위험이 있는지를 알고, 자신들의 뇌와 중추 신경계를 보호하기 위해서 2안, 3안 등 어떤 종류의 계획을 세워야 할지 받아들이게 되었다.

○ **아이 버릇을 망치지 말라.** 이른 나이부터 책임을 부여하라. 끊임없이 응석을 받아주면 아이는 매번 기대하게 된다. 게다가 가정의 문턱을 넘었을 때도 세계에 만족할 리 없으며, 해야 할 일을 제 손으로 하기 싫어하거나 하지 못할 수도 있다.

○ **(거의) 모든 대화에 아이를 참여시켜라.** 아이가 대화에 호기심을 보이

면 보상해주고, 아이들의 생각을 하찮다고 무시하지 말라. 물론 당연히 현재의 발달 단계와 연령에 부적절한 것이 있을 테고, 이 시기면 적절하다고 당신이 결정한 것이 있으며, 적절한 시기 또한 사람마다 다를 것이다. 하지만 기본적으로는 당신 자녀가 충분히 영리해서 어른들의 대화 내용을 이해할 수 있다고 가정하라. 아이들의 관심을 유도하려 하지 말고, 자연스럽게 당신의 행동을 통해서 무엇이 가치 있는지 증명하라. 그러면 아이들도 그걸 소중히 여길 것이다(음식과 똑같다). 실제로 유용한 일에 아이를 참여시키고, 그 일을 통해 세계에 대한 이해를 높일 수 있게 하라.

○ **형제들과 친구들끼리 서로 가르치고 배울 수 있게 하며, 의견 충돌이나 언쟁이 생길 때마다 개입하지 말라.** 논쟁이 커져서 당신이 개입해야 하는 상황이 된다면, 그런 행동은 보상해주지 말라. 가능한 한 이른 나이에 자신들의 논쟁을 해결할 줄 알아야 한다.

○ **충분히 자게 하라.** 수면은 뇌 발달에 결정적인 역할을 한다. 시냅스, 신경세포들의 연결부가 빠르게 생성되는 시기에는 잠자는 시간도 늘어난다.[42]

○ **일반적인 양육의 기대치에 굴복하지 말라.** 일반적이라는 기대치는 대부분 의미 없다. 좋아봤자 불필요하고, 최악의 경우 정말로 해롭다. 자기 자신에게 귀를 기울이라. 또래의 자녀를 둔 다른 부모의 압박에 떠밀려 자신의 생각과 충돌하는 일을 하거나 아이에게 적합하지 않다고 느껴지는 일을 해서는 곤란하다(예를 들어 끊임없는 놀이 약속, 빈번한 모임과 수업 등).

○ **아이의 일상과 사진을 수시로 소셜미디어에 올리는 행위를 그만두라.**

○ **아이에게 자유 시간을 넉넉히 주자.** 그리고 가능하다면 그 시간에 혼

자 자유롭게 탐험하도록 두자(오늘날 많은 사람이 그렇게 할 수 없는 상황에 매여 살긴 하지만).

○ **아이에게 바라는 모습을 몸소 보여주라.** 원숭이는 보는 대로 행동한다. 당신의 자녀가 가공식품을 달고 살고, 마트에 갈 때마다 물건을 사달라고 조른다. 그것이 바로 당신 자신의 모습이라면 어떨까?

+ + +

인간은 취약하지 않다.

극복할 수 있는 위험에 노출되면

한계가 늘어나면서 더 강하게 성장한다.

학교와 교육

A HUNTER-GATHERER'S
GUIDE TO THE
21ST CENTURY

문화와 상관없이 시간이 지남에 따라 아이들은 어른이 되었고, 학교 교육을 받지 않아도 사회 구성원으로서 제 역할을 다할 수 있었다. 21세기로 점프하면서 우리는 학교 교육이 없는 아동기는 생각할 수 없는 세상을 마주하게 됐다.

_데이비드 랜시David Lancy의 《아동기의 인류학: 천사, 노예, 멍청이The Anthropology of Childhood: Cherubs, Chattel, Changelings》[1] 중에서

교육의 주된 목표는 사실을 전달하는 것이 아니라 자신의 삶을 책임질 수 있는 진리로 학생들을 인도하는 것이다.

_존 테일러 가토John Taylor Gatto의 《다른 종류의 교사: 미국 교육의 위기 해결A Different Kind of Teacher: Solving the Crisis of American Schooling》[2] 중에서

아마존강 서부가 가뭄을 겪고 있었다.

우리 수업을 듣는 학부생 서른 명과 그때 열한 살과 아홉 살이던 우리 아이들은 시리푸노강이 흐르는 어느 외진 곳에 있었다. 시리푸노강은 코노나코강으로 흘러든다. 이 강은 쿠라라이강과 합류하고 다시 나포강으로 흘러들어 결국 아마존강과 한 몸이 된다.[3]

대기는 혼미할 정도로 뜨거웠다. 브렛과 우리 아이들, 학생 열 명, 그리

고 노련한 가이드 페르난도는 정글을 헤치면서 동물이 소금을 핥으러 몰려드는 장소를 찾고 있었다. 동물에게 소금은 귀중한 영양분이다. 정글의 하층부는 항상 어둡지만, 가뭄이 너무 길었던 탓에 빛이 훨씬 더 많이 들어왔다.

갑자기 하늘에서 물이 쏟아지기 시작했다. 길은 금세 개울이 됐고, 잠시 후 완전히 사라졌다. 페르난도는 오던 길을 거슬러 가서 길을 다시 찾을 테니 그동안 그 자리에 있으라고 탐사팀에게 지시했다. 바람이 거세지고 상층부의 나뭇가지들이 세차게 흔들렸다. 원숭이들이 잠잠해진 대신 숲 자체가 울부짖기 시작했다. 덩굴 식물로 연결된 나무들이 서로 줄다리기를 하자, 팽팽한 긴장 속에서 높고 긴 비명 같은 소리가 흘러나왔다. 그 와중에 크고 날카로운 소리가 빠직하고 들렸다. 나무 부러지는 소리였다.

부러진 나무가 아이들을 덮치기 직전에 브렛은 다이빙을 하듯 뛰어들어 아이들을 바닥에 눕히고 그 위를 덮었다. 세 사람은 무성한 나뭇잎과 가지에 파묻혔지만 다행히 큰 줄기에 깔리진 않았다. 학생들—이들은 모두 무사했다—이 즉시 입을 틀어막고 비명을 지르며 다가왔다.

"잭! 토비!" 그리고 겁에 질려 힘껏 소리쳤다. "잭! 토비!"

몇 분이 흘렀을까? 잭, 토비, 브렛이 뒤얽힌 나무 윗부분을 뚫고 기어나왔다. 개미들이 문 것 외에는 다친 데 없이 멀쩡했다. 바람은 여전히 거셌고, 쏟아지는 비에 숲 바닥은 급류의 미로로 변했지만, 모두 무사했다.

그로부터 몇 주 후, 갈라파고스에서 높은 파도에 휩쓸려 헤더와 보트 선장이 죽을 뻔한 일이 있었다. 배에 탄 모든 승객이 한순간에 죽을 수도 있는 사고였다. 배에 탄 학생 여덟 명 중에 몇 명은 시리푸노강에서 나무가 쓰러지는 사고가 났을 때도 거기 있었다. 우리는 그 길고 무서운 이야기를 다른 책에서 자세히 서술했지만,[4] 몇 가지 교훈은 동일하다.

늘 정신 차리자. 할 수 없다 생각하지 말고 할 수 있다 믿자. 공동체의 식을 강화하고, 그런 뒤에는 동료들의 도움을 믿자.

우리는 개개인의 잠재된 양육 기술이나 관심사가 아닌 지적 능력과 호기심, 신체적 적성과 문제 해결 능력, 공동체의식의 결합을 보고 이 해외 프로그램에 참여할 학생들을 선발했다. 하지만 많은 학생이 거의 부모처럼 행동했다.

교육에 대한 우리 접근법의 핵심은 단지 학생들 사이 또는 학생과 교수의 관계뿐만 아니라, 학령기의 우리 아이들과 대학생들 사이에 공동체, 즉 실질적이고 진실한 관계를 만드는 것이었다. 나이로 따지면 우리보다 학생들이 우리 아이들과 훨씬 더 가까웠다. 물론 몇 명은 우리와 더 가까웠다. 이건 모든 사람, 학생들과 우리 아이들 그리고 우리를 위한 것이었다.

우리의 진화사에서 학교는 신상품이다. 농업보다, 문자보다 새롭다. 사회적이고 수명이 길어서 아동기가 길고 몇 세대가 겹치는 모든 유기체가 그렇듯이, 인간도 성인으로 살아가는 법을 배울 필요가 있다. 그렇지만 배우는 건 가르치는 것과 다르다.

인류 역사에서 드문 건 학교만이 아니다. 가르치는 일도 드물다.[5] 인간 외의 종에서도 가르침의 증거가 있으며, 우리는 매우 흥미로운 사례들을 알고 있다.

많은 개미 종에서 알 만한 가치가 있는 것—먹이 공급이나 잠재적인 둥지 터—을 발견한 사냥꾼 개미는 다른 개미들에게 그 사실을 알려주며, 동료들과 나란히 달리면서 새로운 기회가 있는 곳으로 안내한다. 식견 있는 사냥꾼 개미는 그의 순진한 동료를 번쩍 들어 올려 등에 태우고 목적지까지 운반할 수도 있는데, 그게 더 빠르기도 해서 실제 그렇게 할 때도 있다. 그렇지만 실려가는 개미로서는 그 경로를 배우기 어려울 것이다. 뒤집힌 채 누워 있어 시각이 후방을 향해 있기 때문이다.[6] 개미 입장에서는 나란히 달려서 목적지에 도착하는 것이 훨씬 더 오래 걸리지만, 그렇게 해서 배운 다른 개미는 실려간 개미보다 더 영리하고 효율적인 일꾼이 된다.[7]

우리와 가까운 종 중 미어캣은 다양한 먹잇감을 사냥하는데, 전갈 같은 먹이는 잡기가 어려울뿐더러 혹시 모를 위험성도 있다. 그래서 미어캣 성체는 아주 어린 새끼에게 이미 죽인 먹이를 먹인다. 몇 달이 지나면 성체는 새끼들에게 살아 있는 먹이를 내놓고 먹잇감을 다루는 법과 사냥하는 법을 가르친다. 그리고 용케 탈출한 먹잇감을 다시 잡아와서 새끼들의 실력이 늘 수 있게 한다.[8] 이와 마찬가지로 치타와 집고양이도 새끼들에게 먹이를 물어오면 즉시 먹이지 않고, 먹잇감에 대해서 경험하고 배울 수 있게 한다.

대서양알락돌고래 어미는 새끼들이 있을 땐 더 오래, 과장된 동작을 하면서 먹이를 사냥한다.[9] 인간과 침팬지를 제외한 많은 영장류도 가끔 이와 비슷하게 어린 자식들을 가르친다.[10] 하지만 다른 어떤 동물도, 그리고 WEIRD 문화를 제외한 어떤 인간 문화도 배움의 대부분을 '학교'라는 교육 환경에 일임하지 않는다.

사실, 많은 인간 문화가 가르침을 적극적으로 **피한다**. 예를 들어, 전복 따는 일을 하는 일본의 한 여자는 수십 년 전 모친에게 잠수를 가르쳐달라고 했다가 혼이 났다고 회상했다. 그녀가 막 물질을 배우고 있을 때, 모친은 자길 떠밀면서 혼자 알아서 하라고 했다는 것이다. "**저리** 가서 네 빌어먹을 전복은 **혼자** 따라면서 정말로 소리를 질렀어요."[11]

해녀의 물질, 시베리아 유카기르족의 사냥법, 20세기 과테말라 마야족의 역직기 작동법 등 다양한 문화와 환경에서 중요한 기술은 직접 지도하거나 지도받지 않고 스스로 터득한다. 이 경우 모두 가르치지 않을 뿐만 아니라 가르침을 애써 피하는 것이다.[12]

다른 종이나 다른 인간 문화에 가르침이 비교적 드물다는 사실에 비춰 우리는 다음과 같이 묻게 된다. 최고의 자신이 되기 위해서는 무엇을 배워야 할까? 우리가 배울 필요가 있는 것 중에서 어떤 것을 가르침의 방식으로 배워야 하고, 어느 것을 가르침이 아닌 다른 방식으로—예를 들어 직접 경험과 관찰 및 훈련을 통해서—배워야 할까? 다시 말해서, 학교는 무엇을 위해 필요한 걸까?

걷기와 말하기를 배우기 위해서 학교에 갈 필요는 없다.

읽기와 쓰기를 배우기 위해서는 학교에 가야 한다. 정확히 말하자면, 거의 모든 사람이 **교육**이라는 걸 받아야 한다. 읽기와 쓰기는 생긴 지 얼마 되지 않아서 교육의 도움을 받아야 한다. 학교는 또한 가장 기본적인 수학을 제외하고 다른 모든 것—세포생물학이나 문자화된 역사 등—을 배우기에는 유용하다. 하지만 수학이나 제1원리처럼 읽기와 쓰기는 적응의 산맥 가장자리에 위치한 작은 봉우리와도 같다. 일단 읽고 쓸 줄 안다면(또는 셈을 할 줄 알거나 논리에 숙달됐다면) 사람은 더 이상 학교에 가지 않아도 많은 것을 혼자 배울 수 있다.

물론 학교에 가면 글에 대해 진짜 사람들과 이야기하고, 전에는 몰랐던 세계에 대해서 생각하고 표현하는 방법을 접하며, 과학적인 실험을 제안하고 실행하는 것을 경험할 수 있다. 학교는 이런 목적을 추구하는 데 필수적이진 않지만 도움이 될 순 있다.

학교에서는 양립할 수 없는 상태가 대치될 때 어떤 상황이 전개되는지도 배울 수 있다. 통찰력 있는 사람은 이 배움을 통해 자신의 내면에서도 비슷한 상황을 전개해볼 수 있다. 머릿속에 양립할 수 없는 두 가지 입장을 세워놓고 비교해보는 것이다. 이 가치는 헤아릴 수 없이 크다. 개인은 자기 자신과의 논쟁을 통해서 논거를 터득할 수 있고, 보다 쉽게 진리를 발견하고 알아볼 수 있다.

인간은 마음이론을 사용해서 모순과 역설을 탐구하는 독보적인 능력을 갖고 있다. 다시 말하지만, 역설은 우리가 잘못된 입장에 서서 볼 때, 즉 잘못된 모형을 가지고 정보를 처리할 때 발생한다. 왜 아프리카의 말라가시 사람들은 기아에 허덕이면서도 정기적으로 축제를 열까? 역설은 분석이라는 보물 지도에 표시된 X자로서 '여길 파보세요' 하고 우릴 유혹한다.

서구인들은 예로부터 역설을 성가신 것으로 보고 피해왔지만, 동양의 전통은 모순을 포용하는 경향이 있다. 과학의 눈으로 보기에 불교는 모순투성이지만[13] 적응적이며, 우리가 옹호하는 교육 목적에 딱 들어맞는다. 이와 마찬가지로 교실에서도 해석의 다양한 단계에 역설이 있어야 한다. 그래야 학생들이 찾아내고, 파고들고, 이해할 수 있다.

학교는 우리의 기억을 단련시켜주기도 하지만, 학교가 꼭 그래야 할 필요는 없다. 위대한 아르헨티나 작가 호르헤 루이스 보르헤스는 그의 작품을 통해 경이로운 기억력에 대해 경고한다.

《기억의 천재 푸네스》의 주인공은 아주 작은 것 하나도 빼놓지 않고 모두 기억한다. "별다른 노력을 들이지 않고 영어, 프랑스어, 포르투갈어, 라틴어를 배웠다. 그럼에도 내가 보기에는 생각을 썩 잘하는 것 같지 않다. 생각한다는 것은 차이를 잊는 것, 일반화하는 것, 추상화하는 것이다. 지나치게 풍부한 푸네스의 세계에는 세부적인 것들이 빈틈없이 가득 들어차 있다."[14] 요컨대, 푸네스는 나무에 갇혀서 숲을 보지 못했다.

기억은 쉽게 평가하고 측정할 수 있다. 때문에 학생과 교사 그리고 학교가 똑같이 추구하는 손쉬운 측정 기준이 된다. 반면에 비판적 사고, 논리, 창의성, 그 밖의 작아도 가치 있는 것들은 가르치고 수량화하기가 훨씬 어렵다. 기억 훈련은 주로 세부적인 것들, 맥락에 따라 변하지 않는 사실들에 집중된다. 맞거래가 어디에나 존재한다면, 기억된 세부 사항에 초점을 맞출 때 큰 그림에 대한 초점은 흐려질 수밖에 없다.

학교는 과학과 예술을 가르치는 데도 유용하다. 이때 아이들에게 과학적·예술적 경향이 잠재돼 있다고 가정하면 가르치기가 한결 수월해진다. 사람들은 흔히 과학적 방법의 구조를 간파하지 못하지만, 아이들은 패턴을 알아차리고 이유를 가정하고 가정이 과연 옳은지를 생각해내는 경향이 있다.

사실, 대부분의 사람이 검증주의에 빠지는 경향이 있어서 자신의 옳음을 반박하는 증거보다는 뒷받침하는 증거를 주로 찾는데, 그러한 것이 나타나지 않으면 자신의 불확실한 생각을 점점 더 그럴듯해 보이게 하는 증거를 계속 찾는다. 학교—또는 관심 있는 부모나 친구, 직접적이고 반복적인 경험—는 반증의 가치를 가르칠 수 있다. 더 자주 그랬으면 좋겠다.

마찬가지로 개인은 물감을 섞어 색을 내는 법이나 예술운동의 역사를 직관적으로 알진 못해도, 세계를 관찰하고 그 세계를 사실적으로나 완전히 공상적으로 재현하는 성향이 있다. 따라서 이를 위해 정규 교육까지는 필요가 없다. 가만히 놔두어도 사람들은 과학자 그리고 예술가의 성향을 드러낸다.

⁝⁝⁝ 학교란 무엇인가

아이들에게 학교는 상품화된 사랑과 돌봄을 제공한다. 다시 말해서, 학교는 일견 '외주화된 양육'이다. 앞에서 우리는 환원주의의 해악과 위험을 많이 목격했다. 하나 더 추가하자면, 환원주의는 쉽게 정량화할 수 있는 것들을 상품화함으로써 정량화하기 어려운 것들을 무시한다. 결국 학교는 측량 위주로 돌아간다. 얼마나 많이, 얼마나 빨리, 얼마나 잘하는가? 글을 읽었는가, 구구단을 외웠는가, 시를 암기했는가?

하지만 속도와 분량에 초점을 맞추는 건 잘못된 일이다. 환원주의적 평가에 적합하지 않다는 이유로 학교에서 얼마나 많은 것들이 배제되고 있는가? 학교는 경제적 효율성에 기반하며, 성취할 수 있는 것에 대해서는 상상의 여지를 남기지 않는다. 학교의 경제학—의무교육의 이면에 감춰진 달콤한 이기주의는 말할 것도 없고—은 아이들에게 지혜로 가는 길을 보여주지 않고 작은 머리에 지식만을 가득 채운다.[15]

학교는 젊은 사람들이 다음과 같은 질문을 해결하도록 도와야 할 것이다. **나는 누구인가, 진정한 나를 찾기 위해서는 무엇을 해야 하는가?**[16] 달리 표현하면 이렇다. 내 능력과 기량으로 해결할 수 있는 가장 크고 중요한 문제는 무엇일까? **어떻게 하면 나를 자각하고, 나의 가장 진실한 자아를 찾을 수 있을까?** 긍정적으로 보면 학교는 통과 의례를 공식화하고 거행하는 훌륭한 플랫폼을 제공할 수 있다. 하지만 현대 교육은 이와 같은 질문에는 전혀 집중하지 않는다. 특히 WEIRD 세계에 널리 퍼져 있는 의무 교육은 침묵과 순응을 위주로 가르친다.

만일 학교가 목표 중 하나로 아이들에게 인센티브적인 구조를 이해하고 걷어차게 만든다면 어떻게 될까? 아이들이 착실히 적응한 낮은 봉우리("나는 수학, 언어, 체육을 잘 못해…" 또는 반대로 "나는 수학, 언어, 체육을 잘해서 다른 것엔 관심 없어")에서 불편한 계곡으로 가게 한 후, 거기서 다시 오를 수 있는 봉우리가 많이 있다고 한다면 어떻게 될까?[17]

학교는 비주류를 인기 없다는 이유로 즉시 폐기 처분하지 말고, 아이들이 그것을 잘 탐색하고 생각해보도록 밝혀야 할 것이다. 비주류를 피해서 베팅하는 것은 보통 쉽고 안전하며, 온정적으로 응석을 받아주거나 권위적으로 멸시하는 분위기에서는 다른 의견을 낼 수 없다.

비주류 아이디어는 사실 대부분 틀린 것이지만, 비주류에서 진보가 시작된다. 패러다임의 전환이 일어난다.[18] 비주류에서 혁신과 창조가 발생하며, 실상 그 대부분은 어긋났거나 무가치하지만, 오늘날 우리가 세계와 사회를 이해할 때 기초로 삼고 있는 중요한 생각들은 대부분 비주류, 즉 변두리에서 나왔다. 태양계의 중심은 태양이라는 생각, 생물 종은 긴 시간에 걸쳐 자신의 환경에 적응한다는 생각, 과학기술로 인해 인간은 시공간을 가르며 소통하고 날고 가상의 세계를 창조하고 탐험할 수 있다는 생각. 이 모두가 한때는 불가능했다. 당시에는 비웃음을 자아냈다. 오늘날

별생각 없이 비주류 아이디어를 비웃는 사람들은 과거에도 손가락질하며 비웃었을 것이다.

학교는 재미있어야 하지만 게임판이 돼서는 안 된다. 아이들이 '이기는' 곳이어서는 안 된다(실상 많은 아이가 이기고 더 많은 아이가 진다). 학교는 사회의 규칙과 그 밖의 더 많은 것들을 가르치지만, 보편적이면서도 부차적인 진리를 찾는 일이 전제돼야 한다.

학교는 좋든 나쁘든 부모, 친족 그룹, 아이와 운명을 나누는 사람들의 대역이다. 따라서 아이들에게 공포를 조장해서 가르쳐선 안 된다. 위험과 도전은 아이들을 배움으로 이끄는 보조 수단이다. 양육과 마찬가지로 이때도 초기에 유대를 형성할 필요가 있다. 안전한 토대를 구축해 아이들이 일찍부터 밖으로 나가 모험할 수 있다는 자신감을 심어줘야 한다. 어떤 상황에서도 누군가가 뒤에서 받쳐주고 있음을 느끼게 해야 한다. 두려움을 이용한다면 이와는 반대되는 교훈을 가르치게 된다.

두려움은 아이들을 쉽게 통제할 수 있는 쉬운 수단이다. 따라서 교사들이 나이를 불문하고 학생들을 통제하는 데 공포를 조장하는 건 놀라운 일도 아니다. 많은 나라에서(모든 나라는 아니지만) 심리적·정서적 통제가 체벌을 대체했다. 이러한 통제는 흔적을 거의 남기지 않는다. 아이들은 낮은 등급을 주겠다, 시험 점수를 깎겠다, 나쁜 행동을 부모님에게 알리겠다(이 말을 아이들은 "너는 나쁜 사람이다"로 듣는다)는 협박에 시달린다. 체계 안에 측량법—종종 지나치게 단순하고 그릇되고 사이비 정량적인—이 부상하면 사회적 신뢰가 쇠락한다.[19]

외부에서 부과된 일괄적인 측정 지표에 갇힌 좋은 교사들이 어떻게 이 지배적인 문화의 힘에 대항할 수 있을까? 한 가지 방법은, 학생들에게 단지 그들 앞에 서 있다는 이유만으로 자신들을 신뢰하지 말라고 함으로써 교사의 권위를 확실하게 내려놓는 것이다. 나이 든 아이들과 어린 성인들에게는 이 방법이 훨씬 효과적일 것이다. 이렇게 해서 학생들의 존경과 신뢰를 얻을 때 교사는 정당한 권위자(권위 있다고 위장한 것이 아니라)가 되며, 학생들과 그들이 지향하는 교육에 더 힘쓸 수 있을 것이다.

공포를 조장해서 학생들을 똑바로 앉히고, 조용히 정면을 바라보게 하고, 정해진 몇몇 순간을 제외하고 움직이지 못하도록 하는 것이 교육 방법으로 자리를 잡는다면, 그런 곳에서 키워지는 성인은 자신의 몸과 감각을 조절하지 못하고, 자신의 능력을 신뢰하지도 스스로 결정을 내리지도 못하며, 성인이 되어서도 비슷한 통제된 환경—사전 고지나 안전한 공간 등—을 필요로 할 것이다.

또 다른 방법, 어린 학생들에게 더 효과가 있을 만한 해결책은 학교에 정원을 만들어 날씨에 상관없이 정원에서 시간을 보내게 하는 것이다. 기후를 통제한 '자연교육센터'보다는 자연에서 자주 야외 수업을 하거나 바깥에서 시간을 보내는 것도 효과적이다. 이 방식이 항상 편안하기만 할까? (아니다.) 어떤 아이는 비나 바람이나 햇빛을 막을 준비가 안 돼 있을까? (물론이다.) 아이들은 일찍이 사소한 실수로부터 자신의 몸과 운명에 대한 책임을 지기 시작하고, 그래서 세계를 더 잘 헤쳐나갈 수 있는 교훈을 얻게 될까? (그렇다.) 당연히 그럴 것이다.

인간에겐 반취약성이 있다. 신체적·정서적·지적 면에서 불편함과 불확실성에 노출될 필요가 있다. 위험을 이해하고 마주할 준비가 된다면, 세계관을 확장할 용기가 생기고 다양한 경험을 수용함으로써 보다 성숙한 사람이 될 수 있다. 하지만 이는 거저 생기는 능력이 아니다. 위험 가능성을 이해한다고 해도 좋지 않은 결말을 완전히 피할 수는 없다.

간단히 말해 위험은 위험하다! 비극은 일어나게 마련이며, 그건 결코 사소한 일이 아니다. 운 좋게 비극을 경험하지 못한 사람은 자신의 자식이 죽거나 친한 사람의 자식이 죽었을 때 어떻게 계속 살아갈 수 있는지 상상하기가 어려울 것이다. 누군가가 수학여행 중에 위험을 끼쳐서 생긴 비극이라면 손가락으로 지적하기가 쉽다. 이런 이야기는 말하기 쉽고 귀마저 솔깃해진다. 반대로 인구 차원의 비극, 다시 말해서 인구집단의 대다수가 위험을 헤쳐나가지 못하고 어떻게든 피하기만 하는 불행한 사건들도 있는데, 이 역시 비극이며 훨씬 더 넓은 그림자를 드리운다.

오늘날 학교는 작은 비극은 하나하나 막으면서도, 더 큰 사회적인 비극은 용인하고 조장하는 경향이 있다. 조그만 학생들을 줄 맞춰 세우고, 자리를 지정해주고, 묻기 전에는 절대 말하지 못하게 한다. 아이들을 보다 쉽게 감시하고 추적할 수 있기 때문이다. 동시에 집에서는 어린 자녀에게 그들이 우주의 중심이고, 언제든 어떤 이유로든 어른들 말에 끼어들 수 있고 또 끼어드는 것이 좋다고 가르친다. 아이가 폭발할 때마다 항복함으로써 분노 발작*은 해도 되는 것이라고 가르치고, 너는 가장 소중하고 확실한 존재니 누구의 비판도 너의 자아를 해치는 범죄일 뿐이라고 힘줘 말한다.

당연한 말이지만, 이렇게 자란 아이들은 가정과 학교에서 주어지는 혼란스러운 메시지를 전혀 알아듣지 못한다. 게임과 똑같은 체계에 끌려 들

---

* 아이가 자신의 요구가 충족되지 않을 때 나타내는 분노의 폭발적 반응(네이버 지식백과).

어가는 것도 놀라운 일이 아니다.

> 내가 소리 지르거나 징징대면 엄마가 싫어해. 그런데 내가 끝까지 그러면 결국 엄마가 항복한다고? 좋아.

> 딱히 교과서에서 배울 건 없지만, 내가 수업 시간에 발표를 하거나 좋은 점수를 받으면 선생님이 나를 터치하지 않겠지? 좋아.

우리 사회에 경배를 올리자. 하고 싶은 대로 하는 것에 길이 든 고집쟁이, 공부는 잘하지만 생각할 줄은 모르는 학생, 알고 보면 영리하지도 않고 현명하지도 않은, 자기만족에 빠진 인간들을 성공적으로 생산해왔으니!

세계의 중심은 내가 아니다

앞서 우리는 20세기 말과 21세기에 출현한 사회적 요인들의 나쁜 면면이 아이들에게 어떤 피해를 입혔는지 살펴봤다. 아이들에게 처방되는 약물, 헬리콥터와 제설차 방식의 양육, 갖가지 화면의 범람(그 화면에서 나오는 것은 말할 것도 없다)으로 인해 학교는 과거보다 훨씬 더 괴로운 곳이 됐다. 특히 미국에서는 정치적·경제적 영향으로 교육 재원이 감소하는 동시에 시험이 증가했고, 이러한 요인이 교사들의 창의성과 자유를 짓누르고 있다.

헤더가 학생들을 이끌고 해외로, 파나마나 에콰도르로 현지 수업을 나가려 할 때였다. 출발하기 전에 헤더는 공부에 필요한 학문적 기술뿐만 아니라, 완전히 새로운 세계에서 긴 여행을 할 때 필요한 사회적·심리적 기술도 쌓게 하려고 했다. 헤더는 학생들에게 물었다.

"여러분에게 위험이란 뭘까요? 그리고 안락함은요? 지금은 벌레와 진흙이 있어도, 인터넷을 사용하지 못한다 해도 괜찮다고 말할 수 있어요. 그런데 실제로 괜찮을지는 알 수가 없습니다. 무엇보다 중요한 것은, 열린 마음으로 뜻밖의 상황을 받아들여야 한다는 점이에요. 이 여행에서 무슨 일이 생길지는 아무도 몰라요. 그래도 우리는 떠날 거예요. 흥미로운 일들이 생기겠죠."

헤더와 학생들은 도시와 다르게 법적으로 안전이 보장되지 않고, 의료 지원이 멀리 떨어진 곳에서는 위험이 어떻게 다를지 논의했다. 정글에 숨은 위험—빠르게 불어나는 물과 쓰러지는 나무—에 대해서도, 익히 아는 위험들—예를 들어 사람들이 본능적으로 무서워하는 뱀이나 큰고양잇과 동물—에 대해서도 이야기했다.

위험과 가능성은 동전의 양면이다. 우리는 대학생을 포함해 아이들에게도 다칠 위험을 감수하게 할 필요가 있다. 아픔을 피하려고만 한다면, 나약함과 취약성, 더 큰 고통밖에는 얻지 못한다. 몸이나 감정, 정신이 불편해질 수 있다. 내 발목! 내 감정! 내 세계관! 배우고 성장하려면 이 모든 것을 경험할 필요가 있다.

현지 수업에 참가한 학생들은 신중히 선발된, 성숙하고 유능하고 영리하고 능숙한 학생들이었다. 그럼에도 정글에 들어서자 주변 상황을 통제하지 못했고, 뜻밖의 상황에 좌절하면서 많은 학생이 혼란스러워했으며,

때로는 그 감정을 분노로 표출했다.

우리 사회는 아이들에게 혼돈보다는 질서가 항상 낫다는 의식을 심어주고, 쉽게 구분하고 쉽게 헤아릴 수 있는 일을 우선시하는 것이 학교를 다니는 바람직한 방법이라고 믿게 한다. 그렇게 예상치 못한 것과 새로운 것에 기겁하는 성인을 만들어낸다.

정글은 최고의 자연 다큐멘터리에서 보고 느끼던 것과는 다르다. 게다가 파나마시티나 키토의 거리를 걸어다니는 사람들도 우리의 생각과 상당히 다르다. 운무림*도, 잉카인이나 스페인 정복자가 오기 훨씬 전부터 그 운무림을 고향이라 부르는 사람들도 새로울 것이다. 눈가리개를 벗고 세계의 참모습을 경험한다면 놀랍고 신기하다. 요컨대, 세계는 나를 중심으로 돌아가지 않는다. 그렇지만 우리는 세계로부터 많은 것을 배울 수 있다. 교육의 임무는 바로 배움을 할 수 있게 하는 것이다.

⋮ 고등 교육에 대하여

학자를 상상해보자. 무엇이 떠오르는가? 판에 박힌 인상―안경과 팔 토시―을 제외하면, 아마도 누군가가 이미 만들어둔 원리나 이론 등을 **소비하고** 있는 모습일 것이다. 도서관에서 책을 쌓아놓고 읽는 것 같은. 대학에 입학한 학생들은 이런 수사적 어구를 배웠다. '먼저 읽고 나서 반

지속적으로 구름과 안개에 뒤덮여 있는 숲.

응하라.' 언젠가 너도 책을 쓸 테고, 이번에는 다른 사람이 도서관에 앉아 그 책을 읽고 반응할 것이다. 그렇게 순환은 계속된다.[20]

비판적이고 참여적인 세계 시민이 되는 것이 무엇인지에 대한 학문적 활동의 모형과 정신적 삶의 모형은 어떤 학문을 추구하는 데는 그리 적합하지 않았다. 특히 과학과 예술—진리와 의미를 추구하는 활동의 가상 스펙트럼에서 서로 반대쪽 끝에 위치한 것으로 잘못 묘사되는 두 분야—은 이미 출현한 것에 대한 진지하고 사려 깊은 평가와 비판을 통해서는 세계에 영향을 미치지 않는다. 물론 우리는 거인의 어깨 위에 서 있으며, 우리 이전의 생각과 창조의 역사는 인간의 앎과 사고방식, 행동에 필수 불가결하지만, 그렇다고 해서 그것이 우리의 주된 초점이나 사명이 돼야 하는 것은 아니다.

태양 아래 새로운 것은 **있다**. 하지만 너무 늦게 도달했고, 모두 이해됐으며, 허무주의의 나락으로 떨어지는 것이 최고의 대응이라 생각하는 점이 모든 세대의 운명이다.

최선을 다한다면 대학 교육은 다양한 세계—경탄과 창조와 발견과 표현과 연결의 세계—를 열어젖힐 수 있다. 태평양 북서부에 있는 에버그린주립대학에서 우리는 15년간 그런 교육을 펼쳤다. 그곳에서 우리는 운명처럼 알게 된 학생들과 함께 교실과 실험실에서, 현장에서, 캠퍼스 근처에서, 대단히 외진 곳에서 복잡한 주제들을 깊이 탐구할 수 있었고, 다양한 창을 통해서 고등 교육의 가능성을 들여다볼 수 있었다.

우리의 학생이었고, 지금은 친구이자 이 책의 연구 조교인 드류 슈나이들러Drew Schneidler는 우리가 이 책을 쓰고 있을 때 이렇게 말했다.

"강의실에 들어갈 때마다 내가 이미 준비돼 있지만 존재하는지조차 몰랐던 조상의 방식대로 걸어 들어가고 있는 것 같았어요."

이 책의 거의 모든 생각처럼 드류의 말도 한 권의 책으로 쓰일 가치가 있다. 이제 고등 교육 기관의 교직원으로 근무했을 때 우리가 터득하고 도입한 몇 가지 방법을 소개하고자 한다.

⠿ 사실보다 도구가 더 가치 있다

우리는 학생들에게 다음과 같은 메시지를 전했다. 사실보다 더 가치 있는 지적 도구가 있다는 것을. 어느 정도는 더 힘들게 얻은 것이기 때문이다. 우리는 지적 도구를 힘차고 정확하게 휘두를 수 있고, 그렇게 해서 누구도 의문을 품어본 적 없는 것들을 발견할 수 있다.

그런데 진공 상태에서는 어떻게 도구를 알릴 수 있을까? 사람들에게 **무엇**을 생각해야 하는지가 아니라 **어떻게** 생각해야 하는지를 실제로 어떻게 가르칠 수 있을까? 말이야 쉽지, 어떻게 실행할 수 있을까? 선의의 비판자가 나서서 학생들에겐 생각할 재료가 필요하다고 주장할지 모른다. 물론 논의할 재료가 있으면 일이 더 쉬워지지만, 그걸 도입하고 나면 학생과 교수 모두 가르치는 쪽과 배우는 쪽에게 오랫동안 주어진 익숙한 역할에 너무 쉽게 빠진다. 번쩍 올라간 손이 대표적인 사례다. 인상적인 토론이 끝나면 이렇게 묻는 학생이 있다. **"이거 시험에 나오나요?"**

퍼즐의 한 조각은 당근과 채찍의 패러다임을 깨는 것이다. 학생들에게 서로 경쟁하는 게 아니라고 분명하게 말하고, 그것이 사실임을 확인시켜야 한다. 실제로 우리 학생들은 협력을 통해 더 많이 배웠다. 일부 학생이

낙제하는 '곡선'은 절대 생기지 않았다.

퍼즐의 두 번째 조각은 '우리는 몇 교시에 교육을 받는다'라는 패러다임을 깨는 것이다. 이를 위해서는 강의실을 벗어나 같이 더 많은 시간을 보내는 것이 좋다. 학생과 교수가 이러한 방식으로 며칠, 몇 주, 또는 몇 달 동안 한솥밥을 먹으면 어느 시간, 어느 날에든 좋은 질문이 튀어나온다. 논리, 창의성, 훈련을 통해 개발한 지적 연장통을 가지고 여행한다면, 언제 어디에서나 질문을 하고 함께 고민해볼 수 있다. 강의실에서는 버젓한 권위자가 앞에 서 있을 때만 대답을 들을 수 있지만 말이다.

‡‡‡ 지적인 자기 신뢰

밤중에 밖으로 나가 별을 바라볼 때 드는 느낌은 편안함이 아닙니다. 그때 드는 감정은, 내가 모르는 것이 이렇게 많다는 걸 깨닫는 달콤한 불편함과 엄청난 신비가 존재한다는 걸 인식하는 강렬한 기쁨입니다. 그건 편안한 것이 아니죠. 이것이야말로 교육의 가장 큰 선물이 아닐까요.
_텔러Teller의 인터뷰 발언, 〈교육, 마술을 부리는 일Teaching: Just Like Performing Magic〉[21] 중에서

교수가 학생들의 선입견을 뒤흔들고, 학생들이 안다고 생각하는 것을 비틀어 불편하게 만들고, 학생들의 자아, 인식, 권한과 대립하는 것을 강제한다고 상상해보자. 안다고 여기는 것에 너무 쉽게 안주하고, 세계가 기대하는 대로 보이지 않을 때 사람들은 매우 큰 위험에 직면한다. 조작

당할 위험, 분노에 사로잡힐 위험, 비논리에 빠질 위험에.

아는 것에 안주하는 사람은 통찰과 성장을 경험하지 못한다. 우리는 집을 지을 때 외벽에 벽돌을 쌓듯이 자신의 토대에 지식을 더할 수 있고, 그렇게 해서 완성된 집은 토대가 담고 있는 뜻과 거의 비슷하게 보일 것이다. 하지만 성년의 변환점에 도달했을 때 그 토대는 우리가 살기 원하는 지적인 집의 토대가 아닐 수도 있다.

벽의 벽돌들은 창의성을 차단한다. 호기심을 죽인다. 그 벽돌 때문에 청사진이나 토대 없이는 처음부터 시작하기가 불가능해 보인다. 그 벽 안에서 우리는 안주한다. 벽돌을 계속해서 높이 쌓기란 어렵지 않다. 벽의 벽돌은 모두 똑같은 마음, 낯설고 새로운 생각을 하거나 고려할 능력을 떨어뜨리는 마음, 혼란스럽거나 불확실하면 분노에 사로잡히는 마음을 자아낸다.

우리가 가르친 거의 모든 학생은 우리의 도전 과제였고, 실제로도 도전 의식을 북돋웠다. 학생들이 틀렸거나 또는 우리가 틀렸을 때도 정확하게 사실을 말해줬다. 알맹이가 있는 질문을 하는 법과 질문을 한 뒤에는 아무리 궁금해도 상대방에게 생각할 시간을 주고 기다리는 법을 알아야 한다고 가르쳤다.

교수는 학생들을 데리고 강의실을 벗어나야 한다. 인터넷도 도서관도 없는 곳—예를 들어 워싱턴 동부의 용암 지대, 파나마의 쿠나얄라, 에콰도르령 아마존—이라면 더욱 좋을 것이다. 이런 데서는 질문이 쏟아져 온다. 이 바위는 어떻게 형성되었을까? 주민들은 물고기를 어떻게 잡을까? 저 앵무새는 뭘 하고 있을까? 학생들은 논리와 제1원리, 엄격함을 적용해서 정답을 스스로 알아내는 법을 배울 필요가 있다.

그 순간 그 자리에서 논의가 이루어져야 한다. 인터넷의 집단 지식이 아닌 그들 스스로의 머리로 어떤 답을 생각해낼 수 있는가? 답이 직접 관찰한 것과 일치하는가? 만일 그 자리에서 바퀴를 재발명해야 한다면 그렇게 하도록 놔둬야 한다. 그 과정에서 학생들은 과학적 이론과 정밀성, 실험적 설계와 논리에 관한 기술을 갈고 닦을 것이다. 또한 학생들은 교육받는 것뿐만 아니라 교육할 수 있는 능력도 점점 갖춰나갈 것이다.

강의실에서 사실에 관한 어떤 질문이 나오고 강의실의 누구도 답을 알고 있지 않을 때, 누군가가 그냥 그 답을 찾아보면 안 될까? 멘델레예프가 처음 발표한 주기율표가 지금과 똑같은지, 드레스덴 폭격으로 몇 명이 죽었는지, 최초의 베링기아 부족들이 언제 신세계에 들어왔는지를 확인해보면 어떤 손해가 생길까? 단순한 질문에 대한 답을 책이나 인터넷에서 찾아볼 때 어떤 문제가 발생할까?

이런 행동들을 통제하는 것은 자기 신뢰를 낮추도록 만든다. 또한 자신의 뇌로 연결을 만들어내는 능력, 그와 관련해 이미 알고 있는 것을 찾아본 후 내가 잘 모르는 체계에 적용하려는 자발성을 떨어뜨린다.

'어떻게'라는 질문에 컴퓨터 자판을 몇 번 쳐서 금방 답하는 것이 자기 신뢰를 떨어뜨린다면, '왜'라는 질문에 그런 식으로 대처하고 싶은 욕구는 어찌 되는 걸까? 이 경우 논리적 사고와 창의적 사고를 죽일 가능성이 훨씬 커진다. 새는 왜 이동할까? 왜 적도에 가까울수록 생물 종이 더 많을까? 왜 이런 풍경이 형성됐을까? 우리는 답을 찾아보기 전에 생각해야 한다.

걸으면서, 자면서 생각하라. 자신의 생각을 친구와 공유하고, 친구가 동의하지 않을 땐 논쟁하라. 때로는 '의견 차이를 인정하고 싸우지 않는 것'이 유일한 방법일 때가 있지만, 대개는 조금만 파고들어도 더 많이 배울 수 있다. 그러면 당신과 친구들은 세계를 더 잘 이해하게 될 것이다.

두려움을 극복하고 이성을 유지하라

아마존강에서 현장 수업을 할 때, 헤더는 아마존은 위험하고 거칠고 사악하다는 소문이 눈앞에서 눈덩이처럼 불어나는 것을 목도했다. 그 외진 현장에는 또 다른 팀도 있었는데, 그 팀의 교수가 학생들에게 거미, 멧돼지, 두꺼비는 생명을 위협할 만큼 위험하다고 말하고 있었다. 완전히 틀린 말이었지만 마치 사실인 듯 진지하게 소문이 돌고 있었다. 어떤 두꺼비는 사람 눈에 독을 쏴서(사실이다) 영원히 앞을 못 보게 한다(사실이 아니다)는 말도 있었다.

소문이 돌기 시작한 후에 헤더의 한 학생이 문제의 두꺼비를 보다가 눈에 독이 들어가는 사고가 일어나고 말았다. 소문 때문에 더 큰 공포에 사로잡힌 학생은 훌륭한 가이드이자 자연주의자인 라미로에게 가서 자기가 어떻게 될지 물었다. 라미로는 매사에 신중한 사람이었다. 그는 두꺼비의 독이 눈을 멀게 한다는 것은 "누군가가 퍼트린 뜬소문이에요"라고 말해줬다. 당연히 학생은 아무 탈도 나지 않았다. 하지만 누군가가 권위의 수단으로 공포와 과장을 이용한 탓에 쓸데없이 두려움에 떨어야 했다.

과거에는 자세히 알지 못하는 서식지에 발을 들이기가 어려웠다. 연장자에게 그곳에 대한 지식을 전달받거나 주변부부터 접근해 점차 그곳에 스며들어야 알 수 있었다. 하지만 현대인은 빠르게, 예측할 수 없이 변하고, 그래서 누구도 완전히 토박이라고 주장할 수가 없는 곳에서 산다. 또한 조상들은 겪지 않았던 급작스러운 경계 문제—수영장, 쓰레기 처리장, 도로 저지선 등 무엇으로부터 안전을 표시하는지가 불분명한 선—를 겪는다.

공포, 분노, 과장은 유용한 상품 판매, 모객, 통제의 수단이다. 하지만 우리 인간이 쓸 만한 최고의 수단은 아니다. 오늘날 공포를 유발하는 이야기는 적절한 행동을 이끌어내는 도구가 될 수 없다.

복잡한 대도시 키토에서 하룻밤을 자고, 다음 날 아마존에서 잘 수 있는 변화는 현대에만 누릴 수 있는 사치임이 분명하다. 하지만 경험도 없고 대비도 되지 않은 환경에 사람들을 내려놓는 것에는 비용이 따른다. 게다가 아마존에 처음 발을 들인 사람들은 대개 모든 것이 다 공개되고 모든 곳이 다 안전한(적어도 단기적으로는) 법치국가에서 왔을 것이다. 공포심을 유발해 얌전한 행동을 하도록 하는 것은 교육의 실패를 의미한다. 교육의 최종 목표가 유능하고 호기심 있고 배려심 많은 성인을 키우는 것이라면, 학생들에게 끊임없이 경고를 하기보다는 침착함과 이성을 유지하게 하는 것이 훨씬 좋을 것이다.

자연에 대한 관찰

고등 교육의 목표 중 하나는 학생들이 직관을 갈고 다듬어 세계에서 통용되는 패턴을 확실히 알아볼 수 있도록 충분히 경험을 쌓게 하며, 관찰한 현상을 설명할 때는 제1원리에 기반하고 권위에 기댄 설명을 거부하게 하는 것이다.

함께 관계를 쌓아 올리는 데는 시간이 걸린다. 긴 시간, 이를테면 현장 학습은 모든 교수가 경험할 수 있는 건 아니지만, 그럼에도 모두가 경험해야 할 사치다. 평생 칭찬만 받으면서 살아왔을 학생들에게 "아니, 그건 틀렸어. 그 이유는 말이야…"라고 기꺼이 말할 수 있어야 한다. 자신의 실수를 기꺼이 바로잡을 수 있어야 한다. 생각이 출현하는 과정, 생각을 다듬고 시험하는 과정, 그런 후에 거부하거나 받아들이는 실제 과정을 모형화한다면 학교 교육과 교과서가 오랫동안 주입해온 전형적인 학습 모형에서 학생들은 멀어질 것이다.

우리는 국내와 해외를 몇 번 여행하는 동안 학생들이 집에서라면 엄두도 내지 못했을 일에 선뜻 도전하는 것을 봤다. 우리는 일부러 외진 곳을 연구 캠프로 선정했다. 자연이 잘 보존돼 있고 더 흥미롭기도 하지만—더 많은 덩굴 식물이 빛을 향해 기어 올라가고, 더 많은 덩굴뱀이 그 식물들을 흉내 낸다—방해가 가장 적은 환경에서 자연을 만나면 외부 세계와 차단된 상태의 '비용'이 종종 발생한다. 우리의 모든 움직임을 기록하는 인터넷의 눈으로부터 멀어질 때 사람들은 스스로와 남들에게 솔직한 모습을 드러낸다.

물론 위험도 있다. 개미가 물고 곰팡이가 생긴다. 나무가 쓰러지고 보트가 뒤집힌다. 무엇 때문에 이런 위험을 감수할까? 토지 이용의 정치학, 초기 미국인의 문화, 나비의 세력권 형성이 그 정도로 연구할 가치가 있을까?

현장에서 우리는 몇몇 학생이 자기의 어둠 속에 잠겨 우울감에 빠지는 것을 지켜봤고, 그들이 다시 기운을 되찾았을 땐 더 강하고 단단해진 것을 목격했다. 정글에 대한 낭만적인 생각은 끝없이 흐르는 땀과 온몸을 깨무는 곤충과 함께 사라지고, 카리스마 넘치는 동물의 흥미로운 동작을 보기 위해서는 숲으로 살금살금 들어가 동물이 우리 주변에 올 때까지 끈질기게 기다려야 한다는 깨달음을 얻는다.

어떤 사람은 싫어한다. 통제할 수 없는 상황을, 자연은 자연 다큐멘터리가 아니라는 깨달음에 좌절하는 것을. 하지만 대부분은 감춰진 강인함과 예기치 못한 자유를 발견한다.

아마존에서 어느 날 저녁, 우리 학생들이 골이 진 철판 지붕 밑에서 연구 프리젠테이션을 시작하려 하고 있었다. 그때 갑자기 스콜이 몰려왔다. 굵은 비가 지붕을 너무 세게 때리는 바람에 우리는 시간을 다시 잡아야 했다. 목소리도 잘 안 들렸고, 마땅한 다른 장소도 없었다. 우리는 흩어졌다. 몇몇은 낮잠을 청했고, 몇몇은 무덥고 축축한 저녁 공기를 느껴보려고 폭풍우가 몰아치는 열대 정글을 이리저리 거닐었다. 교육이 예기치 못하게 변하는 어떤 세계에 어느 정도 대비하게 하는 것이라면, 가장 먼저 가르쳐야 할 것은 용기와 호기심이다.

우리는 또한 수업 시간에 텍스트—주요한 과학 문헌, 여러 종류의 책, 에세이, 픽션—를 읽었다. 우리가 읽은 텍스트 중 어떤 것은 우리가 읽은 다른 것과 모순됐다. 하지만 마음의 툴키트, 즉 새로운 생각이나 데이터가 도착했을 때 세계를 적극적으로 자신 있게 평가하도록 교육하는 도구를 만들기 위해서는 텍스트에서 멀어질 필요가 있다.

우리는 밖으로 나가 물리적 세계와 그 세계에서 진화하고 생존해온 수많은 생물과 부딪혔다. 19세기의 뛰어난 자연주의자 루이 아가시Louis Agassiz는 이렇게 제안했다.

"자연으로 가서, 사실들을 손에 쥐고, 직접 들여다보라."

자연 속으로 들어갈 기회를 만든다면—가르치는 과목과 가르치려 하는 내용이 무엇이든—학생들은 다른 사람의 말을 믿기보다는 자기 자신을 신뢰하면서 진실을 추구할 것이다.

학생 몇 명을 한두 학기 계속해서 집중적으로 가르치다 보면 교육이 사적인 성격을 띠게 된다. 우리는 학생들이 예상하지 못했던 것들을 말했다.

　○ 복잡한 체계를 이해하기 위해서는 비유가 필요하다.
　○ 여러분은 소비자로 온 것이 아니다. 우리는 어떤 것도 팔지 않는다.
　○ 현실은 민주적이지 않다.

또한 우리는 학생들이 흔히 하는 일반적인 반응을 받아들이지 않았다. 우리는 학생들을 지적으로 쿡쿡 찔렀다. 학생들은 극도로 긴장해야만 했다. 우리가 가르친 것을 앵무새처럼 되풀이하면 통과가 안 될 것이 분명했으니 말이다. 우리는 학생들 각자의 생각을 알고자 했고, 그 덕에 우리도 학생들로부터 배울 수 있었다.

그럼에도 불구하고 많은 교수가 학생들을 아무 생각 없는 일꾼으로 훈련시킨다. 언젠가 한 교수는 헤더에게 정색을 하며 이렇게 말했다. 학생들을 톱니가 되도록 가르치는 게 자기의 일이라고, 결국 그것이 학생들의 운명이라고 말이다.

교수는 더 현명해지면 되겠지만, 학생들은 상황이 다르다. 유혹seduction

과 교육education은 어원상 자매지간이다. 학생들은 유혹당하고 싶다고, 거짓된 칭찬에 도취돼 잘못된 길에 들어서도 괜찮다고 생각할 수 있다. 다행히 우리가 만난 대부분의 학생은 교육을 원했다. 신앙에 근거한 편협한 믿음에서 한발 크게 내디뎌서 지식이 충만한 내면의 세계에 들어서기를, 그곳에서 세계와 그 세계에 존재하는 주장들을 제1원리로 평가하고 모든 사람을 존중하고 배려할 수 있기를 바랐다.

학교, 그리고 당연히 부모는 아이들을 이렇게 가르쳐야 한다.

○ **두려움이 아닌 존경을 가르쳐라.**

○ **좋은 규칙을 존중하고 나쁜 규칙을 의심하도록 가르쳐라.** 법체계에서, 가정에서, 학교에서, 그 밖의 많은 곳에서 우리는 나쁜 규칙을 만난다. 당신이 부모라면 아이들이 어떤 문제에 부딪혀도 당신은 100퍼센트 아이와 한편임을 보여라. 아이들은 부모가 이런 규칙을 왜 정했는지를 거리낌 없이 물을 수 있어야 한다. 하지만 규칙을 깨기 위해 규칙을 어기는 것은 역효과를 낳는다는 사실 또한 알아야 한다.

○ **안전지대에서 빠져나와 새로운 생각을 탐구하도록 가르쳐라.**[22] 내가 아는 것(안다고 생각하는 것)이 실제로 옳든 그르든 간에, 안다고 확신하는 영역일수록 배우기가 더 어려워진다.

○ **물리적 세계에 관해 실질적인 것을 알면 도움이 된다는 사실을 가르쳐라.** 물리적 세계를 아는 사람은 사회 영역에서 조작당할 위험성이 줄어든다. 권위에 기반한 결론은 절대 수용하지 말라. 앞에서 가르치고 있는 것이 당신의 세계 경험과 일치하지 않는 것 같으면 쉽게 동의하지 말라. 모순과 불일치를 추구하라.

○ **복잡한 체계가 실제로 어떤지를 보게 하라.** 그 체계가 너무 혼란스러워서 수업의 범위를 벗어날지라도 상관없다. 자연이 그런 체계의 대표적인 예다. 자연은 특히 정서적 고통과 육체적 고통이 동등하다는 생각과 삶은 완벽히 안전하거나 안전할 수 있다는 생각을 바로잡아준다. 복잡함에 노출되는 것이 중요하다.

고등 교육은 특히 다음과 같은 것들을 알아야 한다.

○ **문명은 개방성과 탐구 정신을 가진 사람을 필요로 한다.** 따라서 이 두 가지가 고등 교육의 특징이 돼야 한다. 앞으로 나아가려는 21세기의 우리에게는 민첩한 사고, 의문 제기 및 해결책 탐색의 창의성, 기억과 전수된 지혜에 의존하기보다는 제1원리로 돌아올 줄 아는 능력이 더 중요할 것이다.[23]

미래의 직업에 대해 착각하는 사람들은 더 이른 나이에 좁은 전문성을 강요한다. 고등 교육은 이러한 추세를 거스르는, 더 폭넓고 미묘하면서도 통합적인 방향으로 나아가는 본연의 영역이다. 오늘날의 젊은 대학생들은 그들이 일흔 살, 쉰 살, 서른 살이 됐을 때 어떤 경력을 쌓았을지 정확히 예측하지 못한다. 대학은 생각의 폭을 키워주는 곳이어야 한다.

○ **대학은 진리 추구와 사회 정의를 동시에 최대화할 수 없다.**[24] 이는 조너선 하이트가 남긴 명언으로, 기본적인 맞거래, 피할 수 없는 맞거래다. 그렇다면 대학의 목적이 무엇인지 묻는 것이 중요해진다. 대학은 진리 추구에 초점을 맞춰야 하는가? 물론이다.

○ **두려워 말고 사회적 위험을 감수하라.** 이 사회적 위험에는 지적·심리적·감정적 위험이 포함된다. 모르는 사람 앞에서 그렇게 하기란 특히 더 어려운 일이다. 학생 수가 적고 공동체의식을 다질 시간이 길다면 이런 부분을 보완할 수 있다.

○ **권위가 생각의 교환을 가로막는 방해물이 되어서는 안 된다.** 탁월한 진화생물학자이자 우리의 스승인 밥 트리버스Bob Trivers는 우리에게 학부생을 가르치는 일을 찾으라고 제안했다. 그의 생각은 이랬다.

학부생은 아직 이 분야를 잘 모르고, 그래서 예상 밖의 질문은 물론 학생다운 '바보같은' 질문, 이미 해결됐다고 상상하는 질문이 잘 튀어나올 것이라고. 교육자가 이런 질문에 부딪힐 때 다음 세 가지 중 하나는 참일 것이다.

1. 가끔은 진화생물학이 옳고, 그 질문에 대한 답은 간단하다. 상황 종료.

2. 가끔은 진화생물학이 옳고, 그 질문에 대한 답은 복잡하거나 미묘하거나 섬세할 수 있다. 그 복잡성이나 미묘함을 어떻게 설명할지를 생각해내거나 기억하는 것은 진화생물학의 전문가가 시간을 들일 가치가 있다.

3. 가끔은 진화생물학이 틀리고 그 질문에 답할 수 없다. 하지만 그런 질문을 했다는 건 문제를 순진하게 봤다는 것이다.[25]

○ **강의실은 세계를 깨끗이 제거한 멸균 상자다.** 이런 환경에서는 무언가를 배우기가 어렵다. 배워야만 하지만 가르치지 않는 것들이 있기 때문이다. 이를테면 나무가 쓰러지거나 선박 사고가 났을 때, 지진이 났을 때 살아남는 법은 강의실에서 만날 수 없다.

11

성인의 자격

A HUNTER-GATHERER'S
GUIDE TO THE
21ST CENTURY

아기가 태어난다. 얼마 후 아기는 성인이 된다. 성인은 결혼해서 다시 아기를 낳는다. 사람들이 죽는다. 많은 문화에서 이러한 자격 변화를 통과 의례로 표시한다. 성년의 시작을 알리는 통과 의례로는 네즈퍼스족 청년들의 영적 의식[1]과 나바호족 소녀들의 정화-달리기-의복 입기 의식을 들 수 있다.[2] 통과 의례는 상징적으로 중요할뿐더러 젊은이들이 새로운 역할에 쉽게 적응하도록 돕는다.

WEIRD 사람들도 이와 비슷한 순간을 맞이한다. 성인이 되어 맞이하는 첫 생일, 고등학교나 대학교 졸업, 첫 취업, 첫 주택 구입 등 이런 사건은 이전과 이후를 구분하고, 균일하게 흐르는 시간에 선을 긋는다. 경계가 극명하게 나뉘는 경우는 드물지만, 그럼에도 우리는 의례를 통해 복잡한 체계 안에서 다양한 경계를 구분한다.

통과 의례는 이행의 표시로서 효과적이다. **이제 너는 남자야, 오늘 너는 여자가 됐어.** 하지만 WEIRD 사람들에게는 통과 의례가 상당히 드물고, 덜 의례적이며, 그에 따라 성년의 특징을 추적하기가 어렵다. 예로부터 성인은 스스로 식량과 주거지를 확보할 줄 알고, 건설적이고 생산적인 집단 구성원이 될 줄 알며, 비판적으로 생각할 줄 아는 사람이었다. 이 지식은 나이가 들었다고 마법처럼 생겨나지 않았다. 노력해서 얻어야만 했다.

3장에서 살펴본 적응의 3단계 테스트를 떠올려보자. 만일 어떤 특성이 복잡하고, 에너지나 물질이 비용으로 요구되며, 진화적 시간에 걸쳐 존속한다면, 그것은 적응 형질이다.

마지막 요소인 시간에 초점을 맞춰서 문화적 진화를 생각해보자. 만일 어떤 특성이 문화적 시간에 걸쳐 존속한다면, 그것은 문화적 적응일 가능성이 높다. 물론 그렇다고 해서 개인이나 사회에 본질상 좋다거나, 과거에 그것을 적응력 있게 만든 조건들이 변하지 않았다는 뜻은 아니다. 하지만 일반적으로 옛것을 변화시킬 때 주의한다면, 가령 체스터튼의 울타리같이, 우리 세계에 중요한 기능을 하는 어떤 것을 함부로 해체하진 않을 것이다.

수많은 문화에서 통과 의례는 개개인에게 분명한 신호가 돼서 내가 어디까지 왔으며 사회가 내게 무엇을 기대하는지 알려준다. 이런 표시가 없다면 결국 광범위한 혼란—서른 살이지만 책임이란 걸 모르는 철부지 애어른, 여덟 살밖에 안 됐지만 자신의 성별을 결정하는 문제와 관련해 성인의 지위를 부여받은 어린이 등—이 발생할 것이다.

통과 의례는 다양한 발달 단계에 있는 개인들에게 사회적 합의를 조정하고 조율한다. 통과 의례는 두 가지 형태로 존재한다. 시간(나이)과 가치(이룬 것)다. 나이는 모든 개인이 갖춰야 하는 능력을 대략적으로 나타내고, 가치는 개인이 할 줄 아는 것이나 결혼처럼 증명할 수 있는 것들을 구체적으로 드러낸다. WEIRD 문화에서는 이 두 지표를 대수롭지 않게 취급한다. 시간 의례는 느슨하고 일관성 없이 적용되고, 가치 의례는 대개 조작된다.

'성인'의 자격을 갖춘 사람은 자기 자신을 신중하고 비판적으로 관찰하고, 스스로에게 이렇게 물을 수 있어야 한다. 나는 내 행동에 책임지고 있는가? 나는 지금 마음이 닫혀 있는가? 나는 특정한 세계관에 사로잡혀 있는가, 그렇다면 왜 그런가? 나는 독립적으로 결론을 내리는가, 아니면 이데올로기에 맡기고 나를 지배하게 하는가? 나는 가치 있는 협력을 힘들다는 평계로 회피하고 있는가? 나는 감정을 앞세워, 특히 격렬한 감정에 휘말려 결정을 내리고 있는가? 나는 성인으로서 책임을 피하고 있진 않은가, 그럴 때마다 변명하는가?

이 모든 질문은 다음의 질문으로 수렴한다. 나는 내가 해야 하는 만큼 잘하고 있는가, 할 줄은 아는가? 두 가지 통과 의례 중 하나를 적용하면 이에 대한 답을 발견하기가 쉬워진다.

시간 의례를 통해서 우리는 남에게 무엇을 기대해야 할지 알게 되고, 사회는 개인이 기대치에 못 미칠 때 책임을 지울 수 있다. 우리는 다음과 같이 묻게 된다. 나는 내가 할 일을 하고 있는가? 왜냐하면 내가 그럴 거라고 다른 사람들이 기대하기 때문이다.

가치 의례를 통해서 우리는 스스로 생각해야 한다는 걸 알게 되고, 어떤 일을 성취했을 때 자기 자신을 지식과 기량을 갖춘 사람으로 여기게 된다. 사회도 가치 의례를 통해서 그 사실을 알게 된다. 이제 사회는 기대치를 높이고 "네 일을 하라"고 주문한다. 기대와 책임이 상호작용하면서 내가 이 세계의 성인으로서 살고 있는지를 확인하는 자기반성이 자연스레 늘어난다.

우리가 성인기의 특징들을 놓쳐버린 건 사실이지만, 다른 한편으로는 과도하게 새로운 세계, 특히 자본주의 시장의 영향력이 성인이 되는 과정을 더 어렵게 한다. 이 시장은 성인의 책임을 무시하도록 부추기는 사기꾼들로 가득하다. 여기에는 불량식품, 싸구려 오락, 가벼운 섹스, 선정적인 뉴스 등 쓸모없는 것들이 잔뜩 널려 있다. 전체적으로 이 시장은 유아적 가치를 팔고, 그로 인해 우리는 바람직한 소비자이자 형편없는 성인으로 전락한다.

21세기의 WEIRD 사회에서 과도한 새로움과 고삐 풀린 시장의 영향력을 제거한다면, 아동기는 아이들이 조상으로부터 정보를 흡수하고 우리가 사는 세계를 물리적으로나 인지적으로나 발견하는 시간이 된다. 그렇게 된다면 성인기는 배운 것을 운용하고 생산적인 사람이 돼가는 시간이 된다.

광고의 주된 속성은 '남들은 더 만족하며 산다'는 인상을 퍼뜨려서 불만족을 자극하는 것이다. 하나의 사례로, 피지섬에 TV가 들어오고부터 10대 소녀들은 TV가 전달하는 서구적인 미에 초점을 맞추고 전통적인 규범에서는 멀어졌다.[3] 피지 해안에서 멀리 떨어진 깊은 내륙에도 소셜미디어의 알고리즘이 자릴 잡았다.

광고가 불만족을 더 쉽게 만들어내는 요인이 있다. 인간에겐 이야기에 집착하는 본능이 있는데, 기계적인 메커니즘이 세월의 검증을 거치지 않은 이야기를 함부로 만들어내면서 그 본능에 아부하고 있다는 사실이다. 우리가 듣는 많은 이야기가 상품 판매에 유용하게 재단돼 있고, 그래서 특별히 알 필요가 없는 이야기에 종일 시달리고 있다.

게다가 우리의 이야기들이 이제는 사회적 차원에서 모든 사람에게 공유되지도 않는다. 이야기를 고르고 선택할 자유가 넘친다는 것은, 다른 사람들과 함께할 때 언어는 공유하지만 사회적 환경에서 우리가 가져야 할 기본적인 믿음과 가치는 공유하지 않음을 의미한다. 예로부터 이야기는 모두가 공유했고, 이야기들이 다르더라도 그 사이에 타가수분cross pollination(서로 다른 유전자를 가진 꽃의 꽃가루가 어떤 매개를 이용하여 합쳐지는 일)이 일어났기에 조작은 애초에 불가능했다. 이젠 그 체계들이 무너지고 있다.

과거에는 종교든, 신화든, 뉴스든, 가십이든 간에 이야기를 창조하는 사람과 이야기를 소비하는 사람이 운명을 같이했고, 모두가 그 점을 알고 있었다. 이제 우리는 운명을 같이한다는 의식, 예를 들어 우리는 하나뿐인 행성에 의존하며 살고 있다는 의식이 거의 없는 파편화된 세계에서 살고 있다. 따라서 우리는 종교를 뛰어넘어 서로 증오하지 않고 뒤섞일 수 있는 다원주의적 세계에 사는 것 같지만, 사실은 각 사람을 이기주의에 가두는 알고리즘의 '도움'으로 정치적 부족주의가 뜨거울 대로 뜨거워진 상황에 놓여 있다.

아이들은 자신을 해치도록 설계된 세계에서 자라나고 있다. 학교는 젊은이들이 성공적인 성인이 될 수 있게 가르쳐야 하지만, 잘못을 통제하는 사람도 없고, 대부분의 경우 발전을 적극적으로 방해한다. 아이들에게 쏟아지는 상품과 알고리즘은 명명백백하게 해롭다. 그로 인해 동기부여 구조는 엉망이 되고, 아이들은 또래에 이끌려 길을 잃을 것이다. 상처 없이는 아동기를 통과하지 못한다. 그렇다면 어떻게 제 역할을 하는 성인이 될 수 있을까?

자아 실험실

'자아self'는 본래 일화, 즉 하나의 표본이다. 따라서 '실험실의 자아'
란 개념은 숙련된 과학자를 초조하게 한다. 이 세계에서 사는 법을 알고
자 하는 사람들에게는 우리가 저마다 자신만의 독특하고 복잡한 체계라
는 것이 문제다. 물론 보편성도 있긴 하다(독성 물질과 광고, 늘 앉아만 있는
생활은 모두에게 위험하며 몇 가지 위험에 대해서는 이미 앞에서 살펴봤다). 하
지만 우리 뇌의 배선은 옆 사람과는 너무 달라서, 여러 가지로 A에게는
잘 듣는 조언이 B에게는 무용지물이 된다.

거칠게나마 톨스토이의 말을 대입해보면, 사람의 정상적인 간은 모두
(기본적으로) 똑같은 반면에 현대인의 마음은 저마다 다르게 고장 나 있
다.* 친한 친구의 불안, 불면증, 완벽주의는 병의 원인이나 증상 면에서 사
촌의 불안, 불면증, 완벽주의와 똑같지 않다.

이 문제는 현대성이란 수수께끼로 인해 천배나 복잡해진다. 인간은 일
단 이용해온 모든 생태적 지위에 서식할 수 있다. 다시 말해서, 우리는 엄
청나게 유연하다. 여기에 과도하게 시끄러운 현대 환경이 더해지면, 모든
사람은 저마다 다른 기능장애를 안게 된다. 이는 모든 사람이 개인으로서
자기 자신에게 무엇이 도움이 되는지 구분해야 함을 의미한다.

다른 사람의 조언은 그 사람에게는 효과적일지 몰라도, 내게는 터무니
없을 수 있다. 따라서 우리는 나 자신의 복잡한 체계들 안에서 어떤 조언

---

*

톨스토이의 소설 《안나 카레니나》의 첫 문장인 "행복한 가족들은 다 비슷한 반면, 불행한 가족들은 저마다의 방식
으로 불행하다"를 차용한 문구처럼 보인다.

이 실질적으로 좋은 변화를 낳을지 과학적으로 능숙하게 테스트할 줄 알아야만 한다.

조언은 도처에 널려 있다. 완벽한 사람이 될 수 있는 법을 알아냈다고 주장하는 책이 수천억 권쯤 된다(어떤 면에서는 이 책 또한 그러한 방법을 알아냈다고 주장하고 있다는 걸 우리도 알고 있다). 자기계발서는 대략 네 가지로 구분해볼 수 있다. 사기꾼의 책, 착각에 빠뜨리는 책, 정확하지만 적용 가능성이 제한된 책, 모두에게 도움이 되는 책. 우리는 많은 진화적 진리가 모든 사람에게 보편적으로 도움이 된다고 생각한다. 지금쯤에는 여러분도 동의하리라 믿는다.

첫 번째 유형의 책처럼 그럴듯하게 사기를 치는 책을 사전에 알아보긴 힘들지만, 그걸 가릴 줄 아는 게 우리가 할 일이다. 두 번째 유형의 책은 불명확한 '지혜'를 듣기 좋게 해서 늘어놓는데, 그런 지혜가 진리나 가치와 무관할지라도 어쨌든 사람과 돈을 끌어들이기 때문이다. 사기꾼 저자와 착각에 빠뜨리는 저자는 대개 전적으로 사회적인 게임에 몰두한다. 이들은 핵심적인 믿음 같은 건 내팽개치고 객관적인 진리와 무관하게 사회적인 관점으로만 길을 찾는다. 이들은 현실에 근거한 개념을 추구하기보다는 독자가 보일 반응에 근거해서 개념을 만들어낸다. 때로는 그럴듯한 자료를 그럴듯하게 제시한다. 이런 사람들에게는 조언을 구하지 말아야 한다.

세 번째 유형의 책들은 저자들이 자기들에게 도움이 된 어떤 것을 발견했다고 정확하게 주장한다. 하지만 (그들이 모를 수도 있겠지만) 그들에게 도움이 된 것이 다른 사람에게는 아닐 수도 있다. 따라서 그들의 지혜는 적용이 한정적이다. 네 번째 유형의 책은 보편적으로 적용되는 조언을 제시한다.

따라서 우리는 다음과 같이 할 필요가 있다.

- 첫 번째와 두 번째 유형에 속하는 사기꾼과 착각에 빠뜨리는 저자는 배제하라.
- 세 번째 유형에서 저자들에겐 효과가 있었지만 내겐 적용되지 않는 특이한 조언과 방법이라는 걸 알게 됐다면 내 삶을 거의 즉시 개선하도록 도와줄 조언은 무엇인지 구별하는 법을 배워야 한다. 이를 위해서는 과학적인 방법도 좋지만 내면을 들여다보는 방식을 시도하면 좋다. 잡념을 지우라. 작은 잠재적 패턴들을 감지하라. 마음속으로 가설들을 테스트하고, 그중에서 무엇이 효과가 있는지를 판단하라.
- 네 번째 유형에 속한 저자들의 좋은 조언을 채택하라. 모두에게 적용할 수 있는 조언을 해주는 사람은 극소수에 불과하지만, 누구나 인생의 멘토를 만날 기회는 올 것이다.

수년 전 WEIRD 세계가 글루텐에 집착하게 됐을 때, 일부 사람들에게만 적용될 수 있는 또 다른 패션 트렌드처럼 보였다. 한편 브렛은 몇십 년간 천식 때문에 스테로이드 흡입기와 다른 약제를 이용해 끝이 보이지 않는 치료를 계속해왔다. 마침내 의사가 약을 더 먹어보고 일상생활에서 먼지와 고양이를 완전히 몰아내라고 충고하는 것 외에는 별다른 도움이 없었을 때, 브렛은 벼랑 끝에 선 기분으로 밥상에서 글루텐을 몰아냈다. 글루텐을 조금 덜 섭취하는 정도가 아니었다. 완전히 끊어버렸다.

여러 해가 지난 지금 브렛의 호흡기 문제는 사라졌고, 이와 함께 그를 괴롭혔던 자잘한 건강 문제도 거의 다 사라졌다(우리는 집 안에서 먼지를 몰아내려고 노력했지만, 고양이들은 그러지 않았다). 그렇다면 여러분도 밥상에서 글루텐을 몰아내면 이러한 이득을 보게 될까?

정답은 그럴 수도 있고 아닐 수도 있다. 이 문제는 여러분의 개인적인 발달, 면역, 요리법, 유전의 역사에 달려 있기 때문이다. 여러분 자신에게 실험해서 알아보는 것이 가장 좋은 방법이다. 글루텐 민감성은 허구도 아니지만 보편적이지도 않다.

다른 모든 것과 마찬가지로 자아도 과학적 원리의 지배를 받는다. 현장에서 생물학적 현상을 연구할 때 발견되는 것과 같은 원리의 제약을 받는다. 복잡성과 소음은 신호의 적이다. 이런 문제를 해결하기 위해서는 환경의 제약으로부터 우리의 실험을 최대한 통제해야 한다. 작은 습관부터 시작해 한 번에 하나씩만 바꿔보라. 충분히 그리고 완전히 바꿔보라. 그리고 효과가 나타날 때까지 계속하라.

┼┼┼ 현실의 유형

와일리 E. 코요테를 아는가? 1940년대 단편 애니메이션으로 시작된 〈루니 툰〉에서 코요테는 영혼을 바쳐 로드 러너를 추격한다. 그는 정신없이 쫓는 중에 벼랑 끝에서 브레이크를 걸지 못하고 허공에 정지한 채 아래를 본다. 잠시 중력이 작용하지 않다가 그가 그걸 깨닫는 순간 다시 중력이 작용한다. 그 장면이 재미있는 건 바보 같기 때문이다.

너무 터무니없게도 많은 현대인이 사람들의 의견이나 관점을 바꿀 수 있다면 근본적인 현실이 바뀔 거라고 상상하는 듯하다. 간단히 말해서, 현실 그 자체가 사회적 구성물이라고 믿는 것이다.

앞서도 말했지만, 사기꾼과 착각에 빠뜨리는 저자는 종종 분석적 차원보다는 사회적 차원에서만 논리를 전개한다. 어떻게 해야 사회적 반응에 근거해서 세계를 평가하는 사람, 즉 사기꾼과 착각에 빠뜨리는 저자에게 쉽게 속아 넘어가는 사람이 되지 않을 수 있을까? 좋은 전략이 두 가지 있는데, 물리적 세계와 자주 씨름하는 것과 위기일발의 이득을 이해하는 것이다.

슬픈 진실은 '수준 높은 교육'을 받은 사람일수록 그렇게 하기가 어렵다는 것이다. 현재 우리의 고등 교육 체계는 물리적 세계를 인식하는 것마저 의심하게 만드는 철학에 기울어져 있다. 이 철학의 이름은 '포스트모더니즘'이다.[4]

포스트모더니즘이 가장 앞장서서 홍보하는 것이, 현실은 사회적으로 구성된 것이라는 견해다. 포스트모더니즘과 그 이데올로기적 산물인 포스트구조주의는 한때 학계의 변방에 묶여 있었다. 이 이데올로기에 진실의 알맹이가 없는 건 아니다. 포스트모더니즘의 주장에 따르면, 인간의 감각 기관은 판단을 치우치게 하며, 우리는 그러한 편향을 대부분 알아채지 못한다고 한다.

학교, 공장, 감옥이 서로 비슷하게 권력을 사용해서 대중을 통제한다는 것도 포스트모더니즘이 부각시킨 진실이다(미셸 푸코가 제러미 벤담의 파놉티콘˚을 비유적으로 확장해서 이렇게 분석했다). 또한 비판적 인종 이론 Critical Race Theory은 그 기저에 미국의 법체계가 과거의 인종차별에서 특히 힘들게 벗어나고 있으며, 과거에서 완전히 회복되려면 아직 요원하다는 생생한 관찰 결과가 깔려 있다. 이처럼 이쪽 계열의 이데올로기들은 실질적이고 가치 있는 몇몇 이론으로 세계에 공헌했다. 하지만 이런 부분을 제외하고 포스트모더니즘의 사례는 대부분 상식을 벗어나도 한참을 벗어난다.

간혹 비주류 학문에서 반항적인 이론이 나오면, 비주류라는 이유로 더 오래 존속하지만, 그건 대학의 몇몇 학과에 한해서다. 포스트모더니즘과 후속 효과는 그렇지 않다. 캠퍼스 내에서 벌어지는 상황이 캠퍼스 밖으로 새어나가는 게 분명했다. 포스트모더니즘과 지지자들은 고등 교육 바깥의 다양한 체계—테크놀로지 분야, K-12 학교,** 미디어 등—에 스며들어 상당히 해로운 영향을 끼쳐왔다.[5]

포스트모더니스트들의 결론 중 무엇보다 놀라운 것은 현실이 완전히 사회적인 구성물이라는 견해다. 그들은 심지어 뉴턴과 아인슈타인의 결론을 문제 삼는다. 두 과학자의 방정식에서 그들 본인의 특권이 분명하게 두드러지며, 나이 많은 백인 남성으로서 갖고 있던 편향 때문에 세계의 실재를 똑바로 보지 못했다는 것이다.[6] 아이러니하게도 생물학적 결정론의 냄새가 나는 이 퇴행적인 세계관에 따르자면 특별한 표현형을 가진 사람들은 진리에 접근하기 어렵다.

어떻게 해서 이들은 현실의 모든 것이 사회적으로 구성됐다고 믿을 만큼 혼란에 빠지게 되었을까? 실제 세계를 거의 경험해보지 못해서다. 그

---

* Panopticon. 죄수를 효율적으로 감시할 목적으로 벤담이 제안한 원형 감옥이다.

** 유치원Kindergarten과 초등 교육, 중등 교육을 아우르는 용어다.

어떤 목수나 전기 기술자도 현실의 모든 것이 사회적으로 구성됐다고는 믿지 않을 것이다. 그 어떤 지게차 기사나 선원도 마찬가지다. 그 어떤 운동선수도 그렇게는 믿지 않을 것이다.[7] 물리적인 행동은 물리적인 파문을 일으키고, 물리적 세계에서 일하는 사람은 누구나 그 사실을 안다.

공을 많이 던져보거나 받아본 적이 없다면, 수공구 사용이나 타일 깔기를 해본 적이 없다면, 수동변속기 차량을 몰아본 적이 없다면, 간단히 말해 물리적 세계에서 자기 행동의 효과나 그로 인한 반응을 거의 또는 전혀 경험해본 적이 없다면 완전히 주관적인 세계, 모든 견해가 똑같이 타당한 세계를 믿는 경향이 더 강할 것이다.

모든 견해는 똑같이 타당하지 않으며, 어떤 결과는 당신이 원한다고 해서 바뀌지 않는다. 사회적 결과는 여러분이 언쟁을 하거나 성질을 부리면 바뀔지 모른다. 물리적 결과는 아니다.

사람은 아무리 자신의 몸에 갇혀 있을지라도 저마다의 특수한 약점과 장점을 지닌 채로 물리적 작용과 반응의 세계를 경험한다. 모든 사람이 산악용 자전거를 타진 못하지만, 탈 줄 알고 실제 실행하는 사람은 나무뿌리, 언덕, 중력의 형태로 된 객관적 진실에 마주한다. 당신의 특별한 몸을 고려할 때, 당신은 몸과 마음을 어떻게 물리적 진실과 대치해서 싸우게 할 수 있을까?

다음을 생각해보자. 우리 눈은 사진 같은 정적인 이미지를 만들어내지 않는다. 그 대신 우리 눈은 뇌의 도구로서 세계를 주목한다. 우리는 전적으로 몸을 가진 존재다. 우리의 몸은 뇌의 산물이 아니며, 세계를 해석하는 데 불필요하지도 않다. 눈은 두개골에 박혀 있고, 두개골은 목에 붙어 있으며, 목은 상체와 이동하는 다리와 발 위에 얹혀 있다. 이 모두가 인지

기관이다. 인지는 작용이다.[8]

따라서 당신이 그 특수한 한계 안에서 더 많이 움직인다면, 그에 비례해 세계에 대한 인지는 더 통합적이고 더 완전하고 더 정확해질 것이다.

움직임은 지혜를 증가시킨다. 다양한 관점과 경험, 장소에 노출되는 것도 마찬가지다. 우리에겐 표현의 자유와 탐험의 자유가 필요하다. 이 둘은 결과가 불확실한 다양한 환경에 어떤 가치가 있는지를 물색하는 방법이다. 자연은 여전히 우리에게 유용하다. 그 속에서 시간을 보내고, 그러면서 힘을 기르고, 우리 자신의 의미를 더 깊이 이해하자.[9]

인간은 반취약성을 갖도록 진화해왔다. 처리할 수 있는 위험에 노출되고 경계를 떠밀어 넓힐수록, 다시 말해서 미처 알지 못했던 좋은 발견의 기회를 만들면 만들수록 우리는 강하게 성장한다. 물리적 세계에서 타협할 수 없는 결과가 기다리고 있는 일―스케이트보드 타기, 채소 기르기, 등산―을 하다 보면, 오늘날 세련됐다고 여겨지는 많은 잘못된 생각을 바로잡을 수 있다. 그 예로, 진실은 모두 사회적 구성물이고, 감정적 고통과 육체적 고통은 동일하며, 삶은 완전히 안전하거나 안전해질 수 없다는 걸 들 수 있다.[10]

대학원 시절 우리의 스승인 조지 에스타브룩George Estabrook은 수리생태학자이면서도 포르투갈 산지의 전통 농업에 종사하는 사람들과 여러 해 동안 함께 살면서 일했다. 그는 한 논문의 서문에 이런 글을 남겼다.

인간이 자연 속에서 땀 흘리며 삶을 일굴 때, 그러한 인간에게 쌓인 영속적인 경험주의는 생태와 잘 맞아떨어지는 관습을 낳는다. 관습은 의례로 분류될 수도 있고, 피상적으로 보이거나 생태와 무관해 보이도록 설명될 수도 있다.

하지만 현지 농민들은 학자들의 개념과 다르긴 해도 그에 못지않게 타당하고
이치에 맞아서 쓸모 있는 설명이 될 수 있는 개념들을 알고 있다.[11]

자신의 생계를 위해 의존하고 있는 어떤 농작물에 대해 농부의 설명과
평균적인 학자의 설명 중에서 '쓸모 있는 설명'을 택해야 한다고 가정해
보자. 아마 우리는 틀림없이 농부의 설명을 선택할 것이다. 서문에서도
봤듯이, 강이 빠르게 불어나고 있으니 물에 들어가지 말라고 충고한 코스
타리카 주민은 우리가 어디에 있는지, 눈앞의 징후를 어떻게 해석해야 하
는지를 애송이 학자인 우리보다 훨씬 더 잘 알고 있었다.

우리는 사람을 속일 수 있고, 그들도 우리를 속일 수 있다. 하지만 나무
나 트랙터, 회로나 서프보드를 속일 순 없다. 그렇기에 사회적 경험뿐만
아니라 물리적 진실도 주의 깊게 찾아야 한다. 다른 사람들 너머에 존재
하는 광대한 세계로부터 피드백을 이끌어내라. 피드백이 올 때 당신의 반
응을 지켜보라. 조작이나 달콤한 말로는 지배할 수 없는 현실과 지성으로
겨뤄보는 시간이 많을수록 당신은 자신의 잘못된 견해를 근거로 타인을
비난하지 않게 될 것이다.

위기일발의 이득에 관하여

"내가 성공한 것은 나의 노력과 총명함 때문이며, 내가 실패한 것은
체계가 나한테 불리하게 조작되고 운이 따르지 않은 탓이다."

오늘날 대부분의 성인들이 일상생활에서 이런 핑계를 일삼는다. 인간

은 쉽게 불운을 믿고 행운을 믿지 않는 경향이 있으며, 이로 인해 자신의 실수로부터 배우지 못할 때가 있다.

우리의 두 아들이 컵을 떨어뜨리거나 계단에서 미끄러져 팔이 부러지거나 하는 등 시련을 겪을 때마다 우리는 아이들에게 이렇게 묻는다. "뭘 배웠어?" 게다가 아이들이 컵을 떨어뜨릴 **뻔**하거나 계단에서 미끄러질 **뻔**하거나 팔이 부러지는 사고를 간신히 **면할** 때도 같은 질문을 되풀이한다.

우리 아이들은 이제 그러려니 하고 넘어가지만, 일반적으로 아이든 어른이든 문제가 생겼을 때 이렇게 물으면 귀를 의심한다. 이런 말은 위로보다는 비난으로 들릴 수도 있다. 대부분의 사람이 듣고 싶은 말은 위로의 말이기 때문이다. 헝클어진 깃털이 매끄럽게 복원되는 것도 물론 좋다. 그렇지만 방금 일어난 사건에서 배우고, 그렇게 해서 또다시 그런 일을 겪을 가능성을 줄일 수 있다면, 더 생산적이고 더 열성적인 사람이 되지 않을까? 우리가 아이들에게 늘 말하듯이 이는 미래와 관련 있다. 과거에서 배우고 앞으로 나아가기보다 과거를 해명하려 드는 건 시간과 지적 자원을 허투루 쓰는 일이라고.

위기일발은 성장에 꼭 필요한 경험이다. 만일 당신의 아이가 위험을 모르고 안전하게만 산다면, 당신의 양육은 끔찍한 경우에 속할 것이다. 그 아이는 세계로부터 추론하는 능력을 갖추지 못할 것이다. 만일 당신이 성인인데 100퍼센트 안전하다면, 본인의 잠재력에 접근하지 못하고 있을 공산이 크다.

그런데 '안전하다'는 건 무슨 뜻일까? 안전에 대해 생각할 때 우리는 어떤 보편적인 규칙을 세우고, 그 규칙을 고수하고 싶어진다. 하지만 모든 것이 그렇듯 안전도 맥락에 의존한다. 정적인 규칙은 기억하기 쉬운 반면에 쓸모는 거의 없다.

롤러코스터는 위험할까? 디즈니랜드 같은 테마파크에서 아드레날린이 솟구치는 놀이기구를 탈 때와 간헐적으로 생기는 카니발에서 놀이기구를 탈 때의 위험성을 생각해보자. 테마파크는 영구적이고 거기에 있는 놀이기구는 오랫동안 관리를 받으며 그 자리에 고정돼 있었다. 따라서 이동하기 위해 자주 해체하고 다시 짓는 카니발의 놀이기구보다는 테마파크의 놀이기구가 더 안전할 것이다.

마찬가지로 전동공구의 위험을 생각해보자. 물론 전기로 돌아가는 날은 전부 위험하고, 주변의 안전을 위해서는 각별한 주의와 연습이 요구된다. 만일 "주의하세요, 전동공구입니다"란 경고로 충분하다고 생각한다면, 본인의 안전을 지키기에는 미흡하다. 띠톱, 회전톱, 테이블톱, 레이디얼 암 소radial arm saw를 생각해보자. 뒤로 갈수록 위험은 한두 뼘씩 커진다. 공구마다 위험성이 각기 다르다는 것을 알게 된다면, 위기일발에서 벗어날 확실성이 더 커질 것이다.

마지막으로 미국의 교외 지역에서 숲길을 걷는 것과 요세미티국립공원에서 숲길을 걷는 것의 위험성을 생각해보자. 두 환경은 위험도도 위험의 요소도 각기 다르다. 교외의 공원에서도 여러 위협이 있을 수 있지만, 요세미티에서는 신체적 부상이 더 위험하다. 특히 요세미티와 아마존 같은 광활한 지역에서는 기본적으로 의료시설이 얼마나 멀리 떨어져 있는가에 따라 건강 위험도가 달라진다.

해외 연구를 가기 전에 우리는 학생들에게 이렇게 말하곤 했다. "담대해지세요. 하지만 자신의 한계를 인정하고, 자신의 위험을 책임지세요. 의료시설이 멀리 있을 땐 위험을 대하는 정도가 달라집니다. 또한 우리가 여행할 곳은 법적으로 안전이 보장되지도 않습니다. 다시 말해, 이 여행에는 큰 즐거움도 있겠지만 큰 위험도 존재합니다."

2016년 에콰도르에서 11주 동안 현장 학습을 할 때, 우리는 기본적이고 명확한 원칙을 하나 정했다. **단 한 사람도 나무상자에 담겨 돌아가지 않는다.** 우리는 여행 중에 두 번, 여행 직후에 한 번 위기를 맞닥뜨렸다. 나무가 쓰러지는 사고에 대해서는 이미 이야기했다. 그로부터 몇 주 후 갈라파고스에서 선박 사고가 일어나는 바람에 헤더와 선장이 죽을 뻔했고, 배에 탄 학생 여덟 명을 포함해서 우리 열두 명이 모두 죽을 수도 있었다. 헤더는 크게 다쳐 옴짝달싹 못 하게 되었지만, 다행히 나무상자에 담겨 돌아오진 않았다.[12]

그때 우리 학생 중에 오데트와 레이첼이라고 있었다. 오데트는 몇 군데 다쳤지만 레이첼은 놀랍게도 상처 하나 없었다. 그로부터 보름밖에 지나지 않았을 때, 두 사람은 또 한번 위기일발을 경험했다. 이 사고는 보름 전보다 훨씬 더 극적이었다. 자세한 설명은 본인들 몫이지만, 간단히 정리하면 이렇다.

학생 서른 명이 뿔뿔이 흩어져서 5주 동안 독립적으로 연구할 장소를 정했을 때, 오데트와 레이첼은 에콰도르 해안의 한 현지 캠프에서 연구를 시작하고 있었다. 물론 규정에 따라 일주일에 한 번 우리에게 이메일을 보냈다. 레이첼의 생일을 맞아 두 사람은 가장 가까운 도시로 나가 로얄 호텔 2층에 방을 잡았다. 호텔은 6층짜리 비보강 조적조(내진 설계가 안 된 1945년 이전에 지어진 오래된 건물)로, 페데르날레스에서 가장 높은 건물이었다.

두 사람이 저녁노을을 보고 호텔로 막 돌아왔을 때 방이 흔들리기 시작했다. 그들은 서로를 붙들었고 튼튼한 트윈베드 사이에 무릎을 꿇고 넘어졌다. 곧이어 호텔 전체가 무너졌다. 발밑도, 머리 위도 무너졌다. 두 사람은 순식간에 추락했고, 몇 개 층을 이루고 있던 콘크리트 블록에 덮이고 말았다.

2016년 4월 16일에 발생한 그 지진은 리히터 규모 7.8짜리였다. 에콰도르 해안 지역이 상당 부분 폐허가 됐으며, 진앙인 페데르날레스는 대부분 파괴되었다.

우리가 사고를 알게 된 건 지진이 일어나고 한 시간도 되지 않은 무렵이었다. 우리는 학생들이 모두 어디에 있는지 알고 있었다. 위험 지역에 있는 학생은 몇 명뿐이었다. 우리는 즉시 모든 학생의 소재를 파악했는데, 오데트와 레이첼이 파악되지 않았다. 우리는 두 사람이 주말을 보내기 위해 해안 도시에 갔다는 걸 알고 있었다. 그렇다면 페데르날레스임이 분명했다.

에콰도르 해안 지역에서 들려오는 소식은 암울했다. 우리는 오데트의 어머니와 몇 차례 통화하면서 어머니를 안심시키고, 두 학생이 있던 현장 캠프 쪽 사람들과 연락을 주고받았다. 그쪽은 몇몇 직원이 실종됐다. 브렛은 에콰도르로 돌아가 직접 두 사람을 찾을 계획을 세우기 시작했다. 헤더가 선박 사고의 부상으로 거의 움직이지 못하는 상황이었지만, 반드시 가야만 했다. 올바른 결정인지는 분명치 않았다. 하지만 달리 방법도 없었다.

이튿날 오후, 생존의 징조를 간절히 바라면서 20시간이 흘렀을 때 레이첼로부터 짧은 감사의 이메일이 왔다. 두 사람은 살아 있었다. 다른 생존자가 없는 상황에서 두 사람은 살아 있었다.

우리가 알기에 오데트와 레이첼은 로얄호텔의 유이한 생존자였다. 두 사람이 쓰러진 곳은 운이 좋게도 적절했다. 몇 개 층을 이루고 있던 블록이 그들 위로 쏟아져 내렸지만, 양쪽에 있던 트윈베드가 공간을 만들어준 것이다. 그들은 기지와 명석함을 발휘해 거의 24시간에 달하는 호러쇼를 이겨냈다.

두 사람은 콘크리트 파편과 먼지에 갇혀 있었다. 용케도 오데트의 태블릿이 살아남아 지진이 일어난 후에 금세 눈에 띄었다. 태블릿 빛에 드러난 서로의 모습은 끔찍한 유령 같았다. 곧바로 여진이 시작되었다. 머리 위에 있던 콘크리트 슬라브가 미세하게 흔들렸다. 그때, 바깥에서 목소리가 들려왔다. 두 사람은 소리쳤다. 남자 세 사람이 그 소리를 듣고 손으로 콘크리트 잔해를 파헤치기 시작했다. 작았던 틈이 두 사람을 끄집어낼 수 있을 만큼 커졌다.

오데트는 상당한 부상을 입었지만 생명에는 지장이 없었다. 발레 무용수인 오데트는 통증에 익숙했음에도 이번만큼은 크게 달랐다. 걸을 수가 없을 정도였다. 반면에 레이첼은 이번에도 상처 하나 없이 무사했다.

두 사람은 키토로 와야 했지만, 여정이 순탄치는 않았다. 많은 좋은 사람이 그들을 도왔지만, 자기 몸과 짐만 겨우 추스를 수 있는 사람들은 무시하거나 퇴짜를 놓았다. 그만큼 페데르날레스는 혼돈 그 자체였다. 두 사람은 한 여자가 축 늘어진 아이를 안고 있는 것을 보았다. 사람들이 쓰나미에 대해 두런거리는 소리가 들려왔다.

차를 여러 번 갈아타면 도시를 빠져나갈 수 있을 것 같았지만, 한 번은 운전기사가 자기 가족의 운명을 알게 되는 바람에 계획이 어그러졌다. 유틸리티 밴을 탔을 때는 뒷자리에서 오데트의 발에 길게 난 열상을 임시로 소독하고 봉합했다. 한 번은 연료가 바닥났고, 또 한 번은 사라진 다리 앞에서 차를 돌려야 했다. 그때마다 페데르날레스로 되돌아올 수밖에 없었다.

보이는 것이라고는 부서진 콘크리트와 흐느끼는 사람들, 희뿌연 먼지뿐이었다. 로얄호텔의 잔해도 널려 있었다. 두 사람은 겨우 키토로 가는 버스를 발견하고 탑승했지만, 지진으로 인한 거대한 산사태로 도로가 거의 막혀 있었다. 버스가 도로 가장자리를 지나는 동안 창밖을 보니 거대한 땅덩어리가 깊은 심연이 되어 사라지고 없었다.

마침내 두 사람은 키토에 도착했다. 살아 있었고, 이젠 안전했다.

나무상자에 담겨 돌아온 사람은 아무도 없었다. 오데트는 비록 큰 상처를 입은 데다 심리적 트라우마도 견뎌내야 했지만, 나중에 우리에게 이렇게 말했다.

"그 여행은 독특하고, 놀랍고, 무섭고, 엄청났어요. 내게 일어날 일을 모두 안다고 해도 나는 갔을 거예요. 그만큼 내겐 중요했어요."

공정성과 마음이론

많은 사람이 성년기에 어른으로서 마땅히 해야 할 일을 하지 못한다. 우리가 종신 교수로 재직하며 사랑했던 에버그린주립대학에서 '사회 정의'란 이름의 정치적 운동이 극으로 치달아 예상치 못한 혼란이 일어났다. 그때 거의 모든 어른이 입을 다물고 숨을 죽였다. 관심을 갖고 지켜본 사람들 눈에는 그럴 권리가 있다고 믿는 대학생 무리가 학교를 힘으로 장악하는 것처럼 보였는데, 그건 빙산의 일각이었다.

보다 자세히, 여전히 비참할 정도로 베일에 싸인 그 사태를 묘사하자면, 불량배 같은 교수 몇몇이 학생들을 세뇌시켜 대학의 중요한 기능 몇 개를 장악했고, 대학 관리자들─학교가 혼란에 빠졌을 때 어른답게 행동해야 하고, 그 대가로 월급을 받는 사람들─은 직무에 태만했다.[13] 성인이라 함은 자신의 책무에, 특히 다른 사람들이 자신에게 의존하고 있을 땐 더욱 성실히 임해야 한다는 걸 의미한다.

성인이라 함은 또한 여러 차원에서 협력하는 것을 의미한다. 우리는 친족 선택(우선적으로 친척을 돕는다), 직접 호혜(당신이 헛간을 짓거나 새 아파트로 이사할 때 내가 도와준다면 당신도 나중에 나를 도울 것이다), 간접 호혜(공적으로 좋은 행동을 하면 평판이 높아진다)를 실천한다.[14] 물론 행동할 때 이러한 이론을 의식적으로 고려하는 경우는 거의 없다.

우리의 도덕성은 이 같은 형태의 협력이 유동적으로 뒤섞이는 과정이자 결과물이다. 집단의 성공을 위한 노력이나 다른 구성원을 위한 헌신과 관련해서, 시간에 따른 집단 내부의 변화는 대체로 집단 안정성이라는 관점에서 이해할 수 있다.[15]

집단이 위험에 처할 때 구성원은 하나로 뭉치고 집단의 결속은 더욱 강해진다. 그러나 반대의 상황에 처하면 집단 안정성은 처음에는 주변부에서, 결국에는 중심부에서 쉽게 깨진다. 다시 말하지만, 자본주의 시장은 이러한 경향을 먹잇감으로 삼아 우리의 자아의식과 공동체의식을 흔들고, 행복과 생산성, 안정의 잃어버린 나사를 엉뚱한 곳에서 찾도록 우리의 눈을 돌린다.

인간은 특히 세계에 대한 나의 지각이 타인의 것과 다르다는 것을 인식하는 능력이 뛰어나다. 이미 몇 차례 언급했듯이, 남들은 나와 다르게 세계를 이해한다는 것을 아는 능력이 바로 마음이론이다.

마음이론이 있는 유기체는 주체와 객체를 구분할 줄 안다. 예를 들어, 보츠와나의 오카방고 삼각주에 사는 개코원숭이는 '저 여자가 내 동생을 위협한다'와 '내 동생이 저 여자를 위협한다'의 차이를 안다. 마음이론의 기미를 어렴풋이 드러내는 것인데, 자기 마음에 형성된 현실 모형을 따를 뿐만 아니라 다른 개체의 현실 모형도 추적할 줄 아는 것이다.[16] 늑대와 코끼리, 까마귀와 앵무새 같은 유력한 용의자들도 사회적이고, 수명이 길며, 몇 세대가 가족을 이룬다는 점과 부모가 자식을 정성스럽게 키운다는 점에서 마음이론을 갖추었으리라 추론할 수 있다.

마음이론 덕분에 접근할 수 있는 한 가지가 바로 공정성이다. '공정'이란 무엇인가 하는 개념은 철학자들에게서 나오지 않았다. 도시국가나 농업에서 비롯된 것도 아니다. 공정이란 수렵채집인에게도, 최초의 이족 보행 조상에게도 낯선 것이 아니었다. 원숭이 역시 공정함과 불공정함을 파악하고, 그들 사회에 불공정한 관행이 있으면 그에 대한 확고한 견해를 보여준다.

감금된 흰목꼬리감기원숭이 ― 큰 사회 집단을 이루고 사는 신세계원숭이 ―는 무엇보다 먹이가 걸려 있으면 사람들과 종일 물물교환을 한다. **이 돌 줄게, 나한테 먹을 걸 줘.** 두 마리를 각기 다른 케이지에 넣고 그 케이지들을 나란히 붙여놓은 뒤 그들이 갖고 있던 돌을 건네받은 대가로 오이 조각을 주면, 두 원숭이는 오이를 맛있게 먹는다.

그런데 한 원숭이에게 오이 말고 오이보다 더 좋아하는 포도를 주면, 오이를 받은 다른 원숭이는 실험자에게 오이를 던지기 시작한다. 돌을 주는 대가로 똑같은 양의 '보수'를 받았고, 그래서 구체적인 상황은 변하지 않았지만 남과 비교해보니 불공평한 느낌이 든 것이다. 게다가 그 원숭이는 실험자에게 불만족을 표시하기 위해 모든 이익, 즉 오이 조각을 기꺼이 다 압수당했다.[17]

시장은 우리의 공정성이라는 의식을 먹잇감으로 본다. 다른 사람은 죄다 포도를 받고 있는데 나만 오이를 받고 있다고 여기도록 우리를 속인다. 쟤들은 더 좋은 걸 가지고 있는데, 왜 우린 아닐까? 그렇게 우리의 공정성 의식은 균형을 잃고 위협당한다. 우리보다 이미 더 크고 좋은 걸 가지고 있고 더 잘살고 있는 것이 분명한 보이지 않는 소비자들로 인해서. 우리는 옆집 사람을 따라잡으려고 기를 쓴다. 옆집 사람은 더 이상 우리의 이웃이 아니다. 그들은 포토샵으로 보정되고 스크린에 등장하는 극소수 엘리트다.

인간으로서 우리가 도덕적 수질을 테스트하고 집단과 그 경계를 둘러싼 분위기를 평가하는 방법 중 하나가 유머다. 유머는 공정성 문제들을 완화해준다. 유머는 이야기할 수 있는 것과 없는 것의 중간 영역을 알려주는 메커니즘이다.

사회나 공동체, 친구 집단에 유머가 없으면 큰 문제들이 수면 아래에 쌓여 있을 공산이 크다. 웃음을 인위적으로 유발하려는 시도—예를 들어 미리 녹음된 방송용 웃음소리—역시 경험과 이해를 공유해서 유대를 다지는 인간의 존경할 만한 성향을 시장이 이기적으로 침범한 경우다. 녹음된 웃음소리는 결국 우리의 유머 감각을 무디게 하고, 현실의 인간과 교류하는 능력을 앗아간다.

⋮⋮⋮ 중독, 강박의 극한점

많은 것들이 병리학적 버전을 하나쯤 갖고 있다. 병리는 '이면'과는 다르다. 노화는 초기 적응 형질의 단점일 뿐 병은 아니다. 이와는 다르게 오만은 병적인 자신감이다.

긍정적인 강박을 가리키는 단어는 열정, 집중, 적극성 등 다양하다. 반대로 부정적인 강박, 즉 병적인 강박을 나타내는 주된 표현은 중독이다.

강박은 대상이 건강한지, 그렇지 않은지에 대해서는 열린 개념이다. 우리는 연애 상대에게 집착할 수도 있고, 그것이 일생일대의 사랑으로 이어지기도 한다. 우리는 특별한 품종의 망고에 집착할 수도 있고, 그런 망고를 찾기 위해 평소보다 많은 시간을 할애하기도 한다. 벽에 칠할 페인트 색, 문단의 배열 순서, 남편이 막돼먹은 놈이란 걸 친구에게 털어놓을지의 여부에 대해서도 우리는 지나치게 고민한다.

중독은 건강하지 않은 강박의 극한점이다.

중독에 대해 흔히 하는 오해가 있다. 중독성 물질이 중독을 불러온다는 것이다. 헤로인을 예로 들어보자.

우리 몸에 외인성 오피오이드(아편유사제)를 투여하면 내생적 오피오이드(오피오이드 수용체, 신경 전달 물질 중 하나로 통증 완화에 작용) 생산 능력이 떨어진다는 말은 사실처럼 들린다. 따라서 돈이 떨어지거나 재활센터에 입소하거나 판매자가 체포되는 바람에 외인성 오피오이드를 구할 수 없는 상황에 놓인 사람은 내생적 오피오이드를 생산하는 능력이 떨어져 있어 고통스러울 것이다. 그렇다면 외인성 오피오이드를 투여하는 사람은 모두 중독자가 된다고 결론지을 수 있지 않을까?

그렇지만 우리는 알고 있다. 마약을 투여한 사람이 다 중독자가 되지는 않는다는 것을.[18]

쥐에게 각성제의 일종인 암페타민을 제공하는 레버를 주면, 당연하게도 쥐는 레버를 당긴다. 케이지에 아무것도 없는 상황이라면 쥐는 암페타민에 중독된다. 하지만 쥐가 가지고 놀 수 있는 멋진 장난감을 많이 비치해서 자극적인 환경을 만들어주면 쥐는 암페타민에 중독되지 않는다. 대신 다른 좋은 것들에 흠뻑 빠져든다.[19] 억압이 풀리고 자유로워지면 건강한 활동에 중독되는 것이다.

이젠 무엇이 '건강한' 것인지를 파악하기가 갈수록 어려워지고 있다. 이 어려움은 결정을 내릴 때마다 번번이 개입하는 시장의 힘 때문에 더욱 배가된다. 우리가 이 책에서 하고 있는 것과 같이, 인간을 진화적 현상으로 이해하려는 시도는 우리의 모든 마음이 눈앞에 놓인 선택지들 사이에서 비용-편익을 분석하고 있다고 가정한다.

걸음마부터 짝짓기 상대와 읽을 책을 고르는 것에 이르기까지, 우리의 마음은 항상 적합도 향상을 목표로 비용-편익을 분석한다. 우리의 의식은 다른 목표를 우선시할지 몰라도, 우리의 소프트웨어는 적합도를 극대화하게끔 설계돼 있다. 하지만 이 소프트웨어가 신호와 소음을 구분하는 데 점점 더 애를 먹고 있다. 조상의 세계에서는 적합도를 높여주던 것들이 현대 세계에 와서는 잘 살 수 있도록 우리를 대비시켜주지 않기 때문이다.

따라서 행동의 적응 가치를 직관적으로 알아보는 우리의 감각은 오늘날 종종 오류를 일으킨다. 산업혁명 이전, 과도한 새로움이 모든 곳을 점령하기 이전에는 직관에 이끌려 바르게 선택할 확률이 지금보다는 높았다. 현대에는 많은 사람이 암페타민을 얻은 쥐처럼 레버를 당겨 농축된 행복감 1회분을 얻을 수 있다. 하지만 이렇게 행복을 추구할수록 그 위험성은 잘 보이지 않고, 설상가상으로 빠져나오기도 점점 힘들어진다. 이 역시 호구의 오류, 즉 보상에 눈이 멀어 비용을 무시하는 경우다.

모든 약 또는 그 밖의 잠재적인 중독 물질은 보상의 레버를 만들어내지만, 이 레버는 다른 변수에 따라서 달라진다. '보상'은 이분법이 아니어서 단순히 긍정적인 것과 부정적인 것으로 나뉘지 않는다. 보상의 의미와 크기는 다른 가능성이 얼마인가, 즉 '기회비용'에 따른다.

저 사람이 애인으로 괜찮을까? 대마초를 피워볼까? 최신 넷플릭스 시리즈를 몰아서 볼까? 소셜미디어를 돌아다녀 볼까? 이런 질문은 그와 사귀기 위해, 대마초를 피우기 위해, 영화를 보기 위해, 온라인에 몰두하기 위해 무엇을 포기해야 하는지 알기 전에는 끝나지 않는다. 비용-편익 분석은 그 시간에 할 수 있는 다른 것들과 비교해야 비로소 완료된다.

앞선 쥐의 환경 형성 실험에 따르면, 중독의 원인으로 지루함을 지목할 수 있다. 더 구체적으로 표현하자면, 기회비용에 대한 인식 부족 또는 이해 부족이다. 지루함은 '기회비용'이 제로라는 것과 사실상 같은 말이다. 즉 시간을 들여 재미나게 할 만한 것이 이것밖에 없다는 생각이 든다면, 계산은 더욱 편향적이 된다. 심지어 그 물질이나 행동이 나쁘거나 거짓일지라도 충족감을 안겨주면 더욱 그렇다.

물론 지루함이 중독을 유발한다는 말은 너무 순진하다. 그 밖에도 많은 요인이 작동한다. 조상들의 환경은 제한적이어서 물질이나 행동에 대해 자제할 필요가 그다지 없었다. 트라우마나 심리적 장애가 있으면 의사결정을 위한 과정(뇌의 정보 처리 과정)이 혼란에 빠진다. 감정은 잘못된 인센티브 구조를 만드는 중독적인 물질과 행동에 쉽게 넘어간다. 사회적 압력은 종종 소비에 값을 치르도록 몰아간다.

이 모든 것이 등식을 이룬다. 흥미롭고 심지어 유익할 수도 있는 사실은, 방금 열거한 모든 요인이 비용-편익 분석을 편향되게 하고, 기회비용에 대한 이해를 헷갈리게 한다는 것이다. 지루함은 기회비용이 제로라는 말과 같으며, 중독을 관통하는 주제다.

우리는 중독성 강한 체계를 창조해서 우리의 취약성을 이용한다. 소셜 미디어가 대표적이다.[20] 돌이켜 생각해보면, 심지어 창조자인 우리를 중독시키는 체계를 창조해냈다. 그리 놀랄 일은 아니지만. 앞으로는 판도라의 상자 앞에서 훨씬 더 신중을 기해야 할 것이다. 아울러 몰입과 창조와 발견의 기회, 중독의 원인인 지루함을 대체할 수 있는 활동의 기회를 창조해야 한다. 더 크게는 사회적 차원에서 건강한 창조를 장려해야 한다.

더 나은 삶을 위한 접근법 : 자신의 가치를 높이자

○ **성인이 되는 것을 명확한 목표로 삼아라.** 이 목표를 위해서는 우리가 이 장 서두에 제기했던 질문을 스스로에게 던지고(나는 나의 행동에 책임을 지고 있는가, 나는 마음이 닫혀 있는가 등) 일상생활에 자본주의 시장이 미치는 효과를 최소화해야 한다.

○ **어떻게 생각해야 하는지, 어떻게 느껴야 하는지, 어떻게 행동해야 하는지를 알려주는 정보를 끊임없이 추적하고 습득하라.** 당신의 내적 보상 체계는 독립적이어야 하고, 조작할 수 없어야 한다. 그 독립성을 토대로 당신과 같은 독립적인 타인들과 협력할 줄 알아야 한다. 성격은 좋지만 어딘가에 종속돼 있는 사람들은 경계하는 것이 좋다.

○ **항상 배우라.** 협력자를 찾으라. 경쟁은 게임처럼 하되, 상황이 심각해지면 중단할 준비가 돼 있어야 한다. 새로운 규정의 합리적 이유가 제시되지 않거나, 미진한 부분이 있다면 의심까지는 아니어도 비판적 시각으로 바라보라.

○ **인생의 통과 의례들을 되살리거나 창조하라.** 생일, 명절, 휴일 같은 때에 따른 기념일뿐만 아니라 인생의 중요한 이행의 시기도 기념하라. 졸업과 결혼, 탄생과 죽음에 축하와 애도를 표하고, 이직 및 전직, 취업과 승진은 물론이고 중요한 분석과 창조적 과업이 종료되고, 한 시대가 막을 내릴 때도 경의를 표하라.

○ **사회적 경험도 좋지만 물리적 진실을 탐구하라.** 주관적인 사회적 경험에서 나오는 피드백뿐만 아니라 물리적 세계에서도 피드백을 구하라. 몸을 움직여라. 상상을 넘어 실제 상황에서 어떻게 작용하는지를 알려주는

모형을 통해서 배움을 얻어라.

○ **자신의 편협함을 극복하라.** 변화는 우리의 강점이다. 성과 인종과 성적 지향뿐만 아니라 계층, 신경다양성, 개성도 우리가 이 땅에서 성취할 수 있는 것의 범위를 넓혀준다.

○ **평등을 원래 자리로 돌려놓아라.** 평등을 논할 때는 사람 간의 차이를 불평등으로 평가하지 않도록 주의해야 한다. 평등이 획일성의 몽둥이가 돼선 안 된다.

○ **사람들에게 미소를 지어라.** 한집에 사는 사람들, 계산대 뒤에 있는 사람, 거리의 낯선 사람에게 미소를 보이자.

○ **지금, 여기에 감사하라.**

○ **매일 사람들과 함께 웃어라.**

○ **휴대폰을 내려놓아라.** 정말이지 내려놔라.

○ **사랑하는 사람과 사랑하는 생각을 위해 싸워라.** 싫어하는 사람과 싫어하는 것 때문에 싸우지 말고. 당신이 아는 사람, 당신이 친구라고 생각하는 사람들에게 폭도들이 몰려온다면 일어나 이렇게 말하라. "아니요, 이건 옳지 않습니다." 불량배들이 접근하면 명예롭고 용기 있게 행동하라. 옳다고 믿는 것을 소리 높여 옹호하라.

○ **상대방을 코너에 몰지 않고 유능하게 비판하는 법을 터득하라.** 아이의 경우를 예로 들어보자. 아이가 외바퀴 자전거에서 떨어지거나 수학 시험을 망쳤을 때 우리는 "잘 못했구나"라고 말한다. 그건 사실이다. 모든 행동이 금메달감인 것처럼 말하지는 않는다. 우린 아이들이 더 잘할 수 있다는 걸 알고 있다. 다만 이번에는 그렇지 않음을 알려주는 것뿐이다.

○ 삶에서 칼로리, 단계, 분 등 숫자로 세는 것을 줄이고 실천하는 것을 늘려라.

○ **위기일발의 이론을 개발하라.** 위기일발을 겪을 때 그걸 지렛대로 삼아 자신과 세계를 더 잘 이해할 수 있도록 미리 계획을 세워두라. 두려움을 낮추고 이성을 유지하라.

○ **곡선을 뛰어넘는 법을 배워라.** 수확 체감은 모든 복잡한 현상의 공통 인수다. 따라서 곡선을 뛰어넘는 법을 배워야 한다. 달리 표현하자면, 완벽주의를 고수하면서 이미 충분히 잘하는 것을 더 잘하려고 하기보다는 새로운 것을 배우도록 시도해보라는 뜻이다.

✛ ✛ ✛

처리할 수 있는 위험에 노출되고 경계를 떠밀어 넓힐수록,

다시 말해서 미처 알지 못했던 좋은 발견의 기회를 만들면 만들수록

우리는 강하게 성장한다.

문화와 의식

A HUNTER-GATHERER'S
GUIDE TO THE
21ST CENTURY

미국 북서부 깊은 곳의 오르카스섬. 한 호숫가에 모닥불이 너울거린다. 10월의 밤이 더없이 청량하다. 맑고 어두운 하늘에서 별들이 반짝거린다. 우리 학부 학생 여러 명이 불 주위에 앉아 있다. 두 명이 기타, 한 명이 하모니카를 들었다. 음악 소리가 울려 퍼진다.

음악 소리가 대화를 압도하기도 하고 틈새를 파고들기도 한다. 우리는 몸을 녹이면서 각자의 생각과 그날의 일들을 이야기한다. 이 섬의 생물다양성이 고도에 따라 달라지는지에 관한 문제를 풀기 위해 각 팀이 구상한 연구 설계도 나눈다. 용어는 달랐겠지만, 수백만 년 전 이곳 주민들도 분명 이 문제에 관심을 기울였을 것이다. 다시 말해 수렵채집인들은 식량을 찾으려면 어디로 가는 것이 가장 좋을지를 무의식적으로라도 추적했을 것이다.

우리는 성과 약물에 관해 이야기했다. 헌신과 책임이 없는 섹스를 어떻게 봐야 할까? 환각제 사용이 적응적이라면 그걸 허용해야 할까? 체온 유지에 관해서도 이야기했다.

우리는 여러 해에 걸쳐 수많은 모닥불을 피우고 주위에 둘러앉았다. 바라건대, 여러분도 그래왔기를.

정보의 시대는 집단의 모닥불이 피어오르기 좋은 환경이다. 실생활에서 만난 적이 없는 사람들과 생각과 성찰을 주고받을 수 있으며, 타인의 존재만으로도 마음이 훈훈해진다. 하지만 이는 가능성일 뿐, 온라인 세계에는 불가에 둘러앉아 이야기를 나눌 구조가 출현하지 않았다.

조상들의 모닥불은 모든 사람의 명예—평생 쌓아온 평판—를 가장 중요한 위치에 놓는다. 불가에 둘러앉으면 이미 알고 있는 개인의 장단점에 기초해서 각자의 주장과 제안을 신뢰하거나 불신할 수 있는 토대가 자연스럽게 형성된다. 이와는 대조적으로 가상 세계의 모닥불은 진입에 제한이 없다. 한곳에 모였지만 우리는 사실상 서로 모르는 사람이고, 역사는 종종 오해를 불러일으키며, 많은 사용자가 익명이고, 어떤 사람은 이해관계를 숨기고 참가한다. 결점을 열거하자면 끝이 없다. 전통적인 모닥불은 빈도가 낮아지는 반면, 가상의 모닥불은 걸핏하면 새로운 문제를 일으킨다.

모닥불의 르네상스를 일으킬 다른 방법은 없을까? 모닥불의 르네상스는 필요하다. 비유적이든 말 그대로의 의미든 모닥불은 문화와 의식이 흘러들어 융합하는 곳, 사람들이 선의를 갖고 모여 오랜 지혜를 배우거나 그에 도전하는 곳이기 때문이다.

우선 정의를 내려보자. 우리의 정의가 다른 사람들의 것과 정확히 일치하지 않을 수 있지만, 무엇을 논하고 있는지를 확인하기 위해서는 중요하다. 우리의 정의에 따른 문화와 의식은 다음과 같다.

문화는 한 집단의 구성원들이 함께 공유하고 전달하는 신념과 행동이다. 그중 어떤 신념은 **말 그대로는 틀리고 비유적으로는 옳을** 때가 있다. 이는 신념이 부정확하거나 반증할 수 없음에도 마치 그것이 옳은 것처럼 믿고 행동하면 적합도가 높아질 수 있음을 의미한다.

문화는 수평적으로 전달될 수 있다는 점에서 특수하다. 그로 인해서 문화적 진화는 유전적 진화보다 대단히 빠르고 보다 유연하며, 새로운 생각이 오랫동안 충분히 검증되기 전까지 잠시 소란스러울 수 있다. 반대로 문화의 오랜 특징들은 입증된 패턴들이 간편하고 효율적으로 묶인 패키지일 때가 많다. 문화는 수평적으로 퍼져나가지만, 그 결과의 부분들은 수직적으로 한 세대에서 다음 세대로 전달된다. 문화는 공인된 지혜로, 대개 조상들에게 물려받고 효율적으로 전달된다.

이 책의 첫 장에서도 말했듯이, **의식**은 교환할 수 있도록 새롭게 구성된 인식이다.[1] 누군가 지금 무슨 생각을 하고 있느냐고 물어봤을 때 전달할 수 있는 의식적인 생각을 의미한다. 즉 혁신과 빠른 개선이 일어나는 창발적 인식이다.

의식적인 생각은 전달이 안 될 수도 있지만, 기본적이라서 정말 중요하다고 여겨지는 것들은 반드시 전달된다. 다수의 개인이 이전에 알지 못했던 것을 밝혀내기 위해 통찰과 기량을 공동으로 출자하는 집단적 과정이기 때문이다. 의식의 산물은 유용하다고 입증되면 결국 (전염성 강한) 문화 속으로 들어와 하나로 묶인다.

몇 번이고 반복하지만, 인간의 생태적 지위는 생태적 지위의 전환이다. 더 구체적으로 정의하자면, 인간의 생태적 지위는 쌍을 이룬 대립적인 두 양식, 즉 문화와 의식을 오고 가는 것이다.

수천 년 동안 태평양 북서부에서 살아온 네즈퍼스족을 생각해보자. 초기부터 그들은 비옥한 땅에 거주했고, 이제는 안전과 번영을 유지할 수 있는 문화적 원칙을 잘 확립해놓은 상태다. 네즈퍼스족의 식량에는 오래전부터 구근―식물의 저장 기관이라 동물에게 먹히길 원하지 않는 부분―이 포함돼 있었다.

네즈퍼스족의 땅에서는 영양이 풍부한 구근인 카마스와 독성이 있는 구근인 데스카마스가 뒤섞여 자란다. 꽃이 피지 않았을 때 두 구근은 구별하기가 굉장히 까다롭다. 네즈퍼스족이 그 땅에 처음 정착한 부족은 아니었겠지만, 그들보다 먼저 정착한 이들은 그 위험을 명백하게 밝혀냈다는 명예를 얻지 못했다. 네즈퍼스족은 달랐다. 분명 많은 시행착오를 통해 구별하는 법을 알아냈을 것이다. 아마도 골치 아프고 비극적인 과정이었을 것이다. 19세기, 스페인 정복자가 네즈퍼스족을 관찰하고 그들에 관한 기록을 남길 때에는 이 두 구근을 거의 완벽하게 구별하고 있었다. 이것이 바로 문화다.

19세기에 네즈퍼스족이 카마스와 데스카마스를 잘 구별한 것처럼, 인간이 '잘 이해된' 기회를 이용 중일 때는 문화가 왕이다. 하지만 오랜 지혜가 새로운 지식에 밀려 부적합해질 때―네즈퍼스족의 조상이 태평양 북서부에 막 도착했을 때처럼―는 문화에서 의식으로 전환할 필요가 있다. 여러 사람의 사고방식을 병렬로 가동하면 우리의 의식은 집단적이 될 수 있다. 이를 통해 우리는 개인적으로는 해결하지 못하거나 조상들이 상상조차 할 수 없었던 문제를 해결할 수 있다.

정리하자면 이렇다.

시대가 안정적일 때는, 즉 전수받은 지혜만으로 개인들이 비교적 동질적인 환경에서 번성하고 퍼져나갈 때는 **문화가 지배한다.**

하지만 새로운 개척지로 팽창할 때는, 즉 혁신과 이해, 새로운 생각의 소통이 중요해질 때는 **의식이 지배한다.**

그렇다고 해도 현재 우리를 덮친 것과 같은 완전히 색다른 차원의 새로움은 매우 위험하다. 오늘날 우리에게 (절박하게) 필요한 것은 과거에는 본 적 없는 엄청난 규모의 의식이기 때문이다.

⋮⋮⋮ 다른 동물의 의식

인간 외에 다른 동물들도 사회적이고 종 수준에서 제너럴리스트들이 지리적으로 널리 분포할 때, 개체들이 저마다 스페셜리스트가 돼서 동종끼리 통찰을 공유하고 문제를 해결한다. 늑대와 돌고래, 까마귀와 개코원숭이 등이 그렇다. 이들에게도 일종의 의식이 있다고 볼 수 있다.

하지만 청개구리, 문어, 연어에겐 의식이 없다. 이들 세 분기군은 생활사도 지능도 크게 다르다. 문어는 영리하기로 유명하고, 퍼즐도 기가 막히게 잘 푼다. 청개구리와 연어는 매혹적이긴 해도 문어와 같은 뛰어난 인지 능력을 발휘하지 못한다. 이들의 공통점은 개체들이 사회적이 아니라는 것이다.

이른 봄, 해가 지면 미시간주 연못에 서양합창개구리western chorus frog가 대규모로 모인다. 울어대는 소리가 엄청나긴 하지만 사회적으로 모인 집단은 아니다. 짝을 지으려고 모였을 뿐이고, 짝짓기가 끝나면 뿔뿔이 흩어져 다시는 교류하지 않는다. 심지어 부모가 자식을 만나는 일도 없다. 연어 또한 떼를 지어 상류로 올라오지만, 가장 좋은 산란터를 차지하기 위해 다른 개체들과 경쟁할 뿐 사회적인 의미는 없다.

지하철에 탑승한 사람들(하나의 집합을 이룬 사람들)과 한집에 사는 사람들(대부분의 상황에서 사회적 관계를 유지하는 사람들)이 다른 것은 이 때문이다. 집합은 한 공간에 모이는 것일 뿐이다. 다만 우리는 인간이기에 지하철에서 어떤 사람이 매일 보이거나 흥미로운 인상을 풍긴다면 그와 말을 섞지 않았어도 그 사람을 알아보고 기억한다. 지하철은 인간을 집합시키는 곳이긴 하지만, 이처럼 사회적 접촉을 유발하기도 한다. 인간은 대체로 사회적 기회를 찾기 때문이다. 청개구리가 지하철에 가득 모여 매일 출퇴근을 한다 해도 사회성을 나타내긴 어려울 것이다.

그에 비해 오카방고 삼각주에 사는 개코원숭이에겐 집단을 지속시키는 힘이 있다. 누가 먼저 먹이를 먹고, 누구의 아이가 잘 자랄지 예측할 수 있는 복수의 위계 구조가 있는 것이다. 이들은 개체들뿐만 아니라 개체들의 관계까지도 추적한다.[2] 마치 우리의 문화처럼 이들의 문화도 계속 발전한다.

사회성은 개체에 대한 인식과 사회적 운명에 대한 추적, 미래에도 이어질 것처럼 보이는 반복적인 상호작용으로 이뤄진다.

조상의 지혜를 둘러싼 혁신

인간이 신세계에 퍼져 정착하는 동안 문화보다 의식에 의존하는 것이 더 효과적일 때는 언제였을까? 문화의 원칙이 더 믿을 만할 때는 언제였을까?

네즈퍼스족이나 그들의 조상은 카마스와 데스카마스가 자라는 땅으로 이주하는 동안 점점 더 낯선 환경에서 식량을 찾게 되었다. 이들이 눈길을 돌린 것은 문화적 비상용품이었다. 익숙한 식량을 조달하기가 어려워지자 혁신의 필요성이 커져만 갔다. 조상이 물려준 지혜로는 한계에 도달했고, 의식을 활용해야 풀 수 있는 문제에 직면하고 있었다.

이주를 하게 되면 사람들은 조상의 지혜를 갈수록 적용하기 어렵다는 사실을 비교적 쉽게 알아챈다. 하지만 우리도 그러하듯, 사람들은 시간에 따라 움직이기 때문에 집단의 원로들은 그들의 지혜가 구식이 되고 있다는 것을 쉽게 인식하지 못한다. 젊은이들 눈에는 보이는데.

변화의 시대에 성년이 되는 사람들이 그들의 경계를 확장하고, 세대가 바뀔 때마다 언어와 규범이 조금씩 변하는 건 우연한 현상이 아니다. 역사를 통틀어 조상의 지혜는 새로운 세대가 자신의 기반을 다지고, 무엇을 밀어붙여야 할지 알 때까지만 의미 있게 남아 있었다.

하지만 지금처럼 급격히 변하는 시대를 지날 때는 갈수록 부적합해지는 조상의 지혜를 어떻게 활용해야 할지, 무엇으로 대체해야 할지 알기가 어려워진다. 조상이 물려준 지혜의 주변부는 지반이 무르고 연약하다. 이러한 주변부에서, 그것이 어디에 있든, 바로 거기서, 생태적 지위의 전환이 일어난다.

과거에 인간이 배우고 혁신을 이뤘던 과정을 크게 세 가지로 나눠보자.

첫째, 완전히 새로운 생각, 즉 어떠한 이유도 맥락도 없이 불쑥 생각이 솟았을 때다. 최초의 마야인, 메소포타미아인, 중국인[3]이 농업을 혁신할 때 바로 이랬다. 바퀴, 야금술, 도자기의 탄생도 마찬가지다. 그것이 존재하기 전까지는 그게 가능하다는 걸 아무도 몰랐다.

둘째, 구체적인 실현 방법은 잘 모르겠지만, 기존 지식을 근거로 할 때 무언가 가능할지도 모른다는 생각이 들었을 때다. 라이트 형제는 동물이 나는 것을 보고, 기계로도 비행이 가능할지 모르겠다고 생각했다. 마침내 비행기의 조상인 세계 최초의 동력 비행기가 탄생했다.

셋째, 누군가의 지침, 즉 어디로 향해야 할지, 어떻게 해야 할지를 알려주는 사람이나 규칙 또는 지시를 만날 때다. 학교와 유튜브 사이에서 우리는 종종 배움의 유일한 수단으로써 이 세 번째 과정을 융합한다. 이 세 번째 과정이 가장 문화적이다. 공인된 지혜를 배우기 때문이다. 그와 대조적으로 첫 번째와 두 번째 과정은 가장 의식적이고, 따라서 가장 혁신적이다.

더 이상 현재 상태가 만족스럽지 않을 때 우리는 혁신을 통해 늘 해왔던 방식을 뛰어넘어 새로운 방식을 추구해야 한다. 현상 유지는 우리 고유의 통찰력과 갈등하게 마련이다. 우리가 깊은 밤에 하는 생각은 종종 통합적이며, 평범한 재료를 엮어 특별한 의미를 탄생시키곤 한다.

⋮⋮ 순응한다는 것

1951년, 사회심리학자 솔로몬 애시Solomon Asch는 사회적인 강압으로 사람들의 의견이 얼마나 바뀔 수 있는지를 조사했다. 개코원숭이처럼 우리도 다른 사람들의 생각을 추적한다. 하지만 사람들의 생각이 우리의 주장을 변화시키는 정도는 어디까지일까?

이제는 고전이 된 그의 순응 실험에서 애시는 단순하고 사실적인 질문을 참가자들에게 던졌다. 세 개의 선 중 어떤 것이 네 번째 선과 길이가 똑같은가? 문제는 쉬웠고 정답 또한 명확했다.

하지만 계략을 꾸미기로 한 '공모자' 몇 명과 같은 방에 있던 '순진한' 참가자들은 공모자들이 전부 틀린 답을 내놓자 혼란스러워했다. 사회적 압력(공모자들의 틀린 답)에 저항하면서 옳은 답을 말한 순진한 참가자는 전체의 4분의 1에 불과했다. 거듭된 실험에서 참가자의 대다수는 가끔씩 사회적 압력에 굴복했다(매번 틀린 답을 말한 참가자는 극소수에 불과했다).[4]

다른 고전적인 심리학 실험과는 달리, 애시의 실험은 세월이 지나서도 적용되었다. 그의 실험은 다양한 조건하에서 폭넓게 재현되었다. 애시가 처음 실험한 뒤로도 수십 년간 많은 사실이 드러났고, 여성이 남성에 비해 순응도가 높다는 사실이 몇몇 연구를 통해 추가적으로 밝혀졌다[5](여성이 더 '친화적'이라는 것과 일치한다). 순응성은 시간과 장소에 따른다. 대부분의 성격적 특성처럼 순응이 순응하지 않는 것보다 더 좋거나 나쁜 것도 아니다.

눈앞에 명백한 불일치가 나타나면 찬성과 반대가 긴장을 이룬다. 이 긴장이야말로 인간의 은밀한 장점이다. 지혜와 혁신, 문화와 의식 사이에서 밀고 당김이 발생하기 때문이다.

인간은 종 차원에서는 제너럴리스트지만, 개인 차원에서는 스페셜리스트인 경향이 있다. 예로부터 우리는 사회 집단 내에서 다양한 힘을 통합해왔다. 단일한 집단 내에서 각기 다른 기량을 가진 많은 사람이 창발적인 전체를 만들어낸다. 집단 구성원은 모두 스페셜리스트지만 집단 내에서는 제너럴리스트의 능력이 발현하는 것이다.

하지만 지금은 혁신의 시대다. 변화가 갈수록 빨라지고 있어 전수된 문화적 지혜만으로는 충분하지 않다. 개인들이 스스로 폭넓은 제너럴리스트가 되는 것—예를 들어 한 분야만 깊이 파고들기보다는 여러 영역의 기술을 배우는 것—이 더 도움이 될 것이다.

집단의 생각을 **아는** 건 중요하지만, 이는 집단의 생각을 **믿는다**거나 강화한다는 것과 다르다. 따라서 급격한 변화의 시대에는 독자적인 목소리를 낼 필요가 있다. 대중과 어울리기 위해 명백히 틀린 진술에 순응하는 사람이 돼서는 안 된다. 애시의 실험 결과와는 반대로 가야 한다.

✦ 말 그대로는 틀리고 비유적으로는 옳을 때

문화적 신념은 말 그대로는 틀리지만 비유적으로는 옳을 때가 있다. 과테말라 고지대의 농부를 생각해보자. 농부는 오래된 전통에 따라 보름달이 뜰 때만 작물을 심고 수확한다. 그래야 작물이 튼튼하게 자라고 병충해에 강하다고 믿기 때문이다. 달의 위상이 과연 작황에 영향을 미칠까? 아마 아닐 것이다.

하지만 달의 위상 변화는 농부에게 농사 시기를 맞추도록 할 수 있다. 보름달은 지역 사람 모두가 볼 수 있는, 시간을 알려주는 거대한 천체시계다. 보름달이 작황에 좋은 결과를 가져다준다고 믿는다면, 농부들은 분명 보름달에 맞춰 작물을 심거나 수확하게 될 테고, 농부들의 믿음과는 상관없이 모두의 작물이 혜택을 보게 된다. 달이 작황에 직접적인 영향을 끼친다는 믿음은 사실상 모든 작물을 먹어 치울 수 없는 짧은 기간에 수확을 집중함으로써 포식자를 물리치는 효과가 있다.[6]

말 그대로 틀리다는 이유로 사람들은 오래된 신화와 믿음을 쉽게 비웃고 일축한다. 실제로 앞뒤가 꽉 막힌 사람들 사이에서는 그런 행위가 즐거운 놀이로 통한다.

점성술을 예로 들어보자. 밤하늘에 반짝이는 별들, 수천 광년 떨어져 있는 그 천체들이 인간 행동에 직접적인 영향을 미친다고 상상하는 건 명백히 비이성적이다. 마찬가지로 쓰나미의 원인이 신들의 분노 때문이라 믿는 것도 비이성적이다. 하지만 모켄족 사이에서는 신을 믿는 사람들이 신을 믿지 않는 사람들보다 생존율이 높다. 보름달이 작황을 좋게 해준다고 믿는 것도 분명히 비이성적이지만, 과테말라 농부에게는 그 믿음이 생산성을 높여준다.

각각의 믿음은 말 그대로는 틀리지만, 비유적으로는 옳다. 그렇다면 그런 믿음이 마치 옳은 것처럼 믿고 행동할 때 사회가 번영한다고 말할 수 있다. 그런 이유로 이 세계에는 종교를 비롯한 신념 체계들이 널리 존재한다. 말 그대로는 틀릴지라도 마치 옳은 것처럼 행동할 때 사람들은 이득을 보고, 때로는 그들이 거주하는 땅의 생물 다양성과 지속 가능성이 높아진다.[7]

타블로이드판에 나오는 현대의 점성술은 순전히 허풍이다. 그렇지만 점성술이 모든 곳에서 항상 그랬던 건 아니다.

만약—이건 의미가 큰 **만약**이다—에 어떤 사람이 어디에서 태어날지 조절할 수 있다면, 태어난 달이 그의 발달 과정은 물론 *그가 어떤 사람이 되는지*에 영향을 끼치지 않을까? 별자리는 단지 열두 달을 추적하는 고대의 방식에 불과했을까? 점성술을 맥락과 역사로부터 너무 동떨어져 의미를 찾을 수 없는 현대의 도락으로 치부하지 않고 다른 관점에서 본다면 점성술도 가망 있어 보이기 시작한다. 미네소타에서 겨울에 태어난 아기는 미네소타에서 여름에 태어난 아기와 똑같은 병원균과 활동에 노출될까? 분명 아닐 것이다.

아니나 다를까, 이러한 생각을 입증하기 위해 진행된 연구가 있다. 뉴욕-프레즈비테리안 컬럼비아대학병원의 연구자들은 1900~2000년에 태어난 175만여 명의 기록으로부터 데이터를 추려낸 끝에 생월과 55개 이상의 질병에 대한 전생애 위험도 사이에서 뚜렷한 상관성을 발견했다.[8] 심혈관부터 호흡계, 신경계, 감각계에 이르기까지 많은 신체 기관이 생월에 영향을 받기도 하지만, 전생애 위험도가 달라지는 질병의 수와 범위도 생월에 따라 달랐다.

이를 놓고 볼 때 생각이 깊은 사람이라면 조심스러운 점성술적 사고를 도매금으로 넘기기 전에 그 가치를 한번 충분히 고려해볼 만할 것이다. 그리고 이렇게 생월에 따른 질병 위험도의 차이가 확실히 존재한다면, 그에 따른 성격 차이가 없다고 믿지 않을 이유도 없지 않을까?

여담으로, 이렇게 점성술에 접근할 때 우리가 예측할 수 있는 것이 있다. 만약 출생지와 날짜까지 포함한다면, 점성술은 적도에 가까워질수록 전생애 질병 위험도를 예측하는 힘이 줄어들 것이다. 적도에서는 계절 변화가 온대 지방보다 훨씬 약하기 때문이다. 또 다른 예측도 가능하다. 어릴 때 여러 곳을 이사한 사람일수록 점성술의 예측을 벗어나게 될 것이다(출생지를 포함하지 않는다면 점성술은 예측력을 완전히 잃게 된다).

우리의 생존과 번성에 도움이 되는 왜곡은 적응적이다. 외부인의 눈에 신화와 터부는 종종 어처구니없어 보인다. 어떤 것들은 완전히 틀렸고, 심지어 그걸 믿는 사람에게 역효과를 낳기도 한다. 간혹 놀라우리만치 정확한 터부taboo가 있는데, 그런 것들은 실제 사건을 과도하게 일반화한 결과일 수도 있다.

브라질 아마존에 사는 카마유라족에게 비늘 없는 생선은 임신한 부부가 피해야 할 음식이다.[9] 아마 오래전에 어느 임신부가 비늘 없는 물고기를 먹은 뒤 그녀나 뱃속 아기 또는 온 가족이 끔찍한 운명을 맞았던 모양인데, 그 상황에서 갖다 붙일 수 있는 이유가 그것뿐이었을 터다.

비슷하게 마다가스카르 고원 지대에 있는 마하친조Mahatsinjo 마을에서는 망치새를 먹지 않는 터부가 있다. 한 남자가 죽을 때 낮게 날던 망치새 한 마리를 마을 사람들이 목격한 것과 연관돼 있다.[10] 마다가스카르의 다른 마을에는 젊은 남성이 구애하기 전에 양고기를 먹어야 하는 터부, 임신한 여성이 고슴도치를 먹거나 호박밭 사이를 걸어야 하는 터부, 아들이 집을 지을 땐 아버지 집의 북쪽이나 동쪽에 지어야 하는 터부가 있다.[11] 우리 정서에는 순전히 미신으로 느껴진다.

말라가시어로 터부를 뜻하는 단어 **파디**fady 역시 복잡한 의미를 지닌다. 마다가스카르 북동부에 사는 베치미사라카족에게 있어 파디는 터부와 신성함을 모두 담고 있다.[12] 어떤 것이 파디라면 그건 조상의 명령이다.

하라는 것이든 말라는 것이든 상관없이 말이다.

이러한 사례들에도 불구하고 많은 신념, 신화, 터부가 말 그대로는 틀리고 비유적으로는 옳다. 말라가시의 **파디**는 신과 조상의 말이라는 외피를 걸치고 있지만, 금지하는 내용에 주목하면 그 안에 지혜가 담겨 있음을 쉽게 알아볼 수 있다. 갓 형성된 산허리 위쪽이나 등을 진 터에는 집을 짓지 말라. 광견병에 걸릴지 모르니 죽은 개를 밟지 말라. 아내가 임신하고 있을 때는 이혼하는 것이 아니다 등.[13]

오래된 터부일수록 그 안에는 중요한 문화적 진실이 숨어 있다. 체스터튼의 파디를 놓치지 말라. 오래된 생각에는 진실이 숨어 있을지 모르는데, 그 진실은 일단 무시하고 나면 발견하기가 어려워진다.

비교신화학자인 조지프 캠벨Joseph Campbell이 관찰한 바에 따르면, '신화는 생물학의 한 기능'이다.[14] 그가 옳았다. 진화한 생명체로서 우리는 성공을 향하도록 되어 있는데, 성공하기 위해서는 간혹 자신의 스토리를 말할 필요가 있다. 아찔한 폭포 가장자리로 떠내려갈 땐 곧 죽을지 모른다. 하지만 강변에 닿을 수 있다 믿고서 죽을힘을 다해 노를 저으면 살 수도 있다. 그럴 리 없다고 단념하는 사람들은 흔적도 없이 사라질 것이다. 할 수 있다는 신념이 생사를 가르는 것이다.

종교와 의례

문화에는 반드시 의례가 있다. 죽음 의례는 물론이고 출생 의례도 없는 곳이 거의 없다. 탄생, 성년, 결혼을 축하하는 통과 의례도 있다. 한

해의 첫 파종과 첫 수확, 하지와 동지, 춘분과 추분 같은 절기를 기념하는 의례도 있는데, 계속 주기적으로 반복되면 전통이 되기도 한다.

우리는 점점 더 큰 집단에서 더 많은 익명의 사람에게 둘러싸인 채 살아가고 있다. 이런 상황에서 정기 휴일과 보편적 문화 규범은 우리를 일치시키고, 보다 큰 무언가의 일부인 것처럼 행동하도록 돕는다. 의례는 원래 종교가 아니지만 종교의 성격을 강하게 띠며, 종종 음악과 춤, 음식이 포함된다.[15]

의례와 종교 행사는 누가 봐도 돈이 많이 든다. 대부분의 종교는 냉정하고 무관심한 세상의 관심을 끌기 위해 어마어마한 자원과 시간을 건축물과 의식에 쏟아붓기도 하며, 신자들에게 하지 말아야 할 것들을 가르치는 데 막대한 사회적 자금을 투입하기도 한다. 이러한 종교에 대한 비용을 줄이게 하는 것이 있다면, 그건 종교의 기회비용이다.

종교가 비적응적이라면, 막대한 비용은 신실한 신도들에게 큰 취약성이 될 것이다. 무신론자들은 신앙심이 없고 거액의 배당금을 재투자한다는 점에서 신자들과 다르다. 이런 차이가 없이 무신론자들이 신자들과 똑같이 행동한다면 종교는 그 역사적 특징과 지위를 박탈당해야 한다.

만일 신앙심에 적응 이득이 없다면, 역사 속 모든 지도자는 이렇게 말했을 것이다. "너희는 오직 열심히 일하고 미신과 우상을 멀리하라. 그리하면 저들의 땅이 너희 땅이 되리라." 하지만 우리가 목격하는 현실은 그렇지 않다. 위대한 종교 지도자들은 신과 신의 변덕, 신의 기호와 계획에 대해서 말한다. 왜 그럴까?

신앙심은 적응적이며,[16] 도덕적으로 설교하는 신은 사회적 복잡성이 진화하는 데 전제조건은 아니지만, 일단 다민족 제국이 확립되고 나면 그

제국을 지탱하는 역할을 하는 것으로 보인다.[17] 현대인은 과거의 영적·종교적 사슬에서 벗어나기를 원하지만 체스터튼의 신을 조심하라. 종교는 직관적이고 교훈적이며 필수적인, 과거의 지혜가 잘 농축되어 담긴 캡슐이다.

신성함과 샤머니즘

문화와 의식이 긴장을 이루는 것처럼, 신성한 것들과 샤머니즘도 긴장을 이룬다. 신성함의 짝이 문화라면, 샤머니즘의 짝은 의식이다.

신성한 것은 물려받은 종교적 지혜가 구현된 것이자, 특정한 종교적 전통의 본질이다. 신성한 것은 세월의 시련을 이겨내면서 조상들이 성스럽다고 인정할 만큼 가치가 입증된 것들이다. 신성한 것은 변할 확률이 낮고, 변화에 강력히 저항한다. 따라서 정적인 세계를 구축하는 데 어울린다. 신성한 것은 타락으로부터 보호를 받고(적어도 보호받아야 한다고 여겨진다), 세속의 권력과 부, 생식의 악영향으로부터 철저히 격리된다. 신성함의 정통성은 샤머니즘의 이단성과 끝없는 긴장 관계를 형성한다.

샤머니즘은 위험성도 높지만 창조성도 높다. 샤머니즘은 변이율이 높아 오류도 잦다. 샤머니즘은 헤아릴 수 없이 많은 새로운 생각을 탐구하는데, 대부분 변변치 않은 것들이다. 샤머니즘은 정설, 즉 신성한 것에 도전한다. 샤머니즘의 실용적 가치는 문화적 규범을 탐구하고 상호작용하는 데 있다. 이때 샤머니즘은 다양한 방식을 사용하는데, 이른바 꿈, 신들린 상태, 환각 유발 등 이질적인 의식 상태를 이용한다.

환각제를 통해 의식을 확장하는 것은 널리 퍼진 현상이다. 멕시코 중부에 사는 후이촐족은 환각을 일으키는 페요테 선인장을 의식적으로 섭취하기 위해 해마다 수백 마일에 달하는 거친 땅으로 순례길을 떠난다. 모두가 일생에 한 번이라도 이 순례길에 오를 수 있기를 소망한다.[18] 멕시코 중서부에 사는 타라후마라족은 질병을 앓게 되면 질병을 몰고 온 악한 존재를 찾는다며 샤먼이 몇 가지 종류의 환각제를 섭취하기도 한다. 또한 먼 거리를 달려온 사람도 그렇게 해서 악령을 쫓고 기운을 얻는다.[19]

거의 모든 문화에서 환각 물질이든 그 밖의 다른 것이든 간에 개인이 일상에서 일탈해 색다른 관점으로 세상을 볼 수 있도록 하는 풍습이 있다. 바로 그 지점에서 의식이 문화를 변혁한다.

조상의 지혜가 더 이상 유효하지 않을 때, 인간은 특이한 경험과 기술을 모아 제힘으로 새로운 존재 방식을 찾는다. 실질적인 부분에서 조상의 지혜가 유효하지 않을 때 이를 확인하기는 어려우며, 그로 인해 전통을 유지하길 바라는 자와 전통을 깨고 새로운 방식을 도입하려는 자들의 갈등이 항상 존재한다. 체계가 원활히 작동하려면 양쪽 모두를 위한 옹호자들―문화를 옹호하는 사람과 의식을 옹호하는 사람, 정통을 옹호하는 사람과 이단을 옹호하는 사람, 신성함을 옹호하는 사람과 샤머니즘을 옹호하는 사람―이 필요하다.

더 나은 삶을 위한 접근법

○ **자주 모닥불을 피우고 불가에 둘러앉아라.**

○ **되풀이되는 의례를 기념하거나 창조하라.** 해마다, 계절마다, 주마다, 심지어 날마다 되풀이돼도 좋다. 기원이 오래된 종교적 의식(이를테면 안식일이나 사순절―일부러 택하는 곤궁의 시간이나 공동체를 위한 시간―을 지키는 것)도 좋고, 점성술과 관련된 의식(이를테면 하지와 동지, 춘분과 추분을 알아보고 즐기는 것)도 좋으며, 완전히 새로운 것도 좋다.

○ **대중에게 휩쓸리지 말고 애시의 순응 실험과 반대되는 지점에서 생각하라.**

○ **아이들이 제힘으로 자기의 행동 계획을 수립하도록 가르쳐라.** 그럴 때 아이들은 의식적인 개인이 된다. 문화와 의식의 긴장은 발달기에도 나타난다. 아이들에게 성인의 자격을 가르치려 할 때 기존의 문화적 규범을 주입하면 낭패를 보게 된다. 과도하게 새로운 세계에서는 문화적 측면이 점점 더 무의미해지고, 의식이 더 중요해진다.

✛ ✛ ✛

우리는 여러 해에 걸쳐

수많은 모닥불을 피우고 주위에 둘러앉았다.

바라건대, 여러분도 그래왔기를.

네 번째 개척지

A HUNTER-GATHERER'S
GUIDE TO THE
21ST CENTURY

인간은 과거를 이해하고 미래를 상상한다. 이때 우리는 유난히 큰 전두엽과 타인의 도움을 받는다. 아이들은 유난히 호기심이 많고 성인과 다른 아이들, 주변 환경, 경험을 통해 배운다. 우리는 여러 세대가 함께 일하고 생활하는 큰 집단에 속해 있다. 언어를 사용하고, 폐경을 맞고, 고인을 애도하고, 사건과 계절을 기념하는 의식을 치른다.

또한 땅, 바다, 하늘이 지닌 생산력을 우리 목적에 맞게 이용한다. 다른 유기체를 가축화해서 노동력과 운송 수단으로 활용하고, 식량과 직물을 얻고, 보호와 우정을 구한다. 우리는 사실과 허구를 가리지 않고 이야기하기를 좋아한다. 우리는 우주의 많은 비밀을 풀어냈으며, 우리를 창조한 자연의 질서로부터 상당히 자유로워졌다.

하지만 우리의 많은 강점이 동시에 수수께끼 같은 약점이 된다. 큰 뇌는 쉽게 혼란에 빠지고 혼동을 일으킨다. 아이들은 무력하게 태어나 이례적으로 긴 기간 동안 어른에게 의존한다. 놀라울 정도로 다양한 언어가 있어 말 상대가 심하게 제한적이다. 물건을 들고 이동하는 데 매우 중요한 이족 보행은 어김없이 등과 허리의 통증을 유발하며, 출산하는 일은 산모와 아기에게 위험하다.

우리는 소문을 좋아하고, 감상적이며, 미신을 믿는다. 허구의 신을 위해 터무니없이 웅장한 기념물을 세운다. 우리는 거만하고 혼란에 빠져 있으며, 필연적인 일과 있을 법하지 않은 일을 자주 혼동하는 탓에 거대하고 분명한 위험을 얕잡아보기도 한다. 이 모두가 맞거래다.

생명체는 아직 오지 않은 기회를 찾고 활용한다. 새로운 기회를 성공적으로 활용하면 특정 서식지에 살 수 있는 개체 수가 일시적으로 증가한다. 그렇게 되면 출생자 수가 사망자 수를 넘어서고, 갱신된 환경 수용력에 맞춰 인구가 뒤따라 증가하는 상대적인 풍요의 시간이 찾아온다. '풍요의 시간'은 곧 경제 성장이다. 그러다 일반적인 상태로 되돌아와서 출생자 수와 사망자 수가 균형을 이루고 평형 상태에 도달하면 삶은 다시금 험난해진다.

우리가 성장에 집착하는 것도 놀라운 일은 아니다. 성장 강박은 적응적이다. 적어도 지금까지는 그랬다.

성장 강박은 두 가지 문제를 일으킨다. 첫째, 성장이 일반적인 상태며, 계속되리라는 기대가 합리적이라고 믿게 되는 것이다. 영구 운동 기계를 제작하는 것만큼이나 기대감이 크고 허황된, 두말할 것 없이 터무니없는 이 생각은 다른 가능성의 탐색을 중단시킨다. 그런 기대 때문에 우리가 성장의 기회를 놓칠 확률은 상당히 낮지만, 보다 지속 가능한 선택지를 발견하고 추구할 수 없게 만든다. 둘째, 성장을 예외가 아닌 일반적인 상황으로 받아들인 결과로 우리는 이 중독을 충족하기 위해 파괴적으로 행동한다.

간혹 우리는 자원을 가졌지만 그걸 지킬 수단이 없는 집단을 약탈하기 위해 정당화하는 논리를 만들고 합의된 가치를 위반한다. 어떤 때는 확장을 위해 세계를 훼손하고, (성장의 반대인) 쇠퇴를 후손들에게 떠넘기기도 한다. 전자(약탈)는 더없이 잔혹했던 수많은 역사적 사건을 설명한다. 후자(세계의 훼손)는 지구의 이로움이 우리의 눈앞에서 증발하는 현대의 상황을 설명한다. **성장이 최우선**Growth über alles이라는 믿음은 재앙과도 같다.

인간은 지구의 거의 모든 땅 위에서 서식하며 번성하고 있다. 인간은 대체로 제너럴리스트지만, 고도로 전문화된 개인들은 형태 변형과 생태적 지위의 전환을 통해 지구상 거의 모든 환경에 침투해 들어갔다. 개척지와 끊임없이 상호작용한 것이다. 이제 우리는 역사에 존재했던 개척지의 세 가지 유형, '지리적 개척지', '기술적 개척지', '자원 이전의 개척지'를 설명하고 이후 제4의 개척지를 제시하고자 한다.

지리적 개척지는 우리가 개척지란 말을 들을 때 흔히 떠올리는 유형이다. 여러분도 자연스레 훼손되지 않은 광대한 풍광과 아직 계측되지 않은 풍부한 자원을 떠올릴 것이다. 베링인에게는 남북아메리카와 카리브 지역, 해안 근처의 온갖 섬 등 신세계 전체가 광대한 지리적 개척지였다. 신세계 개척지는 프랙탈이었기 때문에 초기 아메리칸의 후손들은 그곳에서 더 많은 개척지를 발견했다. 원주민인 아와니치 인디언에겐 요세미티협곡이 지리적 개척지였다. 칠레 최남단 지역의 셀크남족에겐 티에라델푸에고 제도가 지리적 개척지였다.

기술적 개척지는 인간 집단이 혁신을 통해 이전보다 더 많이 생산하고, 더 많이 실행하고, 더 많이 성장할 수 있는 시기를 말한다. 안데스 산맥의 잉카 문명부터 마다가스카르 고원의 말라가시족에 이르기까지, 범람 피해를 줄이고 작물 생산량을 늘리기 위해 계단식 경작지를 일군 모든 인간 문화가 기술적 개척지와 부딪히고 있었다. 중국, 메소포타미아, 중앙아메리카의 초기 농부들이 그랬고, 땅에서 파낸 진흙을 기능적인 형태로 빚은 뒤 목탄으로 구워낸 최초의 도예공들이 그랬다.

자원 이전의 개척지는 수탈의 개념으로, 지리적 개척지나 기술적 개척지와는 달리 본질상 도둑질과 다름없다. 구세계인들이 대서양을 건너 신세계에 상륙했을 때, 그들은 광대한 지리적 개척지에 발을 디뎠다고 상상했을지 모른다. 하지만 아니었다. 1491년에 신세계는 셀 수 없이 다양한 고유 언어 및 문화를 지닌 5,000만에서 1억에 이르는 인구가 거주했던 것으로 추정된다. 일부는 수렵채집인이었지만, 일부는 도시국가에 거주했으며, 도시국가에는 천문학자와 장인, 필경사도 있었다.[1]

스페인 정복자 프란시스코 피사로에게 잉카 제국은 자원 이전의 개척지였다. 19세기 말 아마존 유역 서부에 고무 채취 광풍을 일으킨 이들에겐 자파로족의 영역이 자원 이전의 개척지였다. 이에 따라 자파로족의 힘이 쇠하자 그들의 오랜 경쟁자인 후아오라니족도 이주해왔다.[2] 현대에는 모든 곳이 자원 이전의 개척지다. 석유 채굴, 천연가스 추출, 고대 삼림의 벌목은 말할 것도 없고, 홀로코스트, 심지어 서브프라임 모기지와 어마어마한 금액의 학자금 역시 약탈적 대출predatory lending이다. 자원 이전의 개척지에서는 폭정이 일어난다.

지리적 개척지는 그때까지 인간에게 알려지지 않은 새로운 자원의 발견을 의미한다. 그런데 지리적 개척지는 근본적으로 제로섬 게임이다. 지구의 공간은 한정돼 있고, 우리는 언제가 그 끝에 도달하게 된다.

기술적 개척지는 인간의 창의력을 통한 새로운 자원의 창조다. 기술적 개척지는 일시적으로는 비제로섬, 구체적으로는 포지티브섬인데, 일견 영구적인 상태처럼 보일 수 있다. 하지만 여기에도 물리적인 한계가 존재한다. 예를 들어, 트랜지스터 내부에서 상태 변화가 일어나려면 이론상 최소한 하나의 전자가 있어야 가능한 것처럼 말이다.

자원 이전의 개척지는 다른 인간 집단에게서 자원을 훔쳐오는 일이다. 이 역시 궁극적으로는 제로섬 게임이다. 도둑질에도 한계가 있다. 도둑도 물리 법칙을 따를 수밖에 없는 것이다.

그렇다면 새로운 개척지를 계속 발견하고 더 성장하기 위해 우리가 선택할 수 있는 길은 무엇일까? 만일 우리의 성장 강박이 지구상의 모든 생물을 특징짓는 패턴의 한 사례라면, 우리는 이 파괴적인 경로를 따르도록 이미 정해져 있는 것이 아닐까?

우리가 이 책을 쓰게 된 이유 중 하나가 여기에 있다. 우리는 그 대답이 '아니오'라고 믿기 때문이다.

인간이 성장에 집착하는 것은 성장을 통해 인구 증가가 가능해지고, 인구가 증가하면 적어도 멸종으로부터 한 걸음 멀어질 수 있기 때문이다. 하지만 인구가 많으면 많은 대로 위험이 따른다. 인구 증가를 이끌었던 자원이 한정돼 있거나 충분하지 않으면 그렇게 된다. 이런 경우 중용이 열쇠가 될 수 있지만, 성장에 대한 우리의 욕구와 그 욕구에 대한 개인적 인식이 지속적으로 충족되어야만 한다.

지리적 개척지는 이제 거의 고갈되었다. 환희와 실망을 번갈아 안겨주는 기술적 개척지는 위험이 따르며(체스터튼의 울타리에 유의하라!), 결국에는 가용 자원에 따라 제한된다. 자원 이전의 개척지는 도덕적이지 못하고 불안정하다. 그렇다면 우리는 무엇을 해야 할까? 어디서 구원을 찾을 수 있을까? 간단히 말해 의식이다. 의식이 우리를 **네 번째 개척지**로 안내해 줄 수 있다.

몇 번이고 반복하지만, 인간의 생태적 지위는 생태적 지위의 전환이고, 새로움에 대한 답은 의식이다. 유한한 지구에서 지속 가능한 삶을 사는 건 어려운 일이다. 하지만 우린 그렇게 할 수 있다. 그리고 반드시 답을 찾아야 한다. 다른 선택지는 없다. 인류는 이 새로움의 문제에 지금 당장 주목할 필요가 있다. 개인의 선의나 노력으로는 해결할 수 없는 문제다.

현대인은 제 자신의 존속을 위협하는 존재가 되었다. 우리는 다수의 존재 양식을 오가는 법을 알아낼 수 있도록 구성됐다. 지금은 집단의식을 일깨우고, 문제에서 빠져나올 수 있는 새로운 삶의 방식을 세워야 할 때다.

우리는 커다란 장애물과 마주해 있다. 모든 생물이 그렇듯이 인간은 성장에 집착하는 동물이라서 열심히 성장을 추구하다 제 스스로 멸종의 길에 들어설 수 있다. 우리가 평형 상태를 받아들여야 하는 건 논리적으로 명백하지만, 인간은 평형에 만족하도록 설계되지 않았다. 지난 수십억 년 동안 항상 불만족스럽게 굴던 것이 우리의 탁월한 전략이었다.

네 번째 개척지 발견에 결정적 역할을 할 수 있는 성격 특성이 하나 있다. 어쩌면 그 적응의 봉우리가 사회 전체의 해결책으로 이어질 수도 있을 것이다. 바로 '숙련된 기능에 대한 자부심'이다. 제품의 질과 내구성에 자부심을 느끼는 장인의 정신에서 네 번째 개척지를 위한 사고방식의 전환이 일어나고 있다. 그중 하나가 제품의 수명을 기능만큼이나 중요하게 여기는 관점이다. 기술자가 만든 탁자나 선반이 사랑받는 이유는, 그것이 이케아에서 구입한 조립식 제품보다 아름다워서만은 아니다. 그 사랑스럽고 기능적인 제품을 자녀에게, 친척에게, 또는 친구에게 물려줄 수 있기 때문이다. 마찬가지로, 우리도 다음 세대에 사랑스럽고 기능적인 세상을 전해줄 수 있다면 좋을 것이다.

따라서 네 번째 개척지는 일종의 진화적 도구 상자가 갖춰졌다고 볼 수 있는 생각의 틀이다. 이는 정책적 제안이 아니다. 네 번째 개척지는 우리가 무기한의 정상 상태*를 만들어낼 수 있다는 생각이다. 이는 우리가 영원한 성장의 시대에 살고 있는 것처럼 느끼게 하지만, 우주를 관장하는 물리 법칙과 게임 이론을 꼭 따를 것이다. 바깥 날씨가 양극단을 오가는 동안에도 실내는 쾌적한 봄 날씨로 유지시키는 기후 조절 기술을 생각해 보라. 인류를 위해 무기한의 정상 상태를 만들어내는 건 쉬운 일은 아니 겠지만, 반드시 해야 할 일이다.

문명의 쇠락

우리는 붕괴를 향해 나아가고 있다. 문명은 일관성을 잃어가고 있다. 우리는 유기체가 노화(나이가 들수록 허약해지는 경향)하는 원인을 알고 있다. 노년기에 비용을 치르더라도 생애 초기에 이득이 되는 유전 형질을 선호하는 자연선택의 경향, 즉 '적대적 다면발현' 때문이다.[3] 우리가 노년의 피해를 기꺼이 감수하는 것은, 노년의 피해가 드러나기도 전에 번식하

---

*
운동 상태가 시간의 흐름과 더불어 변화하지 않는 상태에 있는 것(네이버 지식백과).

고 죽는 개체가 허다한 상황에서 자연선택의 눈에는 생애 초기의 이득이 훨씬 더 크고 뚜렷하게 보이기 때문이다.

문명의 쇠락에 관해서도 유사한 주장이 존재한다. 우리의 정치·경제 시스템은 당장의 성장을 바라는 욕망과 맞물려 언뜻 보기에는 멀쩡해 보이지 않는 정책과 행동을 도입한다. 하지만 그러한 결정들은 너무도 빈번하게 우리가 무슨 짓을 저질렀는지 깨달을 때가 돼서야 우리 자신과 지구에 해가 될뿐더러 이미 돌이킬 수 없는 선택임이 드러난다. 우리는 호구의 어리석음이 판치는 세상에 살고 있다. 모호한 위험과 장기적인 비용을 고려하기보다는 단기적인 이익에 몰두하고, 게다가 손익 분석이 마이너스일 때조차 일을 무리하게 추진한다.

규격 목재가 처음 생산될 때만 해도 이롭기만 한 제품으로 보였다. 모서리를 반듯하게 다듬어놓은 세계에서 사는 일이 말 그대로 우리가 보는 방식을 바꿔놓을 줄 누가 알았을까? 처음으로 증류한 석유를 부어 모터를 돌아가게 했을 때, 안 된다고 말리는 사람은 필시 미친 듯 보였을 것이다. 순수한 선처럼 보이는 것들도 대개 위험 요소를 품고 있다. 다른 이들에게 피해를 끼치지 않고 음악을 들을 수 있다는 건 대단한 혁신이었다. 하지만 지금, 헤드폰이나 이어폰으로 크게 음악을 듣다 보면 청력 손실이 올 수 있다는 것을 우리는 알고 있다.

우리가 '원하는 것'과 시장이 기꺼이 우리에게 건네는 것들은 단기적으론 만족을 준다. 장기적으로 이로운 경우는 거의 없다. 규제되지 않는 시장은 자연주의의 오류를 실현하는 경향이 있다. 자연의 '현상'을 자연의 '당위'로 혼동하는 것이다. 규제되지 않은 시장이 우리를 이끌도록 내버려둔다면 우리에게도 자연주의의 오류가 즉각 적용될 것이다. 어떤 일을 할 수 있다는 것이 그 일을 해야 한다는 의미는 아니기 때문이다.

규제되지 않은 시장의 문제를 악화시키는 것은 타인을 조작하는 것에 완벽하게 적응한 현실이다. 만연한 익명성이라는, 이전엔 볼 수 없었던 완전히 새로운 영역이 이를 가능하게 했다. 예로부터 조작 행위는 상호의존적인 사람들이 소규모로 모여 사는 것으로 억제돼왔다. 운명 공동체가 우리를 묶는 규칙이었다. 같은 운명 공동체에 속한 사람을 속이는 일은 어리석은 짓이기도 했고, 그런 사람에겐 즉각 남을 속인 자라는 평판이 안겨졌다.

우리는 더 이상 작고 상호의존적인 공동체에서 생활하지 않는다. 우리가 의존하는 가장 핵심적인 체계들은 국제적으로 작동하고, 참여자들은 거의 완벽하게 감춰진 익명의 존재들이다. 시장의 해로운 힘들은 대체로 익명성과 운명 공동체에 대한 감각이 사라지면서 가능해진 기만과 조작이 겉으로 드러난 것이다.

이 모든 것이 우리의 앞길을 막고 쌓여 있는 상황에서 우리는 어떻게 앞으로 나아갈 수 있을까? 우리에게 성공을 이뤄준 것들이 궁극적으로는 우리를 파괴할 테고, 우리가 예견하는 것처럼 문명은 점점 쇠락할 것이다. 그에 대한 답은, 간단히 말해서 의식을 통해 쇠락에 대항하는 체계를 세우는 것이다. 아주 복잡한 과정이 되겠지만, 출발점으로 삼을 만한 몇 가지 아이디어가 있다.

문명의 쇠락에 대응하는 체계를 구축하는 열쇠는 다음과 같다.

○ 하나의 가치에 최적화되지 말아야 한다. 수학적으로 말하면, 자유든 공정이든 노숙자 감소든 교육 기회 향상이든, 아무리 훌륭하더라도 하나의 가

치에 최적화하다 보면 다른 모든 가치와 변수가 무너지게 된다. 공정을 극대화하면 사람들이 굶게 된다. 모두가 평등하게 굶주린다면 작은 보상이 되겠지만 말이다.

○ 체계의 원형을 창조하라. 그런 뒤 계속해서 다른 원형들을 만들어가라. 시작할 때부터 체계의 최종적인 형태를 알 수 있으리란 상상을 해선 절대 안 된다.

○ 네 번째 개척지는 본질상 정상 상태이며, 그 특징은 우리가 정의해야 한다. 우리는 다음과 같은 체계를 만들기 위해 노력해야 한다.

　－우리를 속박하지 않고도 우리가 보람 있고 재미있고 멋진 일을 할 수 있게 하고,

　－반취약성이 있으며,

　－수탈에 저항하고,

　－자신의 핵심 가치들을 배반하는 방향으로 진화하지 못하는 체계를 진화를 설명하는 기술적 언어로 표현하면, 우리는 진화적 안정 전략 Evolutionarily Stable Strategy*이 필요하다. 이는 다른 전략이 들어와서 경쟁할 수 없는 전략이다.

•
어떤 환경에서 한 개체군 내의 거의 모든 개체가 특정 전략을 사용한다면 새로운 변형된 전략(mutant strategy, 돌연변이 전략)이 나타나더라도 그 전략을 사용하는 개체들의 빈도가 감소하지 않는 전략을 말한다(네이버 동물학 백과).

마야 문명의 흥망성쇠

우리가 지금 당면하고 있는 문제는 여러 면에서 과거에 마주했던 것들이다. 인류 역사의 모든 문화가 서로 협력하면서도 경쟁해왔고, 그 과정에서 우리가 인간으로서 자랑스러워해야 하는 방식이 우리를 부끄럽게 만드는 방식이 되기도 했다. 훌륭한 행위와 끔찍한 행위가 모두 널리 퍼졌다.

역사를 되돌아볼 때 우리는 진실을 인식할 책임이 있다. 또한 그것이 합법적이었든 아니면 자주 불법적이었든 간에 조상의 쟁취가 있었기에 우리가 직접 성취하지 않았음에도 누려온 이점이 있음을 인식할 책임도 있다. 그렇지만 그 역사에 굴복할 책임은 없다.

실제로 유럽인들은 비열하고 무시무시한 방법을 사용해서 아메리카 원주민들로부터 토지를 빼앗았다. 그랬던 아메리카 원주민들도 신세계에서 정복 전쟁을 벌여 다른 이들의 땅을 빼앗은 역사가 있다. 당연하게도 그런 일이 처음이 아니었다. 그들이 수천 년 전 베링 해협을 건너 신세계에 도착했을 때부터 이미 시작됐다.

어떤 시대, 어떤 민족을 낭만화할 생각은 하지 말자. 대신에 인류를 전체론적으로 이해하고, 모두가 앞으로 나아갈 수 있는 평등한 기회를 제공하기 위해 노력하자.

이 책에서 우리는 인간의 조건을 정당화하는 수단이 아니라, 그 조건을 이해할 수 있는 진화론적 도구 상자를 공유했다. 우리의 실상과 본질을 외면하는 건 도움이 되지 않는다. 어떤 면에서 인간은 잔인한 유인원이다. 하지만 그 잔인함이 인간의 유일한 특징이라고 우기는 건 도움이 되지 않는다. 인간은 관대하고 협력적이고 사랑이 가득한 존재이기도 하다. 우리는 진화적 수하물*과 약간의 지적 혼란을 지닌 채 21세기에 도착했다. 이 혼란을 줄이고 인간 번영을 최대치로 끌어올릴 가능성을 높이기 위해 이 부산물을 이해해보자.

이러한 목적으로 마야 문명을 살펴보고자 한다.

마야 문명은 중앙아메리카 지역에서 가뭄과 적, 그 밖의 힘들고 불리한 조건을 이겨내며 2500년간 번성했다. 지금은 고대 유적이 된 도시국가—티칼뿐만 아니라 엑발람, 착초벤 등 수많은 도시국가—에 가면 석조 피라미드와 사원들이 여전히 숲 위로 고개를 내민다. 숲 바닥에는 고대 건축물 사이로 작은 길이 나 있고, 아구티와 도마뱀, 오실롯 같은 작은 동물이 그 위를 지나다닌다.

도시들을 연결하는 것은 보다 큰 도로인 삭베sacbe다. 마야 문명에서 정치적·경제적·문화적 강국이었던 대부분의 도시국가는 로마 제국이 등장하기 훨씬 전부터 존재한 것으로 추정된다. 마야인과 로마인은 서로의 존재를 까맣게 모른 채, 기원후 첫 번째 밀레니엄 초기에 문명의 정점에 도달하고 두 번째 밀레니엄 초기에 약속이나 한 듯 동시에 쇠퇴하기 시작했다.

유럽의 계몽주의보다 훨씬 앞서 마야 문명에도 그들만의 계몽주의가 존재했다. 하지만 유럽인들이 그들의 책을 거의 없애버렸기 때문에 현재는 그 수준을 확인할 방법이 없다.

●
evolutionary baggage. 인구집단의 유전체 중 과거에는 개인들에게 이득이 되었으나 현재는 자연선택의 압력을 받아 불리해진 유전자를 말한다(구글 위키피디아).

마야 문명은 유카탄 반도를 가로질러 남쪽으로 현대의 벨리즈와 과테말라 그리고 온두라스의 끄트머리까지 넓게 퍼져 있었다. 마야 문명은 이 일대를 2500년간 지배했지만 완전한 통일국가는 아니었고, 시대와 장소에 따라 흥망성쇠를 겪었다. 도시국가들은 몰락했고, 가뭄이 들어 한때 비옥했던 땅들이 버려졌다. 그 가운데 일부는 다시 마야인이 거주했지만, 영원히 그렇지 못한 곳들도 있다.[4]

집약적 농업을 했던 마야인은 척박한 열대의 토양에도 불구하고 뛰어난 토지 관리 능력을 바탕으로 놀라우리만치 오랫동안 땅의 생산력을 유지했다. 그들은 땅의 대부분을 차지하는 경사진 언덕을 최소 여섯 가지 방식을 사용해서 계단식으로 개간했다. 매년 찾아오는 건기와 예측이 어려운 오랜 가뭄에는 다용도의 저수지를 활용해 물을 절약했다. 하지만 벌목으로 인해 삼림은 대체로 훼손됐고, 토양의 질이 떨어진 것도 사실이었다.[5]

스페인 정복자들이 도착했을 때, 마야 문명은 이미 쇠퇴기에 접어들었다. 오랫동안 존속한 마야 문명이 정확히 어떤 이유로 몰락했는지에 관해서는 의견이 분분하다. 마야 문명은 대부분 사라졌지만, 마야인은 명맥을 이어가고 있다. 그들은 나약하지 않으며, 그들의 문화도 나약하지 않다. 그들은 강인하고 끈질기다.

마야인이 얼마나 오래 존속했는지를 말해주는 지표가 있는데, 바로 **박툰**baktun이다. 박툰은 마야인의 시간 단위로, 그들은 14만 4000일, 약 400년을 주기로 시간을 측정했다. 그런 만큼 마야인은 한 민족으로서 장수했고, 긴 시간을 사고하는 데 익숙했다.

마야인의 생존력은 그들에게 의식적이고 방향성 있는 계몽주의가 존재했을 가능성을 시사한다. 우리도 그러한 정신을 통해 우리 자신의 진화를 주도할 수 있다. 마야인과 마찬가지로 오랜 시간 모든 인구집단을 괴롭혀온 호황과 불황의 급격한 순환을 완화할 방법을 찾아야 한다.

마야인들은 잉여 자원을 더 많은 인구나 다른 덧없는 일에 돌리지 않는 메커니즘을 고안함으로써 그 문제를 해결했다는 것이 우리의 가설이다. 그들은 잉여 자원을 거대한 공공사업에 투자했다. 오늘날에도 남아 있는 신전, 피라미드 등이 그 공공사업의 결과물이다. 풍요의 시대에 그들은 양파 껍질처럼 겹을 더해가면서 건축물을 쌓아 올렸다.

풍족한 시기에는 잉여 식량이 인구 증가로 쉽게 전환될 수 있는데, 인구가 증가하면 불황기에는 필연적으로 굶주림과 갈등이 발생한다. 마야인은 그 덫에 걸리지 않고 잉여 식량을 피라미드 건설에, 더 큰 피라미드 건설에 투입했다. 그들은 모두가 향유할 수 있는 장엄하고 유용한 공공 공간을 창조해냈다. 풍년 뒤에 어쩔 수 없이 흉년이 찾아와도 개인과는 달리 신전은 식량이 축나지 않았고, 사람들도 힘든 시기를 버틸 수 있었다.

서구 문명은 마야 문명만큼이나 오랫동안 지배적이었다. 마야 문화는 쇠락하는 중에 바다를 건너온 적을 만나 마침내 종말을 맞이했다. 우리 문화 역시 쇠락하고 있다. 우리에겐 새로운 정상 상태, 진화적으로 안정화된 전략Evolutionarily Stable Strategy, ESS*이 필요하다. 우리는 네 번째 개척지를 찾아야 한다.

---

*
ESS는 리처드 도킨스가 《이기적 유전자》에서 소개한 개념이다. 유전자들이 지속적으로 존재할 수 있는 방식을 말하는데, 싸우는 매파와 온건파인 비둘기파가 있다. 최근에는 그 의미가 확대돼 경제적, 사회적, 문화적, 정치적으로도 쓰이고 있다.

⁝⁝⁝ 네 번째 개척지의 장애물

많은 힘이 네 번째 개척지로 가는 길을 가로막고 있다. 맞거래는 한 번 인식되면 계속 존재한다. 성장에 대한 집착이 성장처럼 보이지 않는 진보를 가로막고 있다. 이러한 집착 때문에 규제를 제대로 도입하기 어려운 실정이다. 그 모든 힘이 극복할 수 없을 정도로 막강한 건 아니지만, 버거운 장애물인 건 확실하다. 그렇다면 이 장애물들을 차근차근 살펴보기로 하자.

사회에서의 맞거래

어떤 새라도 가장 빠른 동시에 가장 유연할 수 없는 것처럼, 어떤 사회도 가장 자유로운 동시에 가장 공정할 수는 없다. 자유와 공정은 맞거래 관계에 있다. 따라서 조절 레버를 한쪽 끝까지 당겨선 안 된다.

물론 많은 사회가 실현 가능한 수준보다 덜 자유롭고 덜 공정하다. 대부분의 경우 우리는 아직 가능한 한계치(경제학자들이 말하는 효율적 투자선)에 도달하지 않았다. 따라서 한계치에 도달할 때까지는 자유와 공정을 증진해나갈 수 있다.

그런데 자유와 공정을 동시에 최대화할 수 없다는 이해는 이 논의를 이어가기 위한 필수 과정이다. 완전히 자유롭고 완전히 공정한 세계를 상상하는 건 유토피아를, 즉 완벽함이 유지되는 상태와 맞거래가 사라진 세계를 꿈꾸는 것과 같다. 유토피아는 불가능하며, 하나의 환상으로 영원한 유토피아를 꿈꾸는 일은 대단히 위험할 수 있다.

민주주의에서 대중의 정치적 정서를 구분하는 방법 중 하나(유일하진 않겠지만)가 자유주의 대 보수주의, 다시 말해 좌파와 우파다. 자유주의자와 보수주의자에겐 각기 뚜렷한 맹점이 있다. 즉 맞거래를 오해하거나 편리하게 망각해버리는 특별한 방식이 있는 것이다. 우리는 미국에서 통용되는 언어로 이 글을 쓰고 있지만, 방금 언급한 관찰 결과는 국경과 무관하게 유효하다.

인류의 미래에 대한 대화를 효과적으로 진행하기 위해서는 정치적 신념이 다르더라도 모든 사람이 수확 체감, 의도치 않은 결과, 부정적 외부 효과,* 자원의 유한성을 이해해야만 한다. 자유주의는 **수확 체감**과 **의도치 않은 결과**를 과소평가하는 경향이 있고, 보수주의는 **부정적 외부 효과**와 **자원의 유한성**을 과소평가하는 경향이 있다.

경제적 **수확 체감**의 법칙에 따르면, 다른 모든 요소를 상수로 두고 주어진 변수의 양을 증가시키면 수확량의 증가 폭은 서서히 감소한다. 수확 체감은 모든 복잡 적응계(부분의 합이 전체와 일치하지 않는 체계)에서 발생한다. 수확 체감을 이해하는 사람은 느리고 안정적인 전략보다는 기민하고 진화적인 전략을 수립하는 방향으로 나아갈 것이다. 그것이 무엇이든 한 가지 변수를 극대화하려는 유토피아적 전망은 결국 수확 체감의 먹잇감이 되고 만다.

우리는 계속 정적인 목표에 손을 뻗는데, 그걸 성취하려면 투자를 계속 늘려야 한다. 반면 이익은 점점 줄어들기 때문에 성취할 수 있는 다른 일들이 크게 제약을 받는다. 다음번 수확 체감 곡선으로 도약하지 않을 때

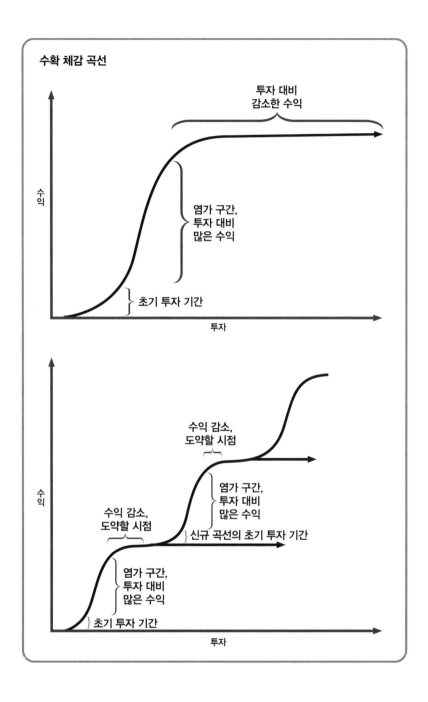

수확 체감 곡선

투자 대비
감소한 수익

수익

염가 구간,
투자 대비
많은 수익

초기 투자 기간

투자

수익

수익 감소,
도약할 시점

염가 구간,
투자 대비
많은 수익

신규 곡선의 초기 투자 기간

수익 감소,
도약할 시점

염가 구간,
투자 대비
많은 수익

초기 투자 기간

투자

발생하는 기회비용이 어마어마하다.

의도치 않은 결과는 또 다른 형태의 체스터튼의 울타리다. 충분한 이해 없이 오래된 시스템에 손을 대면 예측하지 못한 문제가 발생할 수 있다. 자유주의는 새로운 규제를 만들어 잘 작동하는 시스템을 망가뜨리는 경향이 있다. 예를 들어, 학업 평가 수준에 맞춰서 교육 투자를 한다고 치자. 낮은 점수로 인해 예산 삭감이 이뤄졌다면, 이는 더 낮은 점수로 이어지며 다시 예산이 삭감되는 의도치 않은 결과의 연결 고리를 초래할 수 있다.

한편 보수주의자는 보수주의자대로 신제품 개발을 촉진하기 위해 규제를 완화하다가 잘 작동하는 시스템을 망가뜨리곤 한다. 예를 들어, 비용 절약을 위해 폐기물 처리 규제를 완화할 경우엔 환경 오염이 발생하고 결국 폐기물 처리 비용은 다른 데 전가된다. 이러한 규제 완화로 인해 인간이 역사적으로 의존해온 수많은 자연 생태계가 위태로워졌다. 어류와 갑각류는 중금속 중독 등으로 먹을 수 없게 됐고, 강에 서식하는 어류의 개체 수가 감소했으며, 오염된 공기가 천식 및 발달지체 등을 유발하고 있다.

간단히 말해서, 의도치 않은 결과는 자유주의적 해법과 시장 혁신에 대한 보수적 갈망 모두에서 발생한다.

부정적 외부 효과는 개인이 모든 비용을 감당할 필요가 없는 의사결정을 내리거나 제품 제작을 할 때 발생한다. 마다가스카르 최북단에 있는 아름다운 자연보호구역 앙카라나의 경우를 살펴보자. 이곳은 1억 5000만 년 전에 생성된 석회암 고원으로, 그 지붕의 날카로운 산마루가 군데군데 무너지며 지하에 강이 그물같이 흐르는 동굴을 만들어냈다. 모든 동굴은 왕관여우원숭이와 도마뱀의 천국인 고립된 숲과 연결된다. 그 지형과 생물학적 다양성은 지구상의 어느 곳과도 비교가 안 된다. 그런데 불행하게도 이곳에는 어마어마한 양의 사파이어가 매장돼 있었다.

1990년대 초반, 우리가 방문했을 때 앙카라나는 산업적 탐욕에 물든 채굴 작업으로 인해 환경이 심각하게 훼손되고 있었다. 채굴된 사파이어가 어디로 흘러갔든, 확실한 것은 보석으로 이득을 취한 자들 중에 이러한 훼손에 대해 아는 사람의 거의 없다는 점이다. 부정적 외부 효과란 바로 이런 것이다. 이런 현상이 만연하는 까닭은 돈이 모든 것을 대체할 수 있고, 그로 인해 어떤 것을 생산하는 과정에서 발생하는 **피해**가 **가치**와는 분리되기 때문이다.

앙카리나 고원은 쉽게 이해할 수 있는 한 예로, 부정적 외부 효과는 어디에나 존재한다. 이익은 소수의 사람이 나눠 갖지만, 피해는 여러 사람이 본다. 대기 오염을 부르는 석탄 연료 사용부터 이웃을 괴롭히는 쿵쾅거리는 음악 소리까지 부정적 외부 효과는 우리 세계에 널려 있다.

자원의 유한성은 누가 봐도 명확하다. 산소나 태양광 같은 자원은 사실상 무한한 데 반해 지구의 자원은 대부분 유한하다. 고무, 목재, 석유부터 구리, 리튬, 사파이어에 이르기까지 모든 자원이 한정돼 있다.

서구 민주주의의 당파적 성격을 고려하면, 우리가 공통의 가치 아래 모이는 건 불가능해 보인다. 그렇기에 우리에겐 수많은 공통점이 있다는 것을 깨달아야 한다. 그렇지 않으면 집단의식에 이르는 길은 나타나지 않는다.

지구는 하나뿐이다. 그런데도 우리는 여전히 이 세계가 부의 무한한 원천인 것처럼 행동한다. 호구의 어리석음은 우리 눈을 가리고, 본성은 성장에 목말라 하며, 문화는 시대에 뒤처져 지금 우리가 살고 있지 않은 세계에 최적화돼 있다. 오메가 원칙은 문화가 자의적이지 않다는 점을 드러내지만, 그렇다고 문화가 과도한 새로움을 감당해낼 수 있을지는 미지수다. 그건 의식의 영역에 속한다.

성장 강박

아메리칸 드림은 허구였지만, 완전히 허구는 아니었다. 아메리칸 드림은 네 번째 개척지에 해당하는 요소를 품고 있는 동시에 무한 성장이라는 유토피아적 환상에 근거하고 있었다. 현재 우리가 참전한 중요한 문화적 전투에서 주목할 것이 하나 있다. 무한 성장이 지속될 수 없다는 걸 이해하는 이들이 있는 반면, 여전히 낙관주의에 빠진 자들도 존재한다는 점이다.

우리 내면에 존재하는 진화의 피조물은 성장을 체감해야만 한다. 진화적 관점에서 우리는 성공할 때 성장을 느낀다. 지구상에 존재했던 모든 계통은 하나같이 예외 없이 성장하고, 생태적 지위를 충족하고, 자원 고갈을 향해 돌진하면서 이득을 얻다가 제로섬의 세계로 빠지는 일을 반복해왔다.[6] 풍요는 인류를 번성케 하지만, 그 한계에 부딪히는 일은 끔찍하다.

언제까지나 그럴 수 있다는 듯 성장을 좇는 건 어리석은 일이다. 기회는 있을 때도 있고 없을 때도 있다. 성장이 영원하리라는 기대는 여러 면에서 영원한 행복을 추구하는 것과 비슷하다. 그 길 끝에는 숱한 불행이 기다린다.

성장을 향한 우리의 집착과 집착에서 비롯된 경제적 사고방식은 처리량 사회throughput society를 만들어냈다. 상품과 서비스의 생산량에 기초해서 문명의 건재함을 측정하고, 소비가 많을수록 좋다고 여기는 사회가 탄생한 것이다. 이러한 사고방식이 뇌리에 너무 깊이 박혀 있는 탓에, 그에 따른 결과를 고려해보기 전까지는 모든 것이 흡사 논리적인 것으로 느껴진다.

가격도 성능도 이전 상품과 동일하지만 수명이 훨씬 더 긴 냉장고가 출시됐다고 생각해보자. 건강한 사회라면 대다수의 시민들이 그러하듯 신제품을 좋다고 여길 것이다. 낭비와 오염을 줄이고, 에너지와 자원을 아끼고, 어쩌면 해외 공급에 크게 의존하는 데서 발생하는 전략적 취약성도 줄여줄 테니까 말이다.

그렇지만 수명이 긴 냉장고가 국내총생산에 미치는 영향은 부정적이다. 그리고 이 점이 문제가 된다. 이제 다른 모든 소비재가 그와 유사한 수준의 내구성을 만들어내는 데 성공했다고 생각해보자. 제품을 자주 교체할 필요가 없어지면서 우리는 상당한 경제적 침체를 겪을 것이다. 직장이 사라지고, 소득이 하락하고, 세수가 감소한다. 간단히 말해서, 우리의 작동 체계를 무너뜨리는 것이다.

긍정적 상황이 수요를 위축시키는 부조리는 어디서나 발생한다. 포르노에 돈을 쓰는 대신 연인이나 배우자에게 더 많은 시간과 노력을 들인다면 좋을까? 가진 것에 만족하고 신상품을 광고하는 이야기에 현혹당하지 않는다면 좋을까? 유행 상품을 탐하고 구매하고 자랑하는 대신 미술 작품과 노래를 만들면서 새로운 통찰을 얻는 데 더 많은 시간을 들인다면 좋을까? 물론이다. 이 모든 일이 우리 삶을 크게 발전시켜줄 것이다.

하지만 성장에 집착하는 우리의 경제적 사고방식은 정확히 반대의 결과를 보고할 것이다. 처리량 사회는 우리의 불안함과 과도한 식욕, 계획된 노쇠화에 의존한다. 우리 사회는 이 방식에 의존해서 불씨를 계속 살려간다.

성장에 대한 우리의 집착에는 이처럼 좋은 것과 나쁜 것이 뒤섞여 있다. 그 집착 덕분에 우리가 여기까지 올 수 있었던 건 사실이지만, 동시에 엄청난 고통과 불행을 겪어야만 했다. 현재 70억이 넘는 인구가 지구에 거주한다. 이런 상황에서 소비가 여전히 우리의 안녕을 평가하는 기준이어서는 안 된다. 우리가 계속 살아가기 위해서는 성장 대신 **지속 가능성**이 성공의 지표가 돼야 한다.

2019년 여름, 캘리포니아 북부의 트리니티 알프스를 방문했을 때 동물이 별로 없다는 점이 눈에 띄었다. 세 시간을 걷는 동안 우리가 본 것은 새 몇 마리가 전부였다. 이제는 여름에 자동차 여행을 해도 앞창이 벌레 사체로 더러워지는 일이 거의 없다. 로드킬도 드물어진 것이다.

2020년 초, 지구상에서 생물 종이 다양하기로 유명한 에콰도르의 보석 야수니국립공원을 방문했을 때도 이전보다 곤충과 새의 수가 줄어 있었다.[7] 우리는 새와 곤충을 죽인 가장 큰 원흉으로 아마존 최상류 지역이나 그보다 먼 곳에서 광범위하게 사용된 살충제를 의심했다. 분무처럼 뿜어져 물 위로 떨어진 살충제가 안데스 산맥의 지류를 타고 내려왔다고 말이다.

벌레가 사라지면 벌레의 포식자인 새와 박쥐, 도마뱀이 사라지고, 이에 따라 족제빗과의 육식동물인 타이라, 작은귀개, 재규어도 사라진다. 《침묵의 봄》을 쓴 레이첼 카슨Rachel Carson이 옳았다. 다만 침묵의 봄을 맞이한 곳이 북반구 온대 지역에서 열대 지역으로 바뀌었을 뿐. 이 현상은 앞으로 닥칠 더 큰 위험을 예고한다.

누군가는 이와 유사한 분석을 보고 이렇게 말할지 모른다. "맞아, 문제가 있지. 하지만 사람들이 늘 세계 종말을 예측했지만 아직 그 예측은 한 번도 맞은 적이 없다고." 그렇지만 이는 문제를 생각하는 올바른 방법이 아니다.

'세계 종말'은 지구의 파괴만을 의미하진 않는다. 이때의 세계는 오히려 '우리 세계'라는 의미다. 즉 미래에도 존속할 우리의 능력이란 의미에 가깝다. 그렇게 문제를 바라보면, 저마다 세계 종말을 예측한 이들이 확실히 옳았다. 많은 인구집단이 결국 생존의 위협과 마주했고, 그들 앞에 닥친 난관을 극복하지 못했다.

그런 이유로 우리는 다음과 같이 믿는다. 존재의 위협을 느끼는 감각은 오래전부터 이어진 적응 형질이다. 현재 인구의 규모, 상호 연결성의 정도, 보유한 과학기술이 전부 우리 종을 위협하고 있으며, 그 위협은 우리 조상들이 마주했던 것과 유사하다. 오래된 문제지만 규모는 새롭다.

규제에 대하여

좋은 법률과 규제를 명확히 서술하긴 어렵다. 단순하고 안전한 법은 시작부터 잘못되었거나 시효가 짧게 마련이다. 체계를 향상시킬 수 있다면 수명이 짧은 것도 나쁘진 않다. 미국의 대통령이었던 토머스 제퍼슨 Thomas Jefferson이 말했듯이 민주주의는 시시때때로 반란이 필요하다.[8] 체계를 통째로 흔들지 않는 정도라면, 반란은 가능한 게임이자 게임의 소재가 된다.

오랜 기간 유지되고 진화해온 체계는 대체로 복잡하고 실용적이므로 그 체계를 수정할 때는 사전예방 원칙을 따라야 한다. 어떤 기능을 하는지 모르겠다고 해서 멀쩡히 기능하는 장기를 없애는 것은 현명하지 못하다. 과거에 사람들의 배 속에서 대장을 떼어내야 한다고 주장했던 의사들을 비웃고 싶은 것도 당연하다. 그런데 지금, 우리도 그와 비슷한 실수를 저지르고 있는 건 아닐까? 과도한 새로움의 시대에 우리가 벌이고 있는 일들이 미래에 비웃음을 사거나 미친 일로 여겨지지 않으리라 믿는 건 어쩌면 큰 오만일지도 모른다.

사회는 단기적인 안전에 집착한다. 단기적인 위협은 발견하기가 쉽고 비교적 간단히 제재할 수 있기 때문이다. 장기적인 위협은 양상이 달라서 발견하기가 까다롭고 증명은 더욱 어렵다. 오래 화면을 응시하는 일이나 학업 성취도 평가, 인공 조미료나 살충제 사용은 장기적으로 어떤 영향을 미칠까? 우리는 알 수 없다.

누구도 온갖 혁신이 안전 평가에 가로막혀 수십 년간 시장에 나오지 못하는 세상을 원하지 않는다. 그러는 사이 우리는 무신경해진다. 어리석게도 장기적 위협이 존재하지 않는 것처럼 굴다가 그 위협을 더 이상 무시할 수 없을 때가 돼서야 결국 안전에 대한 우리의 기대가 틀렸다며 충격을 받는다.

많은 단체에서 규제를 나쁜 것으로 여긴다. 규제는 종종 잘못 작동하고, 제대로 작동하면 해당 문제를 완화하거나 드러나지 않게 만드는 경향이 있다. 그런 탓에 많은 사람이 규제에 따른 이득을 깨닫지 못하고 규제를 불필요한 걸림돌로 여긴다. 좋은 규제 방안은 효율적이고 섬세하면서도 우리 눈에 띄지 않는다. 규제는 본질적으로 제약이지만, 순효과로 인해서 우리는 혁신에 숨은 결과에 노심초사하지 않고 편한 마음으로 혁신의 이익을 고려할 수 있다.

좋은 규제는 모든 기능적 복잡계의 핵심 요소다. 예를 들어, 우리의 신체는 여러 영역에 걸쳐 철저히 통제되고 있다. 체온도 그렇다. 몸의 체온을 적절한 범위 내로 유지시키기 위해 수많은 체계가 우리의 말초 부위와 모세혈관에 혈액을 흘려보내고 빼내면서 지속적으로 열 발생과 손실 사이에서 균형을 잡는다. 체온 조절 과정이 효율적으로 이뤄지는 덕에 우리는·저체온증과 심장마비의 위험을 신경 쓰지 않고 자유롭게 차가운 강에서 수영하고 햇볕 아래에서 축구할 수 있는 것이다.

어떤 인위적인 시스템도 인체만큼 우아한 통제 시스템을 갖춘 것이 없다. 그럼에도 좋은 통제 시스템을 갖춘 것들은 있다. 비행기를 생각해보자. 비행기 여행은 사람들이 가장 안전하게 여기는 여행 방법이다. 비행기가 안전한 것은 비행의 모든 면이 세심하게 통제되고, 드물게 발생하는 사고를 체계적으로 조사하기 때문이다. 어떤 이는 비행과 관련된 통제 비용과 비효율성을 불만스럽게 생각할지도 모르겠다. 하지만 왜 그래야 하는지 대해서 우리는 다음과 같이 이해할 수 있다.

비행에 관한 통제 시스템은 우리가 지구상 어디를 가든 24시간 이내로 안전하게 이동할 수 있게 해준다. 이는 차를 운전해 먼 거리를 이동하는 것보다 더 안전하다. 규제의 비용은 그것이 만들어내는 자유에 비해 적다. 모든 산업 부문에서 규제가 필요한 것은 이 때문이며, 우리가 이뤄야 할 목표다.

개인이 견제할 수 없는 거대 체계는 규제될 필요가 있다. 이제 광범위한 규제 없이는 핵 안전이나 석유 채굴, 서식지 파괴 문제를 다룰 수 없다.

⋮⋮ 한 단계 더 나아가기

이 논의에 참여하고, 성숙한 어른이 되고, 우리 사회에 만연한 유토피아주의를 폐기하기 위해서는 많은 사람이 필요하다. 일련의 가치를 폭넓게 수용하고 추구해야 한다는 것을 기꺼이 받아들이고, 멋진 미래를 정확하게 그려본다고 해서 그것이 그냥 찾아오지 않는다는 것을 아는 사람들이 필요하다. 먼저 바람직하고 설득력 있는 세계가 갖춰야 할 특징에 대해 많은 사람의 동의를 얻어야 한다. 그런 후에 원형을 창조해야 하며, 결과를 평가해 또다시 원형을 만들어가야 한다.

우리는 봉우리를 찾아야 한다. 거기에 서서 길을 찾아야 한다. 종종 안개를 헤치고 나아가야 하며, 청사진은 없을 것이다. 바로 지금 시작해야 한다. 모두의 눈에 위험이 명백해질 때까지 기다릴 순 없다. 그때는 너무 늦다.

우리는 지속 가능성이 있는 위기에 놓여 있다. 딱 짚어 말할 수는 없지만 분명 어떤 문제가 우리를 파괴할 것이다. 그건 기후 위기일 수도 있고, 또 한 번의 캐링턴 이벤트Carrington Event*일 수도 있으며, 부의 불평등이나 난민 위기, 혁명으로 인한 핵전쟁일 수도 있다. 우리는 파멸을 향해 비틀거리며 나아가고 있다. 그러니 부디 정신을 바짝 차리고 흔들리는 배에 올라타야 한다.

우리는 다음 개척지를 찾아야 한다. 그 너머를 볼 수도 없고 다시 돌아

●

1859년 9월 1~2일 발생한 사상 최대의 태양폭풍. 태양폭풍이란 태양의 흑점이 폭발하며 플라스마 입자가 우주로 방출되는 현상을 말한다(네이버 지식백과).

올 수도 없지만, 우리를 구원으로 이끄는 길이 놓여 있는 사건의 지평선*을 찾아야 한다.

베링인은 신세계의 존재를 알 수 없었지만, 그럼에도 구세계에 남아 있을 순 없었다. 그들은 미지의 땅을 찾아 동쪽으로 나아갔다. 암석과 얼음, 거친 바다와 위험이 가득한 위험천만한 곳으로. 그리고 결국 광대하고 풍요로운 두 대륙에 닿았다.

폴리네시아인은 선조들이 살던 고향을 떠나 광대한 태평양을 건넜다. 건너는 도중 많은 사람을 잃었지만, 결국 생존자들은 하와이를 발견하고 개척했다. 태평양이 아닌 인도양을 건너 서쪽으로 간 이들은 마다가스카르를 발견하고 개척했다.

인간은 존재하면서부터 새로운 세계를 발견해왔다. 하지만 지리적 개척지는 더 이상 우리에게 남아 있지 않다. 우리는 다시 한번 새로운 세계를 찾아내서 새롭게 시작해야 한다. 우리는 지금 서 있는 곳보다 높고 많은 것을 줄 수 있는 새로운 봉우리를 찾아야 한다. 우리는 최고의 자신 이상이 되어야 하고, 그 과정에서 우리 자신을 구해야 한다.

---

* 일반 상대성 이론의 중요한 개념 중 하나로, 내부에서 일어난 사건이 외부에 영향을 줄 수 없게 되는 경계면을 말한다. 즉 사건의 지평선 안에서 어떤 일이 벌어지든 그 밖에서는 알 수가 없다.

○ **주체적으로 자기 자신의 정신 구조를 해체하고 재정비할 줄 알아야 한다.** 다른 사람의 이익 추구 동기가 내가 원하는 것이나 해야 할 일을 결정하도록 하지 말라.

○ **아이들을 상업 행위에서 최대한 멀리 떨어뜨려라.** 아이를 키울 때 삶의 거래적 측면에 높은 가치를 부여하게끔 가르치면 아이는 열렬한 소비자가 된다. 그러한 소비자는 창조, 발견, 치유, 생산, 경험, 소통에 가치를 두는 사람에 비해서 관찰력도 부족하고, 사색과도 멀어지며, 깊게 사고하지도 못한다.

○ **두려움을 낮추고 이성을 유지하라.** 수치에 의존하기보다는 제1원리로부터 진실과 의미를 도출하라. 고정된 법칙에 의존하기보다는 그런 법칙이 적절하게 적용되는 맥락을 이해하려고 노력하라.

○ **단일한 가치에 초점을 맞춘 유토피아적 전망에 근거한 것은 경계하라.**

  − 어떤 사람이 단일한 가치, 예를 들어 자유freedom(내 마음대로 하는 일)나 공정을 극대화하기 위해 애쓰고 있다고 밝히는 순간 그는 더 이상 성숙한 성인이 아니다.

  − 자유 liberty(속박으로부터의 해방)는 창발적이며, 따라서 단일한 가치가 아니다. 이러한 자유는 다른 문제, 예를 들어 공정, 안전, 혁신, 안정성, 공동체, 동지애 등을 해결했을 때 나타나는 창발적인 결과다.

○ **사회 전반에 걸쳐 우리는 다음과 같이 해야 한다.**

  − 마야인처럼 잉여 자원을 공공사업에 투자해야 한다. 그럴 때 우리는 반취약성을 기를 수 있다.

- 체계의 원형을 만들고, 만들고, 또 만들어야 한다.
- 효과적인 규제책을 만들어 산업으로부터 발생하는 부정적 외부 효과를 최소화해야 한다.
- 의료부터 요리, 놀이, 종교에 이르기까지 다양한 외관을 쓰고 나타나는 체스터튼의 울타리에 주의하라.

우리의 조상이 생태를 지배한 순간부터(자연과의 투쟁이 아닌) 집단 간 경쟁이 주된 힘으로 부상했고 우리에게 선택 압력을 행사해왔다.[9] 수백만 년의 진화를 통해 우리의 회로는 그런 경쟁에 적합한 방향으로 발달했고, 인간의 소프트웨어 역시 기본값으로 갖추게 되었다. 하지만 우리를 이곳으로 이끈 그 기질이 이제는 우리를 위협하고 있다. 대규모의 인구집단, 전에 없이 강력한 도구, 우리가 의존하는 (세계화된 경제와 생태 환경, 과학 기술 같은) 체계들의 상호 연결성이라는 세 가지 요소와 공모하여 멸종시키겠다 을러대고 있다.

인간의 소프트웨어를 이해하는 일이 시급하다. 우리가 마주한 문제는 진화적 역학의 산물이다. 설득력 있는 해결책은 모두 이 역학에 대한 인식을 담고 있다.

문제는 진화적이다. 해결책도 마찬가지다.

맺음말

⁝⁝⁝ 전통과 전통 비틀기

우리 가족의 연례행사 중에 하누카 의식이 있다. 하누카는 북반구에서 동지를 맞기 전이나 그즈음에 8일 동안 불을 밝히는 유대인의 축제다. 우리는 8일 동안 매일 밤 전통에 따라 메노라menorah°를 켜고 새로운 원칙을 하나씩 음미한다.

우리 가족의 새로운 하누카 규칙

 −1일: 인간이 벌이는 모든 사업은 지속 가능하고 되돌릴 수 있어야
   한다.
 −2일: 황금률을 기억하라. 남에게 대접받고자 하는 대로 남을 대접

°
히브리어로 '촛대'란 뜻이다. 넓은 U자 모양이 가지런히 솟은 형태로 되어 있다.

하라.

- 3일: 세계에 긍정적으로 기여한 사람들이 부유해질 수 있는 체제를 지지하라.

- 4일: 훌륭한 체계를 가지고 게임하지 말라.

- 5일: 오랜 지혜를 대할 땐 건전한 의문을 품고, 새로운 문제를 마주할 땐 의식과 명확한 태도, 확고한 이성을 견지하라.

- 6일: 혈족에게 기회를 몰아줘서는 안 된다.

- 7일: 사전예방 원칙을 지켜라. 어떤 대가(희생)를 치러야 할지 모를 때는 변화를 꾀하기 전에 주의하여 진행하라.

- 8일: 사회는 모든 구성원에게 마땅한 일을 요구할 권리가 있고, 당연히 모든 사람에게 되돌려줘야 할 의무도 있다.

후기

 2020년 1월, 우리는 에콰도르령 아마존에 들어가 티푸티니생물다양성연구소에서 이 책의 초고를 마쳤다. 마침내 고립 상태를 벗어났을 때, 다시 말해서 휴대전화가 2주 만에 처음으로 터졌을 때 그간 쌓여 있던 뉴스가 한꺼번에 밀어닥쳤다.

 대부분은 모르고 넘어간 게 다행이다 싶을 정도로 사소했다. 하지만 그 밀물 속에서 불길한 보도 하나가 고개를 내밀었다. 에콰도르에서 '새로운 코로나바이러스' 환자가 출현했다는 것이었다. 관박쥐로부터 비롯된 코로나바이러스가 인간에게 옮겨왔고, 중국 우한에서부터 전 세계로 빠르게 번지고 있었다.

 우리 두 사람이 팬데믹의 초기 징후들을 꿰어맞추는 중에 이에 관한 더 많은 이야기가 필요할 수도 있겠다는 사실이 곧 분명해졌다. 우리가 즉시 알게 된 바로는 우한에 BSL-4연구소가 있었다. 실제로 코로나바이러스를 연구하는 주요 연구소는 전 세계에 딱 두 곳이 있는데, 그중 하나가 바로 우한에 있는 연구소였다. 다른 하나는 노스캐롤라이나에 있다.

우한과 노스캐롤라이나에서 코로나바이러스를 연구하는 이유는, 그런 바이러스들이 얼마든지 사람에게 옮아갈 수 있으며, 인간의 유전자가 크게 변하지 않는 한 위험한 팬데믹을 일으킬 수 있다는 두려움이 과학자들 사이에 퍼져 있기 때문이다. 다른 건 몰라도, 이 바이러스를 집중적으로 연구하는 두 도시 중 한 곳에서 팬데믹이 시작됐다는 사실은 우연의 일치로 보기엔 너무 극적이었다.

2021년 5월, 이 후기를 쓰는 시점에 마침내 국내외 감독 기관을 포함한 과학계와 그들을 따르는 주류 언론은 결국 입장을 바꾸고 마지못해 명백한 진실을 인정했다. SARS-CoV-2가 우한의 바이러스연구소에서 누출됐을지 모르고, 따라서 코로나19 팬데믹도 인간이 자초한 재앙일지 모른다고 말이다.

2020년 4월부터 우리의 팟캐스트 〈다크호스〉에서 이 가설이 설득력 있다고 이야기해왔다. 그 덕에 엄청난 조롱과 낙인이 쏟아졌는데, 세계가 갑자기 불행하긴 해도 확실하게 입증된 이 설명에 동의하다니, 순간 당혹감과 안도감이 동시에 밀려왔다.

하지만 코로나19 팬데믹의 시발점에 대해 사람들이 최종적으로 어떤 결론을 내리든 간에 우리의 집단적 인식 바깥에서는 더 근본적인 진실이 머리 위를 맴돌고 있다. 코로나19가 인류에게 어떤 길을 보여주든 간에 그건 과학기술의 산물이라는 것이다.

다음과 같은 사실을 생각해보자. 팬데믹 초기부터 코로나바이러스는 바깥으로 날아가 사람을 감염시킬 능력이 기본적으로 전혀 없다고 밝혀졌다. 이를 달리 표현하자면, 코로나19는 건물과 자동차, 선박, 기차, 비행기의 병이다. 지표면의 99퍼센트 이상은 코로나로부터 안전하다. 심지어 여러분의 뒷마당에서도 코로나바이러스는 누구라도 감염시키려고 발버둥 치지만, 여러분이 문을 열고 나가서 녀석과 접촉하지 않는 한 결코 의미 있는 영향력을 발휘하지 못한다. 공원이나 발코니나 해변에서도 우리는 (적어도 당분간은) 면역력을 발휘한다.

코로나바이러스가 닫힌 공간에 기대 생존한다는 사실은, 인류가 몇 주 동안 전염성 높은 환경들을 피하기로 합의했다면 팬데믹은 순식간에 멈출 수도 있었음을 의미한다. 하지만 **우리 자신**을 석방하고 대신에 **위험한 환경들**을 감금하는 이 시나리오는 한가한 사고실험에 지나지 않는다. 진화의 관점에서 위험한 환경들은 인간이 처음 경험하는 것이지만, 단 몇 주라도 인간이 그런 공간에 발을 들이지 않을 수 있다는 생각은 상상조차 하지 못한다. 우리는 바깥에서 진화했고, 우리의 조상들은 거의 모든 시간을 지금은 '야외'라고 낯설게 불리는 곳에서 보냈지만 말이다.

우리는 한때 익히 알고 있었던 기술을 잊었다. 자연환경에 관한 지식과 거기서 느끼는 편안함은 이미 다른 기술들, 즉 우리가 고안한 인위적 환경 안에서 해를 피하고 가치를 좇는 일에 맞춰진 기술들로 대체됐다. 우리의 인지 소프트웨어는 새롭게 구성됐고, 예전으로 돌아가기엔 너무 많은 것을 잊어버렸다. 결국 우리는 인간과 환경이 서로 의지하게 된 맞춤형 환경에서 이 병원균과 싸워야 할 운명이다.

이건 지상에서 본 그림이고, 이 팬데믹의 인간적 차원은 3만 피트(약 9,100미터) 상공에서 볼 때 훨씬 더 분명해진다. 더도 덜도 아니고, 정확히 3만 피트다. 왜일까? 그 높이로 여행하는 우리의 방식이 사실상 지금과 같은 팬데믹 상황을 불러왔기 때문이다. 코로나바이러스는 몇 시간 만에 바다를 건넜다. 어떤 새롭고 독창적인 방식을 개척해서가 아니다. 과거에는 인간의 여행을 제약하는 경계가 팬데믹을 제지한 반면, 이제는 인간이 수시로 원 대륙에서 지구 전체로 감염병을 실어 나른다.

세균 원인설germ theory*이 나오기 전까지는 손 씻기에 별 관심이 없었던 것과 마찬가지로, 우리도 누군가 이름도 없는 신종 감기 바이러스를 전날까지 깨끗했던 어떤 대륙에 전파할 때 얼마나 큰 비극이 일어날지에 대해 전혀 생각하지 않는다. '신종 코로나바이러스'는 적절한 이름을 갖기 전에 그러한 무관심을 이용했다.

코로나19 팬데믹은 사실 전혀 다른 질병의 증상이다. 이 책에서 우리는 그 질병을 '과도한 새로움'이라 칭했다. 그 질병의 원인은 대단히 빠른 기술의 변화였다. 그로 인한 환경의 변화가 우리의 적응 능력을 능가한 것이다.

이 책에서는 코로나19 팬데믹을 구체적으로 분석하진 않았지만, 바이러스의 제물로 만든 과도한 새로움에 대해서는 충분히 탐구했다. 물론 그 바이러스는 대단히 약해서, 세계가 힘을 모아 맑은 공기를 한 줌 만들어 냈다면 쉽게 제압할 수도 있었다.

---

*
모든 질병의 원인이 세균 감염이라는 이론(네이버 미생물학백과).

감사의 말

우리 두 사람은 거인의 어깨 위에 서 있다. 우리가 알고 지내면서 개인적으로 배움을 얻은 사람 중 특별히 커 보이는 사람이 있다면, 리처드 알렉산더Richard Alexander, 아놀드 클러지Arnold Kluge, 게리 스미스Gerry Smith, 바버라 스무츠Barbara Smuts, 밥 트리버스Bob Trivers를 들 수 있다. 빌 해밀턴Bill Hamilton과 조지 윌리엄스George Williams는 잘 알고 지내는 사이는 아니지만 우리에게 근본적인 영향을 미쳤다.

사실 우리는 데비 치첵Debbie Ciszek과 데이비드 라티David Lahti를 포함해 동시대의 많은 사람에게 깊은 영향을 받았다. 브렛, 조던 홀Jordan Hall, 짐 러트Jim Rutt는 초기에 대화를 나누면서 현재의 망가진 패러다임들에 대한 대안을 상상했는데, 이 3인의 대화는 'Game~B'라는 이름으로 알려지게 되었다. 사실 네 번째 개척지는 Game~B의 변형이다. 후에 더블아일랜드의 과학캠프에서 우리 몇 사람은 마이크 브라운Mike Brown과 초기의 대화들을 이어나가곤 했다.

우리의 생각이 발전하는 데 큰 도움이 되었다는 점에서 에버그린주립

대학의 학생들에게 감사를 표하고 싶다. 우리는 이 책에 있는 몇 가지 개념을 학생들에게 강의했다. 특히 적응, 동물 행동, 동물 행동과 동물학, 발달과 진화, 위도에 따른 진화와 생태, 진화와 인간 조건, 진화생태학, 모든 경험에 대한 비정상의 과학, 인간 본성의 해체, 척추동물의 진화를 수강한 학생들은 우리가 다양한 개념과 관련성을 만지작거리고 발전시키는 과정에서 재치와 도전과 통찰을 풀어놓았다.

뛰어난 학생이 많았는데, 그중 드류 슈나이들러는 이 책의 연구 조교이자 우리의 오랜 친구가 되었다. 2007년에 그를 처음 알게 되었으며, 이후 드류는 헤더가 에버그린에서 만든 최초의 해외 연구 프로그램에 합류했다. 이 책이 나오기까지 드류는 여러 분야에서 총명함으로 크게 기여했다. 사실상 공동 저자와 다름없다. 풀리지 않을 것처럼 보이는 고르디아스의 매듭이 나올 때마다 드류는 그걸 한칼에 잘랐다.

출간 전에 시간과 노력을 들여 원고를 읽어준 조이 알레셔Zowie Aleshire, 홀리Holly M., 스티븐 워이치키에비츠Steven Wojcikiewicz에게도 감사의 마음을 전한다.

2017년, 에버그린에서 학문을 연구하며 살던 평온한 삶이 산산조각 났을 때 다행히 우리 곁에는 흔들리지 않고 지지해준 가족들이 있었다. 그리고 헤아릴 수 없이 많은 사람이 나타나 손을 잡아주었다. 그들이 없었다면 이 책은 지금과 같은 형태로 나오지 못했을 것이다.

벤저민 보이스Benjamin Boyce, 스테이시 브라운Stacey Brown, 오데트 핀Odette Finn, 안드레아 굴릭슨Andrea Gullickson, 커스틴 허메이슨Kirstin Humason, 도널드 모리사토Donald Morisato, 다이앤 넬슨Diane Nelsen, 마이크 파로스Mike Paros, 피터 로빈슨Peter Robinson, 안드레아 시버트Andrea Seabert, 마이클 짐머만Michael

Zimmerman과 그 밖의 많은 사람이 우릴 도와줬다.

니콜라스 크리스타키스Nicholas Christakis, 제리 코인Jerry Coyne, 조너선 하이트, 샘 해리스Sam Harris, 글렌 라우리Glenn Loury, 마이클 모이니핸Michael Moynihan, 파멜라 패러스키Pamela Paresky, 조 로건Joe Rogan, 데이브 루빈Dave Rubin, 로버트 새폴스키, 크리스티나 호프 소머스, 배리 와이스Bari Weiss, 밥 우드슨Bon Woodson 등에게도 감사드린다. 또한 우리 앞길을 비춰주고 집중포화 속에서도 지적 성실성의 본보기가 되어준 조던 피터슨에게 감사드린다.

이 모든 학문적·정치적 파도에 맞서 가장 용감하고 굳게 버틴 사람은 브렛과 오랫동안 함께한 그의 형 에릭 웨인스타인Eric Weinstein이었다.

또한 로비 조지Robby George와 프린스턴대학교 제임스매디슨프로그램에 특별히 감사한다. 그들은 이 책을 쓰는 동안 우리를 연구원으로 맞아주었다.

윤로스에이전시의 에이전트 하워드 윤Howard Yoon은 또 다른 방향에서 우리에게 손을 내밀었다. 다행히 하워드는 훈수를 두는 책에는 관심이 없었다. 우리는 몇 가지 프로젝트에 대해서 논의한 끝에 이 책, 진화론의 테두리 안에서 모든 주제를 조금씩 다룬 책이 적절하겠다고 합의했다. 사실 우리도 이런 책을 쓰겠노라고 여러 해 전부터 생각하고 있었다. 우리가 제안서 작성을 막 끝냈을 때, 지금은 포트폴리오(펭귄 사)에서 일하고 있는 편집자 헬린 힐리Helen Healey가 먼저 연락해왔다. 하워드와 헬렌은 모든 과정이 끝날 때까지 확실한 지원과 가치 있는 피드백을 아끼지 않았다.

티푸티니생물다양성연구소는 우리가 이 책의 초고를 마무리한 그 짧은 몇 주 동안 조용한 환경과 통찰을 제공했다. 티푸티니의 설립이사이자 우리 친구인 켈리 스윙Kelly Swing은 훌륭한 직원들과 함께 오지 중의 오지인 그곳에서 야생의 자연을 보존하기 위해 열심히 노력하고 있다.

마지막으로 우리 아이들, 잭과 토비에게 한없이 고맙다. 책이 출간되는 현재 잭과 토비는 각각 열일곱 살과 열다섯 살이다. 아이들은 우리를 따라 태평양 북서부 연안부터 아마존에 이르기까지 다양한 환경을 탐험하면서 성장했고, 이 책에 담긴 많은 대화에 초기에는 은근히 관여하다가 언젠가부터는 확실하게 기여했다. 이렇게나 멋진 아들을 둘씩이나 두었다니, 우린 정말 행운아다.

용어 해설

아래 정의 중 어떤 것은 다음 책에서 일부를 빌려왔다. Lincoln, R. J., Boxshall, G., and Clark, P., 1998. 《A Dictionary of Ecology, Evolution and Systematics》, 2nd ed. Cambridge: Cambridge University Press.

WEIRD: 서구의Western 교육 수준이 높은Educated 산업화된Intustralized 부유한Rich 민주주의Democratic 국가.

가설hypothesis: 패턴을 관찰해서 내놓은 반증 가능한 설명. 가설을 시험해서 데이터가 만들어지면 가설의 예측이 분명한지를 결정할 수 있다.

가소성plasticity: 환경 변화나 기능 변동의 결과로 형태, 생리, 또는 행동을 변화시킬 수 있는 유기체의 능력.

개척지frontier: 이 책에 한해서는 인구집단에게 주어지는 비제로섬 기회를 뜻한다.

게임 이론 game theory: 둘 이상의 개체 사이에 일어나는 전략적 상호작용에 관한 연구와 모형화. 남들이 최적 전략을 채택할 가능성이 높을 때 특히 효과적이다.

공동 양육 alloparenting: 성체가 제 자식이 아닌 개체를 부모처럼 돌보는 행동.

궁극적 설명 ultimate explanations: 진화 차원의 설명으로, 특정한 구조나 과정의 원인을 설명한다. 근접한 설명과 비교하라.

근접한 설명 proximate explanations: 기계론적 차원의 설명으로 특정한 구조나 과정이 어떻게 제 기능을 하는지를 설명한다. 궁극적 설명과 비교하라.

다윈주의 Darwinism: 생존 경쟁에서 환경에 적응한 유전 형질이 살아남는 경향. 자연선택과 성선택을 최초로 밝힌 찰스 다윈의 이름에서 유래했다.

마음이론 theory of mind: 다른 이들의 마음 상태—예를 들어 믿음, 감정, 지식—를 추론하는 능력. 특히 그 마음 상태가 본인과 다를 때 유용하다.

맞거래 trade-off: 원하는 두 가지 특징 사이에 어쩔 수 없이 형성된 부정적인 관계. 배분 맞거래, 설계 제약 맞거래, 통계적 맞거래, 세 가지 유형이 있다.

문화: 유전체와 무관하게 전달되는 적응적 신념과 행동 패턴을 총괄하는 개념. 대개 문화는 위에서 아래로 전달된다. 그러나 수평적으로도 전달될 수 있다는 점에서 문화는 유전자와 다르다. 이 책에서는 의식과 비교 및 대조할 때 주로 쓰였다.

반취약성 antifragile: 스트레스 요인이나 위험 및 재해 상황에 노출됐을 때 능력이 증가하는 상태. 2012년에 통계학자이자 위기분석 전문가 나심 탈레브 Nassim Taleb가 만든 용어다.[1]

배우자 gamete: 배우자와 융합해서 접합자를 형성하는 성숙한 생식 세포.

베링기아 Beringia: 빙하기에 해수면이 낮아질 때 베링 해협에서 모습을 드러낸 땅덩어리. 오래전 신세계의 북극권 부근 지역 원주민이 이곳에 거주한 것으로 보인다.

분기군 clade: 조상 종과 그 종의 모든 후손. 단계통군 monophyletic group과 같은 뜻이며, 분류군 taxon과도 원칙상 같은 말이다. 이를테면 조류, 포유류, 척추동물, 영장류, 고래류(돌고래 포함) 등이다.

비제로섬 non-zero-sum: 한 개체의 이익이 동일 종에게 필연적으로 비용을 발생시키지는 않는 기회.

생태적 지위 niche: 유기체가 적응해서 살아가는 일련의 환경.

선택 selection: 한 패턴이 대안적인 패턴보다 더 일반적이 되게 하는 과정. 본래 생물학적이 아니다.

스페셜리스트 specialist: 견딜 수 있는 조건의 범위가 좁거나 대단히 좁은 생태적 지위에 입성한 종이나 개체.

역설 paradox: 두 개의 관찰 결과가 일치하지 않음을 뜻한다. 세계 안의 모든 사실은 어떻게든 공존해야 하며, 따라서 역설이 출현한다는 것은 부정확한 가정이나 그 밖의 틀린 이해를 가리킨다. 모든 진리는 조화로워야 한다.

유전자형 genotype: 개체의 유전적 구성. 표현형과 비교하라.

의식: 개인들이 서로 교환할 수 있도록 잘 포장된 인지의 극히 작은 일부분(예를 들어 타인에게 전달할 수 있는 생각들). 이 책에서는 문화와 비교 및 대조할 때 쓰였다.

일부다처제 polygyny: 하나의 수컷이 복수의 암컷과 짝을 짓는 체계. 일반적으로 polygamy라 불리지만, 전문적으로 polygamy는 성 파트너의 수가 어느 쪽으로든 비대칭인 경우를 가리키며, 따라서 일부다처와 일처다부 polyandry(하나의 암컷과 여러 수컷으로 매우 드문 경우)를 모두 포함한다.

일부일처제monogamy: 번식기든 평생이든 수컷 하나와 암컷 하나가 짝을 이루는 체계.

자웅동체hermaphroditism: 한 개체가 암수의 생식기관을 모두 가진 상태. 동시적 자웅동체는 암컷인 동시에 수컷이고, 순차적 자웅동체는 한 성이 됐다가 다른 성이 되는 것이다.

적대적 다면발현antagonistic pleiotropy: 적합도 효과가 서로 역행하는 다면발현(하나의 유전자가 여러 형질에 영향을 미치는 경우)의 한 형태. 노화와 관련해서 이야기할 때, 생애 초기에 이로운 효과와 생애 말기에 해로운 효과가 있다.

적응 지형도 adaptive landscape: 선택과 적응이 어떻게 작동하는지를 개념화할 때 사용되는 비유적 개념. 1932년에 생물통계학자인 시월 라이트Sewall Wright가 처음 소개했으며,[2] 3장 19번 주에 간략히 설명돼 있다.

적응 adaptation: 유전되는 형질(넓은 의미로)에 대한 선택이 기회 이용의 가능성을 높이는 것.

제1원리first principles: 한 영역과 관련한 가장 근본적이고 확실한 가정(수학에서의 공리와 비슷하다).

제너럴리스트 generalist: 여러 조건을 견디거나, 매우 폭넓은 생태적 지위에 입성한 종이나 개체.

제로섬zero-sum: 한 개체의 이익이 동일 종에게 같은 양의 비용을 야기하는 기회.

직관 intuition: 의식적인 마음에 정보를 제공하는 무의식적인 결론.

진사회성eusociality: 일부 개체가 다른 개체들의 번식을 도울 목적으로 번식을 포기하는 사회 체계. 진사회성 집단은 초유기체처럼 작동하면서 이해관계와 운명을 같이한다.

진화적 안정 전략 Evolutionarily Stable Strategy: 개체군의 구성원 대부분이 채택하고 나면 좀처럼 경쟁 전략에 밀려나지 않는 전략.

진화적 적응 환경 Environment of Evolutionary Adaptedness, EEA: 특정한 적응 특성의 진화를 선호하는 환경. 인간에게는 초기 수렵채집인 조상이 살았던 아프리카 사바나와 해안 지대 이외에도 많은 EEA가 있다.

짝짓기 체계 mating system: 개체군 안에서 개체들이 보이는 짝짓기 패턴. 각 성한 구성원이 동시에 만나는 짝의 일반적인 수가 포함된다.

체스터튼의 울타리 Chesterton's fence: 현 상황의 이면에 감춰진 기본 논리를 이해할 때까지는 체계를 바꾸지 않는 것이 바람직하다는 개념. G. K. 체스터튼이 1929년에 그의 수필에서 처음 제안했다.[3]

최근의 공통 조상 most recent common ancestor: 두 개의 분기군으로 갈라지기 시작하는 조상 유기체.

표현형 phenotype: 개체의 관찰 가능한 구조적 및 기능적 특성. 유전자형과 비교하라.

호구의 어리석음 Sucker's Folly: 단기적인 이익에 집중하는 경향. 이를 위해 위험과 장기적인 비용을 불명료하게 할 뿐만 아니라 순이익 분석이 부정적일 때도 무리하게 승인을 끌어낸다.

환경 수용력 carrying capacity: 주어진 시공간적 기회에 의해 정상 상태에서 안정적으로 지지되는 개체 수의 최대값(예를 들어 1900년 옐로스톤 공원에서 살 수 있는 늑대 X마리).

후성학 epigenetics: 좁은 의미로는 DNA 서열 그 자체에 암호화되어 있지 않은 채로 유전자 발현을 조절(예를 들어 DNA 메틸화)하는 것을 뜻하고,

넓은 의미로는 DNA 서열의 변화에 직접 의존하지 않는 모든 유전적 형질을 뜻하며 문화도 여기에 포함된다. 본문에서는 '후성적'이란 표현이 더 많이 쓰였다.

추천 도서

1장

리처드 도킨스, 2018(40주년 기념판).《이기적 유전자》. 을유출판사. (원서는 1976년 옥스퍼드대
학출판부 출간)

Mann, C. C., 2005. *1491: New Revelations of the Americas before Columbus*. New York: Alfred A.
Knopf.

Meltzer, D. J., 2009. *First Peoples in a New World: Colonizing Ice Age America*. Berkeley: University
of California Press.

2장

Dawkins, R., and Wong, Y., 2004. *The Ancestor's Tale: A Pilgrimage to the Dawn of Evolution*. New
York: Houghton Mifflin.

Shostak, M., 2009. *Nisa: The Life and Words of a !Kung Woman*. Cambridge, MA: Harvard
University Press.

Shubin, N., 2008. *Your Inner Fish: A Journey into the 3.5-Billion-Year History of the Human Body*.
New York: Vintage.

3~4장

Burr, C., 2004. *The Emperor of Scent: A True Story of Perfume and Obsession*. New York: Random House.

Lieberman, D., 2014. *The Story of the Human Body: Evolution, Health, and Disease*. New York: Vintage.

Muller, J. Z., 2018. *The Tyranny of Metrics*. Princeton, NJ: Princeton University Press.

Nesse, R. M., and Williams, G. C., 1996. *Why We Get Sick: The New Science of Darwinian Medicine*. New York: Vintage.

5장

Nabhan, G. P., 2013. *Food, Genes, and Culture: Eating Right for Your Origins*. Washington, D.C.: Island Press.

마이클 폴란, 2010.《잡식동물 분투기: 리얼 푸드를 찾아서》. 다른세상. (원서는 2006년 펭귄출판 출간)

Wrangham, R., 2009. *Catching Fire: How Cooking Made Us Human*. New York: Basic Books.

6장

매슈 워커, 2019.《왜 우리는 잠을 자야 할까: 수면과 꿈의 과학》. 열린책들. (원서는 2017년 스크 라이브너 출간)

7장

Buss, D. M., 2016. *The Evolution of Desire: Strategies of Human Mating*. New York: Basic Books.

Low, B. S., 2015. *Why Sex Matters: A Darwinian Look at Human Behavior*. Princeton, NJ: Princeton University Press.

8장

Hrdy, S. B., 1999. *Mother Nature: A History of Mothers, Infants, and Natural Selection*. New York:

Pantheon.

시배스천 영거, 2016.《트라이브, 각자도생을 거부하라》. 베가북스. (원서는 2016년 트웰브 출간)

Shenk, J. W., 2014. *Powers of Two: How Relationships Drive Creativity*. New York: Houghton Mifflin Harcourt.

9장

Gray, P., 2013. *Free to Learn: Why Unleashing the Instinct to Play Will Make Our Children Happier, More Self- Reliant, and Better Students for Life*. New York: Basic Books.

Lancy, D. F., 2014. *The Anthropology of Childhood: Cherubs, Chattel, Changelings*. Cambridge: Cambridge University Press.

10장

Crawford, M. B., 2009. *Shop Class as Soulcraft: An Inquiry into the Value of Work*. New York: Penguin Press.

Gatto, J. T., 2010. *Weapons of Mass Instruction: A Schoolteacher's Journey through the Dark World of Compulsory Schooling*. Gabriola Island: New Society Publishers.

Jensen, D., 2005. *Walking on Water: Reading, Writing, and Revolution*. White River Junction, VT: Chelsea Green Publishing.

11장

de Waal, F., 2019. *Mama's Last Hug: Animal Emotions and What They Tell Us about Ourselves*. New York: W. W. Norton.

Kotler, S., and Wheal, J., 2017. *Stealing Fire: How Silicon Valley, the Navy SEALs, and Maverick Scientists Are Revolutionizing the Way We Live and Work*. New York: HarperCollins.

조너선 하이트와 그레그 루키아노프, 2019.《나쁜 교육: 덜 너그러운 세대와 편협한 사회는 어떻게 만들어지는가》. 프시케의숲. (원서는 2019년 펭귄북스 출간)

12장

Cheney, D. L., and Seyfarth, R. M., 2008. *Baboon Metaphysics: The Evolution of a Social Mind*. Chicago: University of Chicago Press.

Ehrenreich, B., 2007. *Dancing in the Streets: A History of Collective Joy*. New York: Metropolitan Books.

13장

Alexander, R. D., 1990. *How Did Humans Evolve? Reflections on the Uniquely Unique Species*. Ann Arbor, MI: Museum of Zoology, University of Michigan, Special Publication No. 1.

제레미 다이아몬드, 2013(개정2판의 스페셜 에디션). 《총, 균, 쇠: 무기 병균 금속은 인류의 운명을 어떻게 바꿨는가》. 문학사상. (원서는 1998년 랜덤하우스 출간)

Sapolsky, R. M., 2017. *Behave: The Biology of Humans at Our Best and Worst*. New York: Penguin Press.

보다 전문적인 책

Jablonka, E., and Lamb, M. J., 2014. *Evolution in Four Dimensions: Genetic, Epigenetic, Behavioral, and Symbolic Variation in the History of Life*. Revised edition. Cambridge, MA: MIT Press.

West-Eberhard, M. J., 2003. *Developmental Plasticity and Evolution*. New York: Oxford University Press.

주

프롤로그

1 다음을 보라. Weinstein, E., 2021. "A Portal Special Presentation—Geometric Unity: A First Look." YouTube video, April 2, 2021. https://youtu.be/Z7rd04KzLcg

2 실제로 이와 비슷한 세 가지 논리적 오류가 있는데, 우리가 그 차이를 부정확하게 사용할 때 철학자들은 주저하지 않고 우리를 꾸짖는다. 세 가지 오류는 자연주의적 오류, 자연에 대한 호소 오류, 존재-당위 오류다.

1장

1 Tamm, E., et al., 2007. Beringian standstill and spread of Native American founders. *PloS One*, 2(9): e829.

2 이 주장은 다소 논란의 여지가 있지만, 다음의 2차 논문은 그에 대한 증거를 잘 제시한다. Wade, L., 2017. On the trail of ancient mariners. *Science*, 357(6351): 542 – 545.

3 Carrara, P. E., Ager, T. A., and Baichtal, J. F., 2007. Possible refugia in the Alexander Archipelago of southeastern Alaska during the late Wisconsin glaciation. *Canadian Journal of Earth Sciences*, 44(2): 229-244.

4 남북아메리카에 처음 사람이 정착한 시기는 전설과도 같다. 베링기아인이 적어도 1만 6000년 전에 신세계에 도착했다는 사실을 뒷받침하는 서로 다른 증거를 가지고 동료 심사를

거친 논문은 단 세 편이다. Dillehay, T. D., et al., 2015. New archaeological evidence for an early human presence at Monte Verde, Chile. PloS One, 10(11): e0141923; Llamas, B., et al., 2016. Ancient mitochondrial DNA provides high-resolution time scale of the peopling of the Americas. *Science Advances*, 2(4): e1501385; Davis, L. G., et al., 2019. Late Upper Paleolithic occupation at Cooper's Ferry, Idaho, USA, ~16,000 years ago. *Science*, 365(6456): 891-897.

5   인간이 남북아메리카에 훨씬 더 일찍 정착했다는 증거 중에는 멕시코 고위도 동굴에서 발견된 문화적 인공물이 있다. Ardelean, C. F., et al., 2020. Evidence of human occupation in Mexico around the Last Glacial Maximum. *Nature*, 584(7819): 87-92; Becerra-Valdivia, L., and Higham, T., 2020. 북아메리카에 최초의 인간이 도착한 시기와 그 영향에 대해서는 다음을 참고하라. *Nature*, 584(7819): 93-97.

6   분명 이 초기 아메리칸들은 베링기아에서 해안을 따라 내려오는 동안 차가운 바다에서 고기를 잡았을 것이다. 하지만 많은 사람이 육지에 살게 되면서 새로운 기술과 도구가 출현했을 것이다. 그들은 해안을 따라 이동하고, 부챗살처럼 대륙 전체에 퍼져나간 뒤 영구적으로 정착했을 것이다. 어쩌면 몇 년간 웅크리고 있다가 이동하기가 쉬워졌을 때, 즉 먹을 것이 많아지고 기후가 온화해졌을 때 다시 움직였을 것이다. 민물은 모든 생명체에 그렇듯 꼭 필요하지만 어디서나 구할 수는 없어 그들은 호수와 강 주위에 모여 살았을 것이다.
그리고 해마다 연어가 몰려오는 강들을 만났을 것이다. 베링기아인은 베링기아에 있을 때도 연어를 낚았을 테고, 베링 육교에서 개발한 기술로 북아메리카의 서쪽 해안을 따라 내려오는 동안에도 계속 낚시를 했을 것이다. 연어 떼는 빙상 중에서 얼음의 두께가 얇은 곳 아래를 흐르면서 바다로 나간 강을 거슬러 돌아왔을 것이다. 베링기아인을 남쪽으로 이끈 것은 연어였고, 물고기가 있는 한 삶이 있었으니 베링기아인의 여정은 도박만은 아니었다. 또한 남쪽으로 이동하는 동안 기술 변화가 필요했을지 모른다. 지질과 강이 위도에 따라 변했고, 어떤 집단은 한동안 연어 낚시를 잊었을 것이다. 어쩌면 연어 낚시에 대한 문화적 기억이 수면 아래 잠재해 있었을 것이다.

7   적어도 지구에서는 그러지 못할 것이다.

8   1592년에 작고한 극작가 로버트 그린의 소책자 *Groats-worth of Witte, Bought with a Million of Repentance*에서.

9   인간은 특별히 특출하고, 유례없이 독특하다. Alexander, R. D., 1990. *How Did Humans Evolve? Reflections on the Uniquely Unique Species*. Ann Arbor, MI: Museum of Zoology, University of Michigan, Special Publication No. 1.

10 역설의 재미있는 점은, 중요한 의미에서 역설은 사실일 리가 없다는 것이다. 이 세계의 구조

안에서 진정한 모순은 있을 수가 없다. 모든 진실은 어떤 식으로든 조화를 이룬다. 이는 과학적인 노력 그 자체를 떠받치는 가정이다. 과학은 역설을 조화시키는 통찰력을 찾는 일이다. 덴마크의 물리학자 닐스 보어는 이렇게 말했다. "우리가 역설을 만났다는 건 얼마나 멋진 일인가. 이제 우리에겐 앞으로 나아갈 희망이 생긴 것이다."

11 예를 들어, 몰입에 관한 미하이 칙센트미하이의 연구를 보라.

12 호구의 어리석음은 할인이라는 경제학적 개념과 관련이 있을 뿐만 아니라 '진보의 덫progress trap'이란 개념과도 관련이 있다. 자세한 내용은 다음 책에 잘 설명되어 있다. O'Leary, D. B., 2007. *Escaping the Progress Trap*. Montreal: Geozone Communications.

13 최근의 공통 조상Most Recent Common Ancestor은 계통분류학의 기술적 용어로 이처럼 대문자로 써야 하지만, 이 책에서 우리는 쉽게 이해되도록 most recent common ancestor라고 소문자를 사용했다. 계통분류학은 유기체 간 관계의 깊은 역사를 파헤치는 과학 분야다.

14 진화론에 근거해서 행동이나 문화를 설명하면 사람들은 즉시 반대하는 입장을 취한다. 진화론이 어느 정도는 세상에 잘못 적용된 측면도 있고, 유사 과학인 '사회다윈주의'의 이름을 달고 퇴보적인 사회적 결과와 정책을 정당화하는 데 이용되었기 때문이다. **계통**이란 단어 역시 그렇게 사용되어왔다. 예를 들어, 풍요로운 황금기에 미국인들은 부가 진화적 우월성의 지표라고 믿었고, 미대륙 전역에서 1세기가 넘도록 강제적인 단종(불임화)이 시행되었으며, 나치즘이 발흥하기도 했다. 그러한 실수에는 자연주의적 오류가 작동한다. 우리가 진화의 산물이라는 것을 옳게 이해했을지라도, 권력을 쥔 자들은 지금 이 권력이 그들이 우월하다는 증거(첫 번째 오류)이니 앞으로도 영원히 그러리라(두 번째 오류)고 주장하기 쉽다. 자세한 논의는 다음을 참고하라. : N. K. Nittle, 2021. The government's role in sterilizing women of color. ThoughtCo. https://www.thoughtco.com/u-s-governments-role-sterilizing-women-of-color-2834600; Radiolab—"G: Unfit" podcast episode, first aired July 17, 2019, download and transcript available at https://www.wnycstudios.org/podcasts/radiolab/articles/g-unfit.

15 개인과 인구집단을 구별하는 것은 대단히 중요하다. 어떤 인구집단의 구성원—여성, 유럽인, 오른손잡이—은 **개인**에 대한 엄밀한 진실을 거의 드러내지 못한다. 집단의 개별 구성원에 대해서는 다른 많은 특징이 더 잘 설명해준다.

16 리처드 도킨스의 《이기적 유전자》를 참조하라.

17 우리가 오메가 원칙을 처음 소개한 것은 강의실이 아니라 2014년 샌프란시스코에서 '인간답게Being Human'라는 주제로 바우만재단Baumann Foundation이 개최하고 피터 바우만Peter Baumann이 초대한 행사에서였다. 우리의 프레젠테이션은 이틀간 아홉 시간에 걸쳐 진행되

었고, 이 책에 있는 많은 개념을 포함했다. 우리는 2015년 4월 리키재단Leakey Foundation에 도 비슷한 연구 보고서를 제출했다. 기회를 준 두 재단에 지금도 감사한다.

2장

1   인간 보편성의 (거의) 모든 예는 다음 글에서 비롯됐다. Brown, D., 1991. "The Universal People." In *Human Universals*. New York: McGraw Hill.

2   Brunet, T., and King, N., 2017. The origin of animal multicellularity and cell differentiation. *Developmental Cell*, 43(2): 124-140.

3   날지 못하는 조류 계통군의 대부분은 고악류('오래된 턱'을 가진 종)에 포함되지만, 분자학 적 증거가 가리키는 바에 따르면 그 새들이 모두 날지 못하는 단일 조상으로부터 진화한 것 은 아니라고 한다. Mitchell, K. J., et al., 2014. 고대 DNA를 분석하면 에피오르니스(코끼리 새)와 키위는 자매 분류군으로, 주금류(날개는 퇴화하고 지상에서 생활하기에 알맞도록 튼 튼한 다리를 가진 거대 새 종류)의 진화를 명확히 보여준다. *Science*, 344(6186): 898-900.

4   Espinasa,, L., Rivas-Manzano, P., and Pérez, H. E., 2001. A new blind cave fish population of genus *Astyanax*: Geography, morphology and behavior. *Environmental Biology of Fishes*, 62(1-3): 339-344.

5   Welch, D. B. M., and Meselson, M., 2000. 민물에 사는 다세포 동물인 담륜충이 유성 생식이 나 유전자 교환을 하지 않고 진화했다는 증거. *Science*, 288(5469): 1211-1215.

6   Gladyshev, E., and Meselson, M., 2008. Extreme resistance of bdelloid rotifers to ionizing radiation. *Proceedings of the National Academy of Sciences*, 105(13): 5139-5144.

7   사실 우리 계통은 그보다 훨씬 더 오래 유성 생식을 했을지 모르고, 많은 사람이 10~20억 년 사이로 추정한다. 500만 년은 척추동물이 처음 진화한 시기와 거의 비슷한 보수적인 추정 치다.

8   Dunn, C. W., et al., 2014. Animal phylogeny and its evolutionary implications. *Annual Review of Ecology, Evolution, and Systematics*, 45: 371-395.

9   Dunn et al., 2014.

10 Zhu, M., et al., 2013. A Silurian placoderm with osteichthyan-like marginal jaw bones. *Nature*, 502(7470): 188-193.

11 이런 종류의 사고에 대한 자세한 논의는 다음을 보라. Weinstein, B., 2016. On being a fish. *Inference: International Review of Science*, 2(3): September 2016. https://inference-review.com/article/on-being-a-fish.

12 Springer, M. S., et al., 2003. Placental mammal diversification and the Cretaceous-Tertiary boundary. *Proceedings of the National Academy of Sciences*, 100(3): 1056-1061; Foley, N. M., Springer, M. S., and Teeling, E. C., 2016. Mammal madness: Is the mammal tree of life not yet resolved? *Philosophical Transactions of the Royal Society B: Biological Sciences*, 371(1699): 1056-1061.

13 여기서 말하는 **특징**character은 계통분류학의 전문용어로, 일반적인 어조의 특징characteristic 또는 특성과 비슷하지만 완전 다른 유사어다.

14 이를 전문용어로 캐리어의 제약Carrier's constraint이라고 한다.

15 이러한 초기 포유류의 적응에는 네 개의 방으로 구성된 심장(혈액순환)과 횡경막(호흡), 치우친 걸음걸이(운동), 내이의 독특한 구조(청각)가 포함된다. 내이의 독특한 구조는 하악이 단일한 뼈로 이루어진 것과 관계가 있으며, 여기에 턱 근육의 부착점인 측두창이 결합하면 무는 힘이 강해진다. 또한 초기 포유류의 적응에는 질소 노폐물을 걸러내는 신장의 헨레 고리(신장을 이루는 가늘고 긴 고리 형태의 관)도 포함된다.

16 Renne, P. R., et al., 2015. State shift in Deccan volcanism at the Cretaceous-Paleogene boundary, possibly induced by impact. *Science*, 350(6256): 76-78.

17 예를 들어 다음을 보라. Silcox, M. T., and López-Torres, S., 2017. Major questions in the study of primate origins. *Annual Review of Earth and Planetary Sciences*, 45: 113-137.

18 브렛은 이 주장을 확신하지 못한다.

19 예를 들어 다음을 보라. Steiper, M. E., and Young, N. M., 2006. Primate molecular divergence dates. *Molecular Phylogenetics and Evolution*, 41(2): 384-394; Stevens, N. J., et al., 2013. Palaeontological evidence for an Oligocene divergence between Old World monkeys and apes. *Nature*, 497(7451): 611.

20 예를 들어 다음을 보라. Wilkinson, R. D., et al., 2010. Dating primate divergences through an integrated analysis of palaeontological and molecular data. *Systematic Biology*, 60(1): 16-31.

21 토마스 홉스, 1651. *Leviathan*. Chapter XIII: "Of the Natural Condition of Mankind as Concerning Their Felicity and Misery."

22 Niemitz, C., 2010. The evolution of the upright posture and gait—a review and a new synthesis. *Naturwissenschaften*, 97(3): 241–263.

23 Preuschoft, H., 2004. Mechanisms for the acquisition of habitual bipedality: Are there biomechanical reasons for the acquisition of upright bipedal posture? *Journal of Anatomy*, 204(5): 363–384.

24 Hewes, G. W., 1961. Food transport and the origin of hominid bipedalism. *American Anthropologist*, 63(4): 687–710.

25 예를 들어 다음을 보라. Provine, R. R., 2017. Laughter as an approach to vocal evolution: The bipedal theory. *Psychonomic Bulletin & Review*, 24(1): 238–244.

26 Alexander, R. D., 1990. *How Did Humans Evolve? Reflections on the Uniquely Unique Species*. Ann Arbor, MI: Museum of Zoology, University of Michigan. Special Publication No. 1.

27 예를 들어 다음을 보라. Conard, N. J., 2005. "An Overview of the Patterns of Behavioural Change in Africa and Eurasia during the Middle and Late Pleistocene." In *From Tools to Symbols: From Early Hominids to Modern Humans*, d'Errico, F., Backwell, L., and Malauzat, B., eds. New York: NYU Press, 294–332.

28 Aubert, M., et al., 2014. Pleistocene cave art from Sulawesi, Indonesia. *Nature*, 514 (7521): 223.

29 Hoffmann, D. L., et al., 2018. U-Th dating of carbonate crusts reveals Neandertal origin of Iberian cave art. *Science*, 359(6378): 912–915.

30 Lynch, T. F., 1989. Chobshi cave in retrospect. *Andean Past*, 2(1): 4.

31 Stephens, L., et al., 2019. Archaeological assessment reveals Earth's early transformation through land use. *Science*, 365(6456): 897–902.

32 살아 있는 동안에 출생과 사망이 기록될 만큼 유명한 사람들의 기록을 이용해 과학자들은 최근 로마 제국 시대 이래의 문화 중심지들을 지도로 그려냈다. Schich, M., et al., 2014. A network framework of cultural history. *Science*, 345(6196): 558 – 562.

3장

1 Segall, M., Campbell, D., and Herskovits, M. J., 1966. *The Influence of Culture on Visual Perception*. New York: Bobbs-Merrill.

2   Hubel, D. H., and Wiesel, T. N., 1964. Effects of monocular deprivation in kittens. *Naunyn-Schmiedebergs Archiv for Experimentelle Pathologie und Pharmakologie*, 248: 492-497.

3   예를 들어 다음을 보라. Henrich, J., Heine, S. J., and Norenzayan, A., 2010. The weirdest people in the world? *Behavioral and Brain Sciences*, 33(2-3): 61-83; Gurven, M. D., and Lieberman, D. E., 2020. WEIRD bodies: Mismatch, medicine and missing diversity. *Evolution and Human Behavior*, 41(2020): 330-340.

4   Holden, C., and Mace, R., 1997. Phylogenetic analysis of the evolution of lactose digestion in adults. *Human Biology*, 81(5/6): 597-620.

5   Flatz, G., 1987. "Genetics of Lactose Digestion in Humans." In *Advances in Human Genetics*. Boston: Springer, 1-77.

6   Segall, Campbell, and Herskovits, *Influence of Culture*, 32.

7   Owen, N., Bauman, A., and Brown, W., 2009. Too much sitting: A novel and important predictor of chronic disease risk? *British Journal of Sports Medicine*, 43(2): 81-83.

8   Metchnikoff, E., 1903. *The Nature of Man*, as cited in Keith, A., 1912. The functional nature of the caecum and appendix. *British Medical Journal*, 2: 1599-1602.

9   Keith, Functional nature of the caecum and appendix.

10 북극곰의 경우는 흰색의 이점 때문에 털의 색소가 사라진 것이 분명하다. 벌거숭이두더지쥐의 경우는 털이 없어서 기생충 저항성 같은 이점이 생기거나, 단열이 잘된 지하에 살아서 에너지 절약에만 몰두했을 수도 있다.

11 Berry, R. J. A., 1900. The true caecal apex, or the vermiform appendix: Its minute and comparative anatomy. *Journal of Anatomy and Physiology*, 35(Part 1): 83-105.

12 Laurin, M., Everett, M. L., and Parker, W., 2011. The cecal appendix: One more immune component with a function disturbed by post-industrial culture. *Anatomical Record: Advances in Integrative Anatomy and Evolutionary Biology*, 294(4): 567-579.

13 Bollinger, R. R., et al., 2007. Biofilms in the large bowel suggest an apparent function of the human vermiform appendix. *Journal of Theoretical Biology*, 249(4): 826-831.

14 Boschi-Pinto, C., Velebit, L., and Shibuya, K., 2008. Estimating child mortality due to diarrhoea in developing countries. *Bulletin of the World Health Organization*, 86: 710-717.

15 Laurin, Everett, and Parker, The cecal appendix, 569.

16 Bickler, S. W., and DeMaio, A., 2008. Western diseases: Current concepts and implications for pediatric surgery research and practice. *Pediatric Surgery International*, 24(3): 251-255.

17 Rook, G. A., 2009. Review series on helminths, immune modulation and the hygiene hypothesis: The broader implications of the hygiene hypothesis. *Immunology*, 126(1): 3-11.

18 G. K. 체스터튼, 1929. "The Drift from Domesticity." In *The Thing*. Aeterna Press.

19 적응 지형도는 산맥처럼 이어진 봉우리와 계곡에 빗대어 설명될 때가 많다. 연못 표면의 투명한 얼음판을 떠올리면 그 진화적 의미를 보다 쉽게 이해할 수 있다. 얼음판에 갇힌 물속의 기포들은 중력에 의해 높은 지점들을 찾아간다. 그러한 봉우리들은 생태적 기회를 나타내고, 기포는 적응을 통해 그 기회를 이용하기 위해 진화하는 생물을 나타낸다. 중력은 유기체를 생태적 지위에 맞도록 개선하는 선택의 힘을 말한다. 봉우리가 높으면 높을수록 생태적 기회도 커진다. 두꺼운 얼음 '계곡'은 기포가 다른 봉우리로 이동하는 것을 가로막는 장애물이다. 진화의 과정이 직관적으로 이해되지 않을 때 이러한 비유에 대입하면 진화의 역학을 이해하기가 쉽다. 예를 들어, 낮은 봉우리에 갇힌 작은 기포들이 있고 그 옆에 더 높은 봉우리가 있다. 더 높은 봉우리는 더 좋은 기회를 나타낸다. 더 높은 봉우리가 더 좋은 기회를 나타내므로 우리가 예상하기로는 기포는 낮은 봉우리에서 더 높은 봉우리로 이동할 것처럼 보인다. 하지만 그렇지 않다.

중력이 기포를 다른 더 높은 지점으로 올려보내기 위해 먼저 밑으로 끌어내리기는 불가능한 것처럼, 선택도 생물을 개선할 목적으로 그 생물을 더 열악하게 만들진 못한다. 하향 이동은 전적으로 다른 힘, 이를테면 누군가가 얼음판 위에서 점프하는 것에 달려 있다. 게다가 기포가 낮은 봉우리에서 높은 봉우리로 이동할 가능성은 고도의 차이와는 관계가 없다. 그 가능성은 봉우리를 갈라놓고 있는 계곡의 깊이와 관계가 있다. 계곡이 깊을수록 기회의 발견을 가로막는 장벽이 커지는 것이다.

이러한 비유는 다음 책에서 처음 소개되었다. Wright, S. 1932. The roles of mutation, inbreeding, crossbreeding, and selection in evolution. *Proceedings of the Sixth International Congress of Genetics*, 1: 356-366.

20 하나 더 통계적 맞거래가 있긴 하지만, 이건 진정한 맞거래가 아니다. 통계적 맞거래는 특이한 특징을 여러 개 가진 개체가 특이한 특징을 하나만 가진 개체보다 드물다는 관찰 결과다. 회색 개를 기르고 싶다면? 좋다. 거대한 개를 기르고 싶다면? 그것도 좋다. 거대한 회색 개를 기르고 싶다면? 그런 개는 회색 개나 거대한 개를 구하는 것보다 훨씬 어렵다.

적응 지형도 비유를 확장해서 맞거래에 적용할 수도 있다. 이 경우 지형도는 개체가 기회를 발견할 때마다 채워지는 용적일 수도 있으며, 형태의 다양성과 새로운 공간(비유적 공간이든 실제 공간이든)의 탐험을 모두 설명할 수 있다. 다음을 보라. Weinstein, B. S., 2009. "Evolutionary Trade-offs: Emergent Constraints and Their Adaptive Consequences." A dissertation submitted in partial fulfillment of the requirements for the degree of Doctor of Philosophy (Biology), University of Michigan.

21 지금 우리는 모든 어류, 즉 우리까지 포함하는 거대한 계통군이 아니라 물고기 같은 어류(예를 들어 연어, 엔젤피시, 문절망둑 등)만을 언급하고 있다. 2장을 보라. 또한 Weinstein, B., On being a fish. *Inference: International Review of Science*, 2(3): September 2016을 보라.

22 Schrank, A. J., Webb, P. W., and Mayberry, S., 1999. How do body and paired-fin positions affect the ability of three teleost fishes to maneuver around bends? *Canadian Journal of Zoology*, 77(2): 203-210.

23 요점은 두 가지 성질이 서로 연결된 것처럼 보이지 않아도 맞거래 관계를 이루고 있다는 것이다. 다음을 보라. Weinstein, "Evolutionary Trade-offs."

24 리처드 도킨스, 1982. *The Extended Phenotype*. Oxford: Oxford University Press.

25 또 다른 형태의 광합성인 C4는 CAM이 시간상 구분하는 것을 공간상으로 구분하며, CAM처럼 뜨겁고 건조한 조건에 적응한 결과인 동시에 C3 광합성보다 물질대사 비용이 더 든다.

26 우리의 스승인 조지 에스타브룩이 오래전에 브렛에게 한 말이다.

27 기상천외한 과학 이야기에 대해서는 다음을 보라. Burr, C., 2004. *The Emperor of Scent: A True Story of Perfume and Obsession*. New York: Random House.

28 Feinstein, J. S., et al., 2013. Fear and panic in humans with bilateral amygdala damage. *Nature Neuroscience*, 16(3): 270-272.

4장

1 비교적 초기 이론에 속하고 지금은 고전이 된 견해로는 다음을 보라. Nesse, R., and Williams, G., 1996. *Why We Get Sick: The New Science of Darwinian Medicine*. New York: Vintage.

2 Tenger-Trolander, A., et al., 2019. Contemporary loss of migration in monarch butterflies. *Proceedings of the National Academy of Sciences*, 116(29): 14671-14676.

3 Britt, A., et al., 2002. Diet and feeding behaviour of *Indri indri* in a low-altitude rain forest.

Folia Primatologica, 73(5): 225-239.

4   이 주제에 관한 하이에크 최초의 논문을 보라. Hayek, F. V., 1942. Scientism and the study of society. Part I. *Economica*, 9(35): 267-291. 또한 다음을 보라. Hayek, F. A., 1945. The use of knowledge in society. *The American Economic Review*, 35(4): 519-530.

5   레이첼 아비브, 2019. Bitter pill. *New Yorker*, April 8, 2019. https://www.newyorker.com/magazine/2019/04/08/the-challenge-of-going-off-psychiatric-drugs.

6   예를 들어 다음을 보라. Choi, K. W., et al., Physical activity offsets genetic risk for incident depression assessed via electronic health records in a biobank cohort study. *Depression and Anxiety*, 37(2): 106-114.

7   Tomasi, D., Gates, S., and Reyns, E., 2019. Positive patient response to a structured exercise program delivered in inpatient psychiatry. *Global Advances in Health and Medicine*, 8: 1-10.

8   Gritters, J., "Is CBG the new CBD?," *Elemental*, on Medium. July 8, 2019. https://el-emental.medium.com-is-cbg-the-new-cbd-6de59e568008.

9   Mann, C., 2020. Is there still a good case for water fluoridation?, *Atlantic*, April 2020. https://www.theatlantic.com/magazine/archive/2020/04/why-fluoride-water/606784.

10 Choi, A. L., et al., 2015. Association of lifetime exposure to fluoride and cognitive functions in Chinese children: A pilot study. *Neurotoxicology and Teratology*, 47: 96-101.

11 Malin, A. J., et al., 2018. Fluoride exposure and thyroid function among adults living in Canada: Effect modification by iodine status. *Environment International*, 121: 667-674.

12 Damkaer, D. M., and Dey, D. B., 1989. Evidence for fluoride effects on salmon passage at John Day Dam, Columbia River, 1982-1986. *North American Journal of Fisheries Management*, 9(2): 154-162.

13 Abdelli, L. S., Samsam, A., and Naser, S. A., 2019. Propionic acid induces gliosis and neuro-inflammation through modulation of PTEN/AKT pathway in autism spectrum disorder. *Scientific Reports*, 9(1): 1-12.

14 Autier, P., et al., 2014. Vitamin D status and ill health: A systematic review. *Lancet Diabetes & Endocrinology*, 2(1): 76-89.

15 Jacobsen, R., 2019. Is sunscreen the new margarine? *Outside Magazine*, January 10, 2019,

https://www.outsideonline.com/2380751/sunscreen-sun-exposure-skin-cancer-science.

16 Lindqvist, P. G., et al., 2016. Avoidance of sun exposure as a risk factor for major causes of death: A competing risk analysis of the melanoma in southern Sweden cohort. *Journal of Internal Medicine*, 280(4): 375-387.

17 Marchant, J., 2018. When antibiotics turn toxic. *Nature*, 555(7697): 431-433.

18 에른스트 마이어, 1961. Cause and effect in biology. *Science*, 134(3489): 1501-1506.

19 테오도시우스 도브잔스키, 1973. Nothing in Biology Makes Sense except in the Light of Evolution. *The American Biology Teacher*, 35(3): 125-129.

20 이 불명확한 정치적 수사에 대응해서 우리는 2020년 3월 말에 온라인 스트리밍을 시작했으며, 처음 두 달 동안의 주제는 주로 코로나19였다. 브렛의 '다크호스' 팟캐스트에서 우리 두 사람이 공동 진행하는 섹션인 '진화의 렌즈The Evolutionary Lens'에서는 이 주제를 비롯해 오늘날의 여러 화제를 매주 진화적 사고로 다뤘다.

21 다른 이유도 많지만, 운동이 몇 가지 기분장애를 완화한다는 증거가 쌓이고 있다. 예를 들어 다음을 보라. Choi, K. W., et al., 2020. Physical activity offsets genetic risk for incident depression assessed via electronic health records in a biobank cohort study. *Depression and Anxiety*, 37(2): 106-114.

22 Holowka, N. B., et al., 2019. Foot callus thickness does not trade off protection for tactile sensitivity during walking. *Nature*, 571(7764): 261-264.

23 Jacka, F. N., et al., 2017. A randomised controlled trial of dietary improvement for adults with major depression(the "SMILES" trial). *BMC Medicine*, 15(1): 23.

24 Lieberman, D., 2014. *The Story of the Human Body: Evolution, Health, and Disease*. New York: Vintage.

5장

1 리처드 랭엄Richard Wrangham, 2009. *Catching Fire: How Cooking Made Us Human*. New York: Basic Books, 80.

2 Craig, W. J., 2009. Health effects of vegan diets. *American Journal of Clinical Nutrition*, 89(5): 1627S-1633S.

3   Wadley, L., et al., 2020. Cooked starchy rhizomes in Africa 170 thousand years ago. *Science*, 367(6473): 87-91.

4   Field, H., 1932. Ancient wheat and barley from Kish, Mesopotamia. *American Anthropologist*, 34(2): 303-309.

5   Kaniewski, D., et al., 2012. Primary domestication and early uses of the emblematic olive tree: Palaeobotanical, historical and molecular evidence from the Middle East. *Biological Reviews*, 87(4): 885-899.

6   Bellwood, P. S., 2005. *First Farmers: The Origins of Agricultural Societies*. Oxford: Blackwell Publishing, 97.

7   Struhsaker, T. T., and Hunkeler, P., 1971. Evidence of tool-using by chimpanzees in the Ivory Coast. *Folia Primatologica*, 15(3-4): 212-219.

8   제인 구달, 1964. Tool- using and aimed throwing in a community of free- living chimpanzees. *Nature*, 201(4926): 1264-1266.

9   Marlowe, F. W., et al., 2014. Honey, Hadza, hunter-gatherers, and human evolution. *Journal of Human Evolution*, 71: 119-128.

10   Harmand, S., et al., 2015. 3.3-million-year-old stone tools from Lomekwi 3, west Turkana, Kenya. *Nature*, 521(7552): 310-326.

11   De Heinzelin, J., et al., 1999. Environment and behavior of 2.5-million-year-old Bouri hominids. *Science*, 284(5414): 625-629.

12   Bellomo, R. V., 1994. Methods of determining early hominid behavioral activities associated with the controlled use of fire at FxJj 20 Main, Koobi Fora, Kenya. *Journal of Human Evolution*, 27(1-3): 173-195. Also see Wrangham, R. W., et al., 1999. The raw and the stolen: Cooking and the ecology of human origins. *Current Anthropology*, 40(5): 567-594.

13   Tylor, E. B., 1870. *Researches into the Early History of Mankind and the Development of Civilization*. London: John Murray, 231-239.

14   찰스 다윈의 《인간의 유래와 성선택》을 참고하라.

15   리처드 랭엄의 *Catching Fire*.

16   1860년에 호주를 탐험한 유럽인들은 아사 직전에 그 지역에 사는 얀드루완다족에게 도움을

청했다. 현지 주민은 유럽인들에게 지천에 널린 네가래(클로버 모양의 잎이 달리는 마름의 일종)를 가리켰다. 주민들은 원래 네가래의 포자낭과를 빻은 뒤 물로 씻어 요리했다. 두 명의 유럽인이 씻기와 요리를 생략하는 바람에 쇠약해졌고 결국 목숨을 잃었다. 한 명은 얀드루완 다족처럼 하고 그들과 함께 먹은 덕에 건강을 회복하고 10주 뒤 구조되었다(리처드 랭엄의 *Catching Fire* 35쪽 참조).

17 리처드 랭엄의 *Catching Fire* 138-142쪽.

18 Tylor, Researches into the Early History of Mankind, 233.

19 Tylor, Researches into the Early History of Mankind, 263.

20 어떤 사람에겐 이 진화적 공식("씨앗은 먹히길 원하지 않는다")이 기이하게 들릴 것이다. 마치 우리가 씨앗에게 의식이나 의지를 부여하는 것 같기 때문이다. 하지만 그럴 의도와는 거리가 멀다. 조금 더 긴 버전을 소개하면 다음과 같다. "식물은 먹힐 의도로 씨앗을 생산하지 않는다."

21 Toniello, G., et al., 2019. 11,500 y of f human-clam relationships provide long-term context for intertidal management in the Salish Sea, British Columbia. *Proceedings of the National Academy of Science*s, 116(44): 22106-22114.

22 Bellwood, *First Farmers*.

23 Arranz-Otaegui, A., et al., 2018. Archaeobotanical evidence reveals the origins of bread 14,400 years ago in northeastern Jordan. *Proceedings of the National Academy of Sciences*, 115(31): 7295 - 7930.

24 Brown, D., 1991. *Human Universals*. New York: McGraw Hill.

25 Wu, X., et al., 2012. Early pottery at 20,000 years ago in Xianrendong Cave, China. *Science*, 336(6089): 1696-1700.

26 Braun, D. R., et al., 2010. Early hominin diet included diverse terrestrial and aquatic animals 1.95 Ma in East Turkana, Kenya. *Proceedings of the National Academy of Sciences*, 107(22): 10002-10007.

27 Archer, W., et al., 2014. Early Pleistocene aquatic resource use in the Turkana Basin. *Journal of Human Evolution*, 77(2014): 74-87.

28 Marean, C. W., et al., 2007. Early human use of marine resources and pigment in South Africa during the Middle Pleistocene. *Nature*, 449(7164): 905-908.

29 Koops, K., et al., 2019. Crab-fishing by chimpanzees in the Nimba Mountains, Guinea. *Journal of Human Evolution*, 133: 230-241.

30 마이클 폴란의《잡식동물 분투기: 리얼 푸드를 찾아서》를 참조하라.

31 마이클 폴란이 그의 저서《잡식동물 분투기: 리얼 푸드를 찾아서》에서 말했듯이, 만약 할머니가 음식이 아니라고 하면 그건 음식이 아니다. 하지만 임신한 여성이 리얼 푸드(천연식품, 비가공식품)를 먹는 건 그리 간단하지 않다. 건강한 성인이라면 보통 먹을 수 있는 천연식품 속 병원균에 태아가 감염될 수 있기 때문이다. 따라서 아쉽게도 임신 중에는 염소 치즈나 양 치즈 또는 숙성된 치즈나 생치즈, 살라미나 가공육을 피하는 것이 좋다.

32 모든 문화에서 야생 꿀 채집은 주로 남성이 한다. 다음을 보라. Murdock, G. P., and Provost, C., 1973. Factors in the division of labor by sex: A cross-cultural analysis. *Ethnology*, 12(2): 203-225. 또한 다음을 보라. Marlowe et al., Honey, Hadza, hunter-gatherers.

6장

1 매슈 워커의《왜 우리는 잠을 자야 할까: 수면과 꿈의 과학》을 참조하라.

2 동주기 자전을 하는(공전과 같은 주기로 자전해서 늘 같은 면을 보이는) 행성이라면 한쪽 반구는 영원히 낮이고, 다른 반구는 영원히 밤이어서 생명이 지탱하지 못할 것이다. 두 반구의 차이가 너무 극단적인 탓에 이런 행성에는 골디락스 존(goldilocks zone, 우주 공간에 지구와 유사한 조건을 가지고 있어 물과 생명체가 존재할 수 있는 구역)이 없을 것이다.

3 연구자들마다 수면을 다르게 분류하는데,《왜 우리는 잠을 자야 할까: 수면과 꿈의 과학》의 저자인 매슈 워커는 '렘'과 '비렘'으로 나누고, 비렘을 다시 4단계로 구분한다. 3, 4단계는 '서파수면(느린 파형 수면으로 잠이 점점 더 깊이 드는 단계)'이고 1, 2단계는 비교적 얕고 가벼운 수면 상태다.

4 Shein-Idelson, M., et al., 2016. Slow waves, sharp waves, ripples, and REM in sleeping dragons. *Science*, 352(6285): 590-595.

5 Martin-Ordas, G., and Call, J., 2011. Memory processing in great apes: The effect of time and sleep. *Biology Letters*, 7(6): 829-832.

6 매슈 워커의《왜 우리는 잠을 자야 할까: 수면과 꿈의 과학》을 참조하라.

7 Wright, G. A., et al., 2013. Caffeine in floral nectar enhances a pollinator's memory of reward. *Science*, 339(6124): 1202-1204.

8 Phillips, A. J. K., et al., 2019. High sensitivity and interindividual variability in the response of the human circadian system to evening light. *Proceedings of the National Academy of Sciences*, 116(24): 12019-12024.

9 예를 들어 다음을 보라. Stevens, R. G., et al., 2013. Adverse health effects of nighttime lighting: Comments on American Medical Association policy statement. *American Journal of Preventive Medicine*, 45(3): 343-346.

10 Hsiao, H. S., 1973. Flight paths of night-flying moths to light. *Journal of Insect Physiology*, 19(10): 1971-1976.

11 Le Tallec, T., Perret, M., and Théry, M., 2013. Light pollution modifies the expression of daily rhythms and behavior patterns in a nocturnal primate. *PloS One*, 8(11): e79250.

12 Gaston, K. J., et al., 2013. The ecological impacts of nighttime light pollution: A mechanistic appraisal. *Biological Reviews*, 88(4): 912-927.

13 Navara, K. J., and Nelson, R. J., 2007. The dark side of light at night: Physiological, epidemiological, and ecological consequences. *Journal of Pineal Research*, 43(3): 215-224.

14 Olini, N., Kurth, S., and Huber, R., 2013. The effects of caffeine on sleep and maturational markers in the rat. *PloS One*, 8(9): e72539.

15 인공조명이 건강 유지에 미치는 영향과 한계에 대해서는 일찍이 1975년에 밝혀졌다. 그 주목할 만한 연구에 대해서는 다음을 보라. Wurtman, R. J., 1975. The effects of light on the human body. *Scientific American*, 233(1): 68-79.

16 Park, Y. M. M., et al., 2019. Association of exposure to artificial light at night while sleeping with risk of obesity in women. *JAMA Internal Medicine*, 179(8): 1061-1071.

17 Kernbach, M. E., et al., 2018. Dim light at night: Physiological effects and ecological consequences for infectious disease. *Integrative and Comparative Biology*, 58(5): 995-1007.

7장

1 Association of American Medical Colleges, 2019. *2019 Physician Specialty Data Report: Active Physicians by Sex and Specialty*. Washington, D.C.: AAMC. https://www.aamc.org/data-reports/workforce/interactive-data/active-physicians-sex-and-specialty-2019.

2   Bureau of Labor Statistics, US Department of Labor. Labor Force Statistics from the Current Population Survey. 18. Employed persons by detailed industry, sex, race, and Hispanic or Latino ethnicity. Accessed October 2020, https://www.bls.gov/cps/cpsaat18.htm.

3   Bureau of Labor Statistics. Labor Force Statistics.

4   Eme, L., et al., 2014. On the age of eukaryotes: Evaluating evidence from fossils and molecular clocks. *Cold Spring Harbor Perspectives in Biology*, 6(8): a016139.

5   물론 이건 약간 과도한 일반화다. 무성 생식을 하는 유기체는 정적인 환경이 아니더라도 스스로 잘 살 수 있다. 무성 생식 유기체는 변이와 높은 번식률을 통해서 추계성(확률성)에 대처한다. 유성 생식을 하는 유기체는 유효성이 입증된 유전자를 재조합해서 환경에 대한 적응적인 변화율을 유지한다. 돌연변이는 여전히 (궁극적으로) 새로움의 원천이지만, 변이의 비용이 발생해 개체군 전체에 퍼져나간다. 하지만 좋은 변이는 개별 혈통에 국한되지 않고 넓게 퍼져나간다. 이는 전적으로 환경에 대한 적응적인 변화 속도를 유지하기 위함이다. 유기체가 단순하다면 복제와 변이가 답이고, 유기체가 복잡하다면 섹스가 더 좋은 방책이다. 둘 다 똑같은 목표를 성취한다. 충분한 변화와 환경의 지속적인 안정성을 조화시키고자 하는 것이다.

6   유명한 예가 단공류(알을 낳는 포유류로 유두가 없음)다. 포유동물 계통수에서 맨 아래에 위치하는 바늘두더지와 오리너구리 등은 9~10개의 성염색체(!)를 가지고 있다. 다음을 참고하라. Zhou, Y., et al., 2021. Platypus and echidna genomes reveal mammalian biology and evolution. *Nature*, 2021: 1-7.

7   조류도 성이 유전적으로 결정되지만, 조류의 체계는 독립적으로 진화했으며 포유류의 전형과는 정반대로 수컷은 ZZ(동형배우자성, 같은 형의 배우자만이 생기는 성질)고 암컷은 ZW(이형배우자성, 2종의 배우자가 생기는 성질)다.

8   다음 책에서 검토되었다. Arnold, A. P., 2017. "Sex Differences in the Age of Genetics." *In Hormones, Brain and Behavior*, 3rd ed., Pfaff, D. W., and Joels, M., eds. Cambridge, UK: Academic Press, 33-48.

9   Ferretti, M. T., et al., 2018. Sex differences in Alzheimer disease—the gateway to precision medicine. *Nature Reviews Neurology*, 14: 457-469.

10   Vetvik, K. G., and MacGregor, E. A., 2017. Sex differences in the epidemiology, clinical features, and pathophysiology of migraine. *Lancet Neurology*, 16(1): 76-87.

11   Lynch, W. J., Roth, M. E., and Carroll, M. E., 2002. Biological basis of sex differences in drug

abuse: Preclinical and clinical studies. *Psychopharmacology*, 164(2): 121-137.

12 Szewczyk-Krolikowski, K., et al., 2014. The influence of age and gender on motor and non-motor features of early Parkinson's disease: Initial findings from the Oxford Parkinson Disease Center (OPDC) discovery cohort. *Parkinsonism & Related Disorders*, 20(1): 99-105.

13 예를 들어 다음을 보라. Allen, J. S., et al., 2003. Sexual dimorphism and asymmetries in the gray-white composition of the human cerebrum. *Neuroimage*, 18(4): 880-894; Ingalhalikar, M., et al., 2014. Sex differences in the structural connectome of the human brain. *Proceedings of the National Academy of Sciences*, 111(2): 823-828.

14 Kaiser, T., 2019. Nature and evoked culture: Sex differences in personality are uniquely correlated with ecological stress. *Personality and Individual Differences*, 148: 67-72.

15 Chapman, B. P., et al., 2007. Gender differences in Five Factor Model personality traits in an elderly cohort. *Personality and Individual Differences*, 43(6): 1594-1603.

16 Arnett, A. B., et al., 2015. Sex differences in ADHD symptom severity. *Journal of Child Psychology and Psychiatry*, 56(6): 632-639.

17 예를 들어 다음을 보라. Altemus, M., Sarvaiya, N., and Epperson, C. N., 2014. Sex differences in anxiety and depression clinical perspectives. *Frontiers in Neuroendocrinology*, 35(3): 320-330; McLean, C. P., et al., 2011. 불안장애의 성 차이: Prevalence, course of illness, comorbidity and burden of illness. *Journal of Psychiatric Research*, 45(8): 1027-1035.

18 Su, R., Rounds, J., and Armstrong, P. I., 2009. Men and things, women and people: A meta-analysis of sex differences in interests. *Psychological Bulletin*, 135(6): 859-884.

19 Brown, D., 1991. *Human Universals*. New York: McGraw Hill, 133.

20 Reviewed in Neaves, W. B., and Baumann, P., 2011. Unisexual reproduction among vertebrates. *Trends in Genetics*, 27(3): 81-88.

21 Watts, P. C., et al., 2006. Parthenogenesis in Komodo dragons. *Nature*, 444(7122): 1021-1022.

22 플레임래스는 하와이 고유종인 산호초어로, 아쉽게도 독자 여러분이 상상하거나 예상하는 것과는 달리 망토를 걸치고 불을 뿜어대는 중간계Middle Earth의 두발동물이 아니다.

23 Sullivan, B. K., et al., 1996. Natural hermaphroditic toad (*Bufo microscaphus × Bufo woodhousii*). *Copeia*, 1996(2): 470-472.

24 Grafe, T. U., and Linsenmair, K. E., 1989. Protogynous sex change in the reed frog *Hyperolius viridiflavus*. *Copeia*, 1989(4): 1024-1029.

25 Endler, J. A., Endler, L. C., and Doerr, N. R., 2010. Great bowerbirds create theaters with forced perspective when seen by their audience. *Current Biology*, 20(18): 1679-1684.

26 Alexander, R. D., and Borgia, G., 1979. "On the Origin and Basis of the Male-Female Phenomenon." In *Sexual Selection and Reproductive Competition in Insects*, Blum, M. S., and Blum, N. A., eds. New York: Academic Press. 417-440.

27 Jenni, D. A., and Betts, B. J., 1978. Sex differences in nest construction, incubation, and parental behaviour in the polyandrous American jacana (*Jacana spinosa*). *Animal Behaviour*, 1978(26): 207-218.

28 Claus, R., Hoppen, H. O., and Karg, H., 1981. The secret of truffles: A steroidal pheromone? *Experientia*, 37(11): 1178-1179.

29 Low, B. S., 1979. "Sexual Selection and Human Ornamentation." In *Evolutionary Biology and Human Social Behavior*, Chagnon, N., and Irons, W., eds. Belmont, CA: Duxbury Press, 462-487.

30 Lancaster, J. B., and Lancaster, C. S., 1983. "Parental investment: The hominid adaptation." In *How Humans Adapt: A Biocultural Odyssey*, Ortner, D. J., ed. Washington, D.C.: Smithsonian Institution Press, 33-56.

31 See, for example, Buikstra, J. E., Konigsberg, L. W., and Bullington, J., 1986. Fertility and the development of agriculture in the prehistoric Midwest. *American Antiquity*, 51(3): 528-546.

32 Su, Rounds, and Armstrong, Men and things.

33 Su, Rounds, and Armstrong, Men and things.

34 Reilly, D., 2012. Gender, culture, and sex-typed cognitive abilities. *PloS One*, 7(7): e39904.

35 Deary, I. J., et al., 2003. Population sex differences in IQ at age 11: The Scottish mental survey 1932. *Intelligence*, 31: 533-542.

36 Herrera, A. Y., Wang, J., and Mather, M., 2019. The gist and details of sex differences in cognition and the brain: How parallels in sex differences across domains are shaped by the locus coeruleus and catecholamine systems. *Progress in Neurobiology*, 176: 120-133.

37 Connellan, J., et al., 2000. Sex differences in human neonatal social perception. *Infant Behavior and Development*, 23(1): 113-118.

38 Lancy, D. F., 2014. *The Anthropology of Childhood: Cherubs, Chattel, Changelings*. Cambridge: Cambridge University Press, 258-259.

39 Murdock, G. P., and Provost, C., 1973. Factors in the division of labor by sex: A cross-cultural analysis. *Ethnology*, 12(2): 203-225.

40 Kantner, J., et al., 2019. Reconstructing sexual divisions of labor from fingerprints on Ancestral Puebloan pottery. *Proceedings of the National Academy of Sciences*, 116(25): 12220-12225.

41 Buss, D. M., 1989. Sex differences in human mate preferences: Evolutionary hypotheses tested in 37 cultures. *Behavioral and Brain Sciences*, 12(1): 1-14.

42 Schneider, D. M., and Gough, K., eds., 1961. *Matrilineal Kinship*. Oakland: University of California Press. In particular: Gough, K., "Nayar: Central Kerala," 298-384; Schneider, D. M., "Introduction: The Distinctive Features of Matrilineal Descent Groups," 1-29.

43 예를 들어 다음을 보라. Trivers, R., 1972. "Parental Investment and Sexual Selection." In *Sexual Selection and the Descent of Man*, Campbell, B., ed. New York: Aldine DeGruyter, 136-179.

44 Buss, D. M., Sex differences in human mate preferences.

45 Buss, D. M., et al., 1992. Sex differences in jealousy: Evolution, physiology, and psychology. *Psychological Science*, 3(4): 251-256.

46 Brickman, J. R., 1978. "Erotica: Sex Differences in Stimulus Preferences and Fantasy Content." A dissertation submitted in partial fulfillment of the requirements for the degree of Doctor of Philosophy, Department of Psychology, University of Manitoba.

47 합의된 상호작용이어야 할 상황에서 여성에게 가해지는 성폭력을 포르노의 부상과 연결 짓는 세 편의 글이 있다. Julian, K., 2018. The sex recession. *Atlantic*, December 2018. https://www.theatlantic.com/magazine/archive/2018/12/the-sex-recession/573949; Bonnar, M. "I thought he was going to tear chunks out of my skin." BBC News, March 23, 2020. https://www.bbc.com/news/uk-scotland-51967295; Harte, A. "A man tried to choke me during sex without warning." BBC News, November 28, 2019. https://www.bbc.com/news/uk-50546184

48 많은 글이 이 주장을 뒷받침한다. 그중 두 가지를 소개하자면 다음과 같다. Littman, L., 2018. Rapid-onset gender dysphoria in adolescents and young adults: A study of parental reports. *PloS*

One, 13(8): e0202330; Shrier, A., 2020. *Irreversible Damage: The Transgender Craze Seducing our Daughters*. Washington, D.C.: Regnery Publishing.

49 예를 들어 다음을 보라. Hayes, T. B., et al., 2002. Hermaphroditic, demasculinized frogs after exposure to the herbicide atrazine at low ecologically relevant doses. *Proceedings of the National Academy of Sciences*, 99(8): 5476-5480; Reeder, A. L., et al., 1998. Forms and prevalence of intersexuality and effects of environmental contaminants on sexuality in cricket frogs (*Acris crepitans*). *Environmental Health Perspectives*, 106(5): 261-266.

8장

1 조성성의 반대 의미다. 조성성이란 갓 부화했거나 태어난 동물이 일찍 자립하는 것을 말하며, 언어적으로 '조숙한precocious' 후손과 관련이 있지만 같은 것은 아니다.

2 Cornwallis, C. K., et al., 2010. Promiscuity and the evolutionary transition to complex societies. *Nature*, 466(7309): 969-972.

3 자원의 시공간적 분포가 짝짓기 체계에 어떻게 영향을 미치는가에 대한 대표 논문으로 다음을 보라. Emlen, S. T., and Oring, L. W., 1977. Ecology, sexual selection, and the evolution of mating systems. *Science*, 197(4300): 215-223.

4 Madge, S., and Burn, H. 1988. *Waterfowl: An Identification Guide to the Ducks, Geese, and Swans of the World*. Boston: Houghton Mifflin.

5 Larsen, C. S., 2003. Equality for the sexes in human evolution? Early hominid sexual dimorphism and implications for mating systems and social behavior. *Proceedings of the National Academy of Sciences*, 100(16): 9103-9104.

6 Schillaci, M. A., 2006. Sexual selection and the evolution of brain size in primates. *PLoS One*, 1(1): e62.

7 von Bayern, A. M., et al., 2007. The role of food-and object-sharing in the development of social bonds in juvenile jackdaws (*Corvus monedula*). *Behaviour*, 144(6): 711-733.

8 Holmes, R. T., 1973. Social behaviour of breeding western sandpipers *Calidris mauri*. *Ibis*, 115(1): 107-123.

9 Rogers, W., 1988. Parental investment and division of labor in the Midas cichlid (*Cichlasoma*

citrinellum). *Ethology*, 79(2): 126-142.

10 Eisenberg, J. F., and Redford, K. H., 1989. *Mammals of the Neotropics, Volume 2: The Southern Cone: Chile, Argentina, Uruguay, Paraguay.* Chicago: University of Chicago Press.

11 Haig, D., 1993. Genetic conflicts in human pregnancy. *Quarterly Review of Biology*, 68(4): 495-532.

12 Emlen and Oring, Ecology, sexual selection, and the evolution of mating systems.

13 Tertilt, M., 2005. Polygyny, fertility, and savings. *Journal of Political Economy*, 113(6): 1341-1371.

14 Insel, T. R., et al., 1998. "Oxytocin, Vasopressin, and the Neuroendocrine Basis of Pair Bond Formation." In *Vasopressin and Oxytocin*, Zingg, H. H., et al., eds. New York: Plenum Press, 215-224.

15 Ricklefs, R. E., and Finch, C. E., 1995. *Aging: A Natural History*. New York: Scientific American Library.

16 1997년에 조지 에스타브룩과 했던 개인적인 대화. 또한 그의 논문도 있으니 참조하라. Estabrook, G. F., 1998. Maintenance of fertility of shale soils in a traditional agricultural system in central interior Portugal. *Journal of Ethnobiology*, 18(1): 15-33.

17 Maiani, G. *Tsunami: Interview with a Moken of Andaman Sea*. January 2006. http://www.maiani.eu/video/moken/moken.asp?lingua=en.

18 개가 어떻게 처음 가축화되었는지에 대한 증거가 점점 늘고 있다. 다음 두 편의 논문도 그에 속한다. Freedman, A. H., et al., 2014. Genome sequencing highlights the dynamic early history of dogs. *PLoS Genetics*, 10(1): e1004016; Bergström, A., et al., 2020. Origins and genetic legacy of prehistoric dogs. *Science*, 370(6516): 557-564.

19 프란스 드 발, 2019. *Mama's Last Hug: Animal Emotions and What They Tell Us about Ourselves*. New York: W. W. Norton.

20 Palmer, B., 1998. The influence of breastfeeding on the development of the oral cavity: A commentary. *Journal of Human Lactation*, 14(2): 93-98.

21 이 가설을 발전시킨 공은 우리의 학생인 조시 자비스Josie Jarvis에게 돌린다.

9장

1   de Waal, F., 2019. *Mama's Last Hug: Animal Emotions and What They Tell Us about Ourselves*. New York: W. W. Norton, 97.

2   Fraser, O. N., and Bugnyar, T., 2011. Ravens reconcile after aggressive conflicts with valuable partners. *PLoS One*, 6(3): e18118.

3   Kawai, M., 1965. Newly-acquired pre-cultural behavior of the natural troop of Japanese monkeys on Koshima Islet. *Primates*, 6(1): 1-30.

4   '가장 많이 비어 있는 서판'은 브렛의 수업을 듣던 학생 중 한 명이 말한 것이다.

5   아시아코끼리와 아프리카코끼리는 모두 맨 처음 번식하는 연령이 인간과 비슷하지만, 독립하는 연령, 즉 몇 가지 기준에서 아동기가 끝나는 연령은 각각 5세와 8세로 인간보다 훨씬 빠르다. 다른 어떤 동물─대형 유인원, 돌고래, 앵무새─도 그 나이에 근접하지 못한다.

6   요즘 유행은 자녀를 다언어 사용자로 키우는 것인데, 우리는 그에 따르는 비용이 얼마인지 물을 수 있다. 사회적 이득은 분명하지만, 뇌로 하여금 예로부터 유지해온 것보다 더 많은 언어적 능력과 복잡성을 유지하게 하는 것은 분명 맞거래를 초래한다.

7   Benoit-Bird, K. J., and Au, W. W., 2009. Cooperative prey herding by the pelagic dolphin, Stenella longirostris. *Journal of the Acoustical Society of America*, 125(1): 125-137.

8   Rutz, C., et al., 2012. Automated mapping of social networks in wild birds. *Current Biology*, 22(17): R669-R671.

9   Goldenberg, S. Z., and Wittemyer, G., 2020. Elephant behavior toward the dead: A review and insights from field observations. *Primates*, 61(1): 119-128.

10 Sutherland, W. J., 1998. Evidence for flexibility and constraint in migration systems. *Journal of Avian Biology*, 29(4): 441-446.

11 이런 측면에서 아동기는 유성 생식과 다소 유사하다. 둘 다 변화하는 세계에 대한 적응적인 대응이다.

12 Lancy, D. F., 2014. *The Anthropology of Childhood: Cherubs, Chattel, Changelings*. Cambridge: Cambridge University Press, 209-212.

13 Gray, P., and Feldman, J., 2004. Playing in the zone of proximal development: Qualities of self-directed age mixing between adolescents and young children at a democratic school. *American*

Journal of Education, 110(2): 108-146. Also Peter Gray, personal communication, September 2020.

14 예를 들어, 연구원 메리 마티니Mary Martini의 남태평양 어린아이들에 대한 설명을 보라. Gray, P., 2013. *Free to Learn: Why Unleashing the Instinct to Play Will Make Our Children Happier, More Self-reliant, and Better Students for Life*. New York: Basic Books, 208-209.

15 이 책은 코로나19로 인한 봉쇄로 당초 예상보다 1년 이상 지연된 후에 출간됐다. 봉쇄 기간에 많은 아이가 아주 오랫동안 수업도 휴식 시간도 갖지 못했다. 따라서 형식에 상관없이 아이들의 놀이는 개선됐을 것이다.

16 대부분의 권위적인 양육서와는 정반대로 다음의 책은 훌륭하다. Skenazy, L., 2009. *Free-Range Kids: How to Raise Safe, Self-Reliant Children (Without Going Nuts with Worry)*. New York: John Wiley & Sons.

17 동일 유전자형으로부터 나올 수 있는 표현형의 범위를 반응 양식reaction norm이라고 한다.

18 West-Eberhard, M. J., 2003. *Developmental Plasticity and Evolution*. New York: Oxford University Press, 41.

19 Lieberman, D., 2014. *The Story of the Human Body: Evolution, Health, and Disease*. New York: Vintage, 163.

20 예를 들어 다음을 보라. Pfennig, D. W., 1992. Polyphenism in spadefoot toad tadpoles as a locally adjusted Evolutionarily Stable Strategy. *Evolution*, 46(5): 1408-1420, and indeed everything out of the Pfennig lab: https://www.davidpfenniglab.com/spadefoots.

21 Mariette, M. M., and Buchanan, K. L., 2016. Prenatal acoustic communication programs offspring for high posthatching temperatures in a songbird. *Science*, 353(6301): 812-814.

22 West-Eberhard, *Developmental Plasticity and Evolution*. 50-55.

23 가소성은 여러 가지 형태를 취할 수 있다. 그중 하나는 형태 발달이 생식 발달과 분리되는 것이다. 도롱뇽은 대개 번식할 수 있는 성체가 돼도 유생(변태하는 동물의 어린 것으로 개구리의 경우 올챙이, 곤충의 경우는 애벌레 등)의 특징을 보유한다. 환경 조건이 땅 위보다 물속이 더 좋으면 아가미와 물갈퀴가 있는 발을 유지하는 것이다. 타이밍의 변화에서도 가소성을 볼 수 있다. 열대 지방의 청개구리 알은 형제자매가 뱀에게 잡아먹히는 신호가 감지되면 예정 시간보다 일찍 부화해서 올챙이가 된다. 배아 상태의 악어는 알 속에서 낮은 온도나 높은 온도를 경험하면 암컷이 되고, 중간 온도를 경험하면 수컷이 된다. 많은 산호초어의 순차적인

형태 변화―예를 들어 많은 개체가 성년기에 암컷이었다가 죽기 전에 수컷이 되는―도 가소성의 한 형태다. 식물은 굴성(tropism, 환경 자극에 반응해 나타나는 식물의 방향성 있는 생장 운동) 덕분에 빛을 향해서, 중력의 반대 방향으로, 또는 접촉에 반응해서 자란다. 또한 낮의 길이, 온도, 강우량이 맞아떨어질 때 꽃을 피운다. 또한 식물 조직은 동물 조직보다 가소성이 더 커서 밝은 틈새로 잎이 자라고 마그네슘이 있는 부분으로 뿌리가 뻗는다. 제약은 어떻게든 기회를 창조한다.

24 Karasik, L. B., et al., 2018. The ties that bind: Cradling in Tajikistan. *PloS One*, 13(10): e0204428.

25 WHO Multicentre Growth Reference Study Group and de Onis, M., 2006. WHO Motor Development Study: Windows of achievement for six gross motor development milestones. *Acta paediatrica*, 95, supplement 450: 86-95.

26 잘 알려진 훌륭한 이야기로는 다음을 보라. Gupta, S., September 14, 2019. Culture helps shape when babies learn to walk. *Science News*, 196(5).

27 케냐의 어머니들은 아기에게 앉았다 일어서기를 적극적으로 가르친다. Super, C. M., 1976. Environmental effects on motor development: The case of "African infant precocity." *Developmental Medicine & Child Neurology*, 18(5): 561-567.

28 나심 탈레브, 2012. *Antifragile: How to Live in a World We Don't Understand*, vol. 3. London: Allen Lane.

29 Wilcox, A. J., et al., 1988. Incidence of early loss of pregnancy. *New England Journal of Medicine*, 319(4): 189-194; Rice, W. R., 2018. The high abortion cost of human reproduction. *bioRxiv* (preprint). https://doi.org/10.1101/372193.

30 애착 이론의 역사를 다룬 흥미로운 설명은 다음 같다. Bretherton, I., 1992. The origins of attachment theory: John Bowlby and Mary Ainsworth. *Developmental Psychology*, 28(5): 759-775.

31 앞 장에서 언급했듯이 유전체 각인과 관련이 있다. 다음을 보라. Haig, D., 1993. Genetic conflicts in human pregnancy, *Quarterly Review of Biology*, 68(4): 495-532.

32 Trivers, R. L., 1974. Parent-offspring conflict. *Integrative and Comparative Biology*, 14(1): 249-264.

33 Spinka, M., Newberry, R. C., and Bekoff, M., 2001. Mammalian play: Training for the

unexpected. *Quarterly Review of Biology*, 76(2): 141-168.

34 De Oliveira, C. R., et al., 2003. Play behavior in juvenile golden lion tamarins (Callitrichidae: Primates): Organization in relation to costs. *Ethology*, 109(7): 593-612.

35 Gray, P., 2011. The special value of children's age-mixed play. *American Journal of Play*, 3(4): 500-522.

36 다음을 보라. CDC의 Autism and Developmental Disabilities Monitoring (ADDM) Network site: https://www.cdc.gov/ncbddd/autism/addm.html.

37 Cheney, D. L., and Seyfarth, R. M., 2007. *Baboon Metaphysics: The Evolution of a Social Mind*. Chicago: University of Chicago Press, 155, 176-177, 197.

38 Whitaker, R., 2015. *Anatomy of an Epidemic: Magic Bullets, Psychiatric Drugs, and the Astonishing Rise of Mental Illness in America*. 2nd ed. New York: Broadway Books. 특히 11장 "The Epidemic Spreads to Children"을 보라.

39 예를 들어 다음의 기막힌 분석을 보라. Sommers, C. H., 2001. *The War against Boys: How Misguided Feminism Is Harming Our Young Men*. New York: Simon & Schuster.

40 예를 들어, 왼손잡이는 오른손잡이보다 싸움에서 많이 이긴다. Richardson, T., and Gilman, T., 2019. Left-handedness is associated with greater fighting success in humans. *Scientific Reports*, 9(1): 1-6.

41 발달심리학자 장 피아제가 처음 입증한 바에 따르면, 아이들은 성인이 적극적으로 지도할 때보다 자기들끼리 놀 때 규칙을 더 잘 파악한다. Piaget, J., 1932. *The Moral Judgment of the Child*. Reprint ed. 2013. Abingdon-on-Thames, UK: Routledg.

42 Frank, M. G., Issa, N. P., and Stryker, M. P., 2001. Sleep enhances plasticity in the developing visual cortex. *Neuron*, 30(1): 275-287.

10장

1 Lancy, D. F., 2015. *The Anthropology of Childhood: Cherubs, Chattel, Changelings*, 2nd ed. Cambridge: Cambridge University Press, 327-328.

2 Gatto, J. T., 2001. *A Different Kind of Teacher: Solving the Crisis of American Schooling*. Berkeley: Berkeley Hills Books.

3   Finer, M., et al., 2009. Ecuador's Yasuni Biosphere Reserve: A brief modern history and conservation challenges. *Environmental Research Letters*, 4(3): 034005의 지도에서.

4   헤더 헤잉, 2019. "The Boat Accident." Self-published on Medium. https://medium.com/@heyingh.

5   가르침의 정의: 개인 A가 비용을 들여서, 또는 직접적인 이득 없이 순진무구한 개인 B를 두고 행동을 교정할 때, B가 그러지 않았을 때보다 더 일찍, 더 효과적으로, 더 빨리 지식을 습득하는 경우. Caro, T. M., and Hauser, M. D., 1992. Is there teaching in nonhuman animals? *Quarterly Review of Biology*, 67(2): 151-174.

6   Leadbeater, E., and Chittka, L., 2007. Social learning in insects—from miniature brains to consensus building. *Current Biology*, 17(16): R703-R713.

7   Franks, N. R., and Richardson, T., 2006. Teaching in tandem-running ants. *Nature*, 439(7073): 153.

8   Thornton, A., and McAuliffe, K., 2006. Teaching in wild meerkats. *Science*, 313(5784): 227-229.

9   Bender, C. E., Herzing, D. L., and Bjorklund, D. F., 2009. Evidence of teaching in Atlantic spotted dolphins (*Stenella frontalis*) by mother dolphins foraging in the presence of their calves. *Animal Cognition*, 12(1): 43-53.

10   많은 사례(즉 고양이부터 영장류에 이르기까지)가 다음 책에서 검토됐다. Hoppitt, W. J., et al., 2008. Lessons from animal teaching. *Trends in Ecology & Evolution*, 23(9): 486-493.

11   Hill, J. F., and Plath, D. W., 1998. "Moneyed Knowledge: How Women Become Commercial Shellfish Divers." In *Learning in Likely Places: Varieties of Apprenticeship in Japan*, Singleton, J., ed. Cambridge: Cambridge University Press, 211-225.

12   데이비드 랜시의 *Anthropology of Childhood* 209-212쪽.

13   예를 들어 다음을 보라. Lake, E., 2014. Beyond true and false: Buddhist philosophy is full of contradictions. Now modern logic is learning why that might be a good thing. *Aeon*, May 5, 2014. https://aeon.co/essays/the-logic-of-buddhist-philosophy-goes-beyond-simple-truth.

14   호르헤 루이스 보르헤스의 《기억의 천재 푸네스》. 1944년에 발표한 단편 소설로, 이후 보르헤스의 단편집 또는 전집 등을 포함해 여러 판본에 재수록되었다(한국에서는 민음사 보르헤스의 작품집 《픽션들》에 실려 있다).

15 존 테일러 가토, 2010. *Weapons of Mass Instruction: A Schoolteacher's Journey through the Dark World of Compulsory Schooling*. Gabriola Island: New Society Publishers.

16 데릭 젠슨이Derrick Jensen이 2004년에 펴낸 그의 저서 *Walking on Water: Reading, Writing, and Revolution*. White River Junction, VT: Chelsea Green Publishing, 41에서 제기했다.

17 적응 지형도 비유에 관한 내용은 3장 19번 주를 참조하라. 짧게 요약돼 있다.

18 패러다임 전환에 관한 내용은 과학의 고전, 토마스 쿤의 《과학구조의 혁명》을 참조하라.

19 Müller, J. Z., 2018. *The Tyranny of Metrics*. Princeton, NJ: Princeton University Press. See especially chapter 7, "Colleges and Universities," 67 – 88, and chapter 8, "School," 89-102.

20 우리가 공동으로 쓴 논문을 보라. Heying, H. E., and Weinstein, B., 2015. "Don't Look It Up," *Proceedings of the* 2015 *Symposium on Field Studies at Colorado College*, 47-49. https://www. academia.edu/35652813/Dont_Look_It_Up.

21 다음 인터뷰 기사에서 텔러가 한 발언이다. Lahey, J., 2016. Teaching: Just like performing magic. *Atlantic*, January 21, 2016. https://www.theatlantic.com/education/archive/2016/01/what-classrooms-can-learn-from-magic/425100.

22 적응 지형도 비유는 학습에도 적용된다. 일단 어떤 적응적 봉우리에 있으면, 근처에 더 높은 봉우리가 보인다 해도 지금 있는 봉우리에서 내려오는 건 분석적 공간에서든 사회적 공간에서든 거의 불가능하다. 지형도에 새롭게 들어가는 사람은 이미 어떤 봉우리에 있다는 제약 없이 근처에 있는 어떤 봉우리에 오를 것이다. 벌써 지도상에 있는 자는 이미 안정되어 있다.

23 헤더 헤잉, 2019. On college presidents. *Academic Questions*, 32(1): 19-28.

24 조너선 하이트, "How two incompatible sacred values are driving conflict and confusion in American universities." Lecture, Duke University, Durham, NC, October 6, 2016.

25 헤더 헤잉, "Orthodoxy and heterodoxy: A conflict at the core of education." Invited talk, Academic Freedom Under Threat: What's to Be Done?, Pembroke College, Oxford University, May 9-10, 2019.

11장

1 다음 책에 묘사된 것과 같다. McWhorter, L. V., 2008. *Yellow Wolf, His Own Story*. Caldwell, ID: Caxton Press, 297-300. Originally published in 1940.

2   Markstrom, C. A., and Iborra, A., 2003. Adolescent identity formation and rites of passage: The Navajo Kinaalda ceremony for girls. *Journal of Research on Adolescence*, 13(4): 399-425.

3   Becker, A. E., 2004. Television, disordered eating, and young women in Fiji: Negotiating body image and identity during rapid social change. *Culture, Medicine and Psychiatry*, 28(4): 533-559.

4   포스트모더니즘과 그 지적 후손인 후기구조주의 및 비판적 인종 이론 등이 어떻게 학계에 침투했는지에 대해서는 다음 두 편에 잘 설명돼 있다. Pluckrose, H., Lindsay, J. and Boghossian, P., 2018. Academic grievance studies and the corruption of scholarship. *Areo*, February 10, 2018; and Pluckrose, H., and Lindsay, J., 2020. *Cynical Theories: How Activist Scholarship Made Everything about Race, Gender, and Identity—and Why This Harms Everybody*. Durham, NC: Pitchstone Publishing.

5   포스트모더니즘에 자극받은 행동주의가 좋은 체계들을 어떻게 누더기로 만들었는지에 관해서는 많은 이야기가 있다. 다음이 몇 가지 예다. Murray, D., 2019. *The Madness of Crowds: Gender, Race and Identity*. London: Bloomsbury Publishing; Daum, M., 2019. *The Problem with Everything: My Journey through the New Culture Wars*. New York: Gallery Books; Asher, L., 2018. How Ed schools became a menace. *The Chronicle of Higher Education*, April 2018.

6   리처드 도킨스, 1998. Postmodernism disrobed. *Nature*, 394(6689): 141-143.

7   하지만 성전환 권리 활동가(Trans Rights Activists, 진짜 트랜스젠더들과 혼동하지 말라)의 형태로 위협과 사회적 순응에 대한 기대를 통해서 스포츠에도 침투가 일어나고 있다. 이들은 몇몇 스포츠에서 네이털 남성(natal men, 생물학적으로는 남성이지만 남성의 성 정체성을 갖지 않은 사람)이 여성 스포츠에서 경쟁할 수 있도록 압력을 행사해왔다. 이는 명백히 불공정하고 스포츠 정신에 어긋난다. 다음을 보라. Hilton, E. N., and Lundberg, T. R., 2021. Transgender women in the female category of sport: Perspectives on testosterone suppression and performance advantage. *Sports Medicine*, 51(2021): 199-214.

8   Crawford, M. B., 2015. *The World Beyond Your Head: On Becoming an Individual in an Age of Distraction*. New York: Farrar, Straus and Giroux, 48-49.

9   헤더 헤잉, 2018. "Nature Is Risky. That's Why Students Need It." *New York Times*, April 30, 2018. https://www.nytimes.com/2018/04/30/opinion/nature-students-risk.html.

10 조너선 하이트와 그레그 루키아노프의 《나쁜 교육: 덜 너그러운 세대와 편협한 사회는 어떻게 만들어지는가》를 참조하라.

11 조지 에스타브룩, 1994. Choice of fuel for bagaco stills helps maintain biological diversity in a traditional Portuguese agricultural system. *Journal of Ethnobiology*, 14(1): 43-57.

12 10장 4번의 주 내용을 다시 한번 참고하라.

13 이 상황에 대한 조금 더 완전한 설명으로는 우리가 2017년 12월 12일에 *Washington Examiner*에 기고한 기사("Bonfire of the Academies: Two Professors on How Leftist Intolerance Is Killing Higher Education")를 권한다. 또한 유튜브에 있는 마이크 나이냄Mike Naynam의 3부작 다큐멘터리와 벤자민 보이스Benjamin Boyce가 에버그린 사태를 여러 회에 걸쳐 포괄적으로 조사한 시리즈도 추천하고 싶다.

14 리처드 알렉산더Richard D. Alexander의 책 *The Biology of Moral Systems*. Hawthorne, NY: Aldine de Gruyter, 1987에 처음 묘사되었다.

15 Lahti, D. C., and Weinstein, B. S., 2005. The better angels of our nature: Group stability and the evolution of moral tension. *Evolution and Human Behavior*, 26(1): 47-63.

16 Cheney, D. L., and Seyfarth, R. M., 2007. *Baboon Metaphysics: The Evolution of a Social Mind*. Chicago: University of Chicago Press.

17 Brosnan, S. F., and de Waal, F. B., 2003. Monkeys reject unequal pay. *Nature*, 425(6955): 297-299.

18 Adams, J., et al., 1999. National household survey on drug abuse data collection. Final report, as cited in Green, T., Gehrke, B., and Bardo, M., 2002. Environmental enrichment decreases intravenous amphetamine self- administration in rats: Dose-response functions for fixed-and progressive-ratio schedules. *Psychopharmacology*, 162(4): 373-378.

19 Bardo, M., et al., 2001. Environmental enrichment decreases intravenous self-administration of amphetamine in female and male rats. *Psychopharmacology*, 155(3): 278-284.

20 트리스탄 해리스Tristan Harris가 몇 년째 이에 대한 경고를 해오고 있다. 다음은 해리스의 경고와 관련된 2016년 11월의 기사다. Bosker, B., 2016. The binge breaker: Tristan Harris believes Silicon Valley is addicting us to our phones: He's determined to make it stop. *Atlantic*, November 2016. https://www.theatlantic.com/magazine/archive/2016/11/the-binge-breaker/501122. 또한 2021년 2월 25일에 다크호스 팟캐스트에서 진행된 트리스탄과 브렛의 대담을 들어보라.

12장

1   토마스 나겔Thomas Nagel은 1974년의 기고문, What is it like to be a bat? *Philosophical Review*, 83(4): 435-450에서 의식적인 마음의 징후는 자기 자신에 대해서 깊이 생각할 줄 아는 것이라고 말했다. 우리의 공식은 이를 확장한 것일 뿐이며, 이 공식과 모순되지 않는다. 우리는 다음과 같이 덧붙인다. 의식적인 마음은 자기 자신에 대해서 깊이 생각하고, 그런 후에 그 생각을 동일 종의 타인에게 전달할 수 있는 것이라고 말이다.

2   Cheney, D. L., and Seyfarth, R. M., 2007. *Baboon Metaphysics: The Evolution of a Social Mind*. Chicago: University of Chicago Press.

3   실제로 중국에서만 농업의 기원이 둘 이상이라는 증거가 있다. 습한 남부에서 쌀이 재배되고, 춥고 건조한 북부에서 기장(수수)이 재배되기 시작했다. 다음을 보라. Barton, L., et al., 2009. Agricultural origins and the isotopic identity of domestication in northern China. *Proceedings of the National Academy of Sciences*, 106(14): 5523-5528.

4   이것이 애시의 독창적인 순응성 실험 그리고 그와 관련된 연구에 대해서 우리가 확인할 수 있는 평가다. Asch, S. E., 1955. Opinions and social pressure. *Scientific American*, 193(5): 31-35.

5   Mori, K., and Arai, M., 2010. No need to fake it: Reproduction of the Asch experiment without confederates. *International Journal of Psychology*, 45(5): 390-397.

6   Morales, H., and Perfecto, I., 2000. Traditional knowledge and pest management in the Guatemalan highlands. *Agriculture and Human Values*, 17(1): 49-63.

7   Estabrook, G. F., 1994. Choice of fuel for bagaço stills helps maintain biological diversity in a traditional Portuguese agricultural system. *Journal of Ethnobiology*, 14(1): 43-57.

8   Boland, M. R., et al., 2015. Birth month affects lifetime disease risk: A phenome-wide method. *Journal of the American Medical Informatics Association*, 22(5): 1042-1053. 또한 출생월과 근시의 명확한 관계를 발견하는 등 출생월이 건강에 미치는 영향을 광범위하게 살펴본 연구도 있다. Mandel, Y., et al., 2008. Season of birth, natural light, and myopia. *Ophthalmology*, 115(4): 686-692.

9   Smith, N. J. H., 1981. *Man, Fishes, and the Amazon*. New York: Columbia University Press, 87.

10 Ruud, J., 1960. *Taboo: A Study of Malagasy Customs and Beliefs*. Oslo: Oslo University Press, 109. Ruud calls it a "tufted umbrette," but this species is more usually referred to as a hamerkop.

11 Ruud, *Taboo*. Mutton, 85; hedgehogs, 239; pumpkin, 242; house construction, 120.

12 Ruud, *Taboo*, 1에서 간접적으로 인용되었듯이.

13 Ruud, *Taboo*. Landslide, 115; rabies, 87; divorce, 246.

14 조지프 캠벨, *The Hero's Journey: Joseph Campbell on His Life and Work*. Novato, CA: New World Library, 90.

15 Ehrenreich, B., 2007. *Dancing in the Streets: A History of Collective Joy*. New York: Metropolitan Books.

16 Chen, Y., and VanderWeele, T. J., 2018. Associations of religious upbringing with subsequent health and well-being from adolescence to young adulthood: An outcome-wide analysis. *American Journal of Epidemiology*, 187(11): 2355-2364.

17 Whitehouse, H., et al., 2019. Complex societies precede moralizing gods throughout world history. *Nature*, 568(7751): 226-299.

18 Hammerschlag, C. A., 2009. The Huichol offering: A shamanic healing journey. *Journal of Religion and Health*, 48(2): 246-258.

19 Bye, R. A., Jr., 1979. Hallucinogenic plants of the Tarahumara. *Journal of Ethnopharmacology*, 1(1979): 23-48.

13장

1 Mann, C. C., 2005. *1491: New Revelations of the Americas before Columbus*. New York: Alfred A. Knopf.

2 Cabodevilla, M. Á., 1994. Los Huaorani en la historia de los pueblos del Oriente. Cicame; as cited by Finer, M., et al., 2009. Ecuador's Yasuní Biosphere Reserve: A brief modern history and conservation challenges. *Environmental Research Letters*, 4(2009): 1-15.

3 Williams, G. C., 1957. Pleiotropy, natural selection, and the evolution of senescence. *Evolution*, 11(4): 398-411; Weinstein, B. S., and Ciszek, D., 2002. The reserve-capacity hypothesis: Evolutionary origins and modern implications of the trade-off between tumor-suppression and tissue-repair. *Experimental Gerontology*, 37(5): 615-627.

4 Dunning, N. P., Beach, T. P., and Luzzadder-Beach, S., 2012. Kax and kol: Collapse and

resilience in lowland Maya civilization. *Proceedings of the National Academy of Sciences*, 109(10): 3652-3657.

5   Beach, T., et al., 2006. Impacts of the ancient Maya on soils and soil erosion in the central Maya Lowlands. *Catena*, 65(2): 166-178.

6   Wright, R., 2001. *Nonzero: The Logic of Human Destiny*. New York: Vintage.

7   Blake, J. G., and Loiselle, B. A., 2016. Long-term changes in composition of bird communities at an "undisturbed" site in eastern Ecuador. *Wilson Journal of Ornithology*, 128(2): 255-267.

8   Boyd, J. P., et al., 1950. *The Papers of Thomas Jefferson*, 33 vols. Princeton, NJ: Princeton University Press.

9   Alexander, R. D., 1990. *How Did Humans Evolve? Reflections on the Uniquely Unique Species*. Ann Arbor, MI: Museum of Zoology, University of Michigan. Special Publication No. 1.

용어 해설

1   나심 탈레브, 2012. *Antifragile: How to Live in a World We Don't Understand* (vol. 3). London: Allen Lane.

2   시월 라이트, 1932. The roles of mutation, inbreeding, crossbreeding and selection in evolution. *Proceedings of the Sixth International Congress of Genetics*, 1: 356-366.

3   G. K. 체스터튼, 1929. "The Drift from Domesticity." In *The Thing*. Aeterna Press.

옮긴이 김한영

서울대학교 미학과를 졸업하고 서울예술대학교에서 문예창작을 공부했다. 그 후 오랫동안 전문 번역가로 활동하며 문학과 예술의 곁자리를 지키고 있다. 옮긴 책으로는 《질서 너머》, 《빈 서판》, 《지금 다시 계몽》, 《사랑을 위한 과학》, 《본성과 양육》 등 다수가 있으며, 제45회 한국백상출판문화상 번역 부문을 수상했다.

지나치게 새롭고 지나치게 불안한

21세기를 여행하는 수렵채집인을 위한 안내서

초판 1쇄 인쇄 2022년 10월 25일 | 초판 1쇄 발행 2022년 11월 17일

지은이 헤더 헤잉, 브렛 웨인스타인 | 옮긴이 김한영 | 감수 이정모

펴낸이 신광수
CS본부장 강윤구 | 출판개발실장 위귀영 | 출판영업실장 백주현 | 디자인실장 손현지
단행본개발팀 권병규, 조문채, 정혜리
출판디자인팀 최진아, 당승근 | 저작권 김마이, 이아람
채널영업팀 이용복, 우광일, 김선영, 이채빈, 이강원, 강신구, 박세화, 김종민, 정재욱, 이태영, 전지현
출판영업팀 민현기, 최재용, 신지애, 정슬기, 허성배, 설유상, 정유
영업관리파트 홍주희, 이은비, 이용준, 정은정
CS지원팀 강승훈, 봉대중, 이주연, 이형배, 이우성, 전효정, 장현우, 정보길

펴낸곳 (주)미래엔 | 등록 1950년 11월 1일(제16-67호)
주소 06532 서울시 서초구 신반포로 321
미래엔 고객센터 1800-8890
팩스 (02)541-8249 | 이메일 bookfolio@mirae-n.com
홈페이지 www.mirae-n.com

ISBN 979-11-6841-427-3 (03400)

* 와이즈베리는 ㈜미래엔의 성인단행본 브랜드입니다.
* 책값은 뒤표지에 있습니다.
* 파본은 구입처에서 교환해 드리며, 관련 법령에 따라 환불해 드립니다.
  다만, 제품 훼손 시 환불이 불가능합니다.

와이즈베리는 참신한 시각, 독창적인 아이디어를 환영합니다.
기획 취지와 개요, 연락처를 bookfolio@mirae-n.com으로 보내주십시오.
와이즈베리와 함께 새로운 문화를 창조할 여러분의 많은 투고를 기다립니다.